广东省“十四五”职业教育规划教材

获中国石油和化学工业
优秀教材奖

乙烯生产技术

第二版

饶珍 主编

化学工业出版社

·北京·

内容简介

《乙烯生产技术》（第二版）坚持立德树人的根本任务，有机融入党的二十大精神，是一本以化工企业实际生产过程为载体、以工作任务为导向编写的项目化教材，重点介绍了基本有机化工原料乙烯的生产工艺技术及化工污染防治措施，同时把“爱国、创业、求实、奉献”的石油精神，化工总控工考证，“1＋X”证书及全国职业院校技能大赛化工生产技术赛项相关内容融入教材中。每个项目包括技能训练、工艺知识、素质拓展及职业知识，同时编写有复习思考题。

本书可作为高等职业教育化工类相关专业的教材，也可作为相关企业的培训教材。

图书在版编目（CIP）数据

乙烯生产技术 / 饶珍主编. -- 2 版. -- 北京 ：化学工业出版社，2025. 1. -- ISBN 978-7-122-46939-7

Ⅰ. TQ221.21

中国国家版本馆 CIP 数据核字第 202410X3E1 号

责任编辑：刘心怡　　　　文字编辑：邢苗苗
责任校对：赵懿桐　　　　装帧设计：王晓宇

出版发行：化学工业出版社
（北京市东城区青年湖南街 13 号　邮政编码 100011）
印　　装：北京云浩印刷有限责任公司
787mm×1092mm　1/16　印张 13¼　字数 342 千字
2025 年 8 月北京第 2 版第 1 次印刷

购书咨询：010-64518888　　售后服务：010-64518899
网　　址：http://www.cip.com.cn
凡购买本书，如有缺损质量问题，本社销售中心负责调换。

定　　价：40.00 元

前言

我国对化工操作人员的素质要求作出明确规定，《化工工人技术等级标准》等文件指出：化工主体操作人员从事以观察判断、调节控制为主要内容的操作，这是以脑力劳动为主的操作。这种操作，作业情况复杂，工作责任较大，对安全意识要求高，要求操作人员具有坚实的基础知识和较强的分析判断能力。

《乙烯生产技术》（第二版）是以乙烯真实生产项目为载体、以典型工作任务为导向编写的项目化教材，重点介绍了基本有机化工原料乙烯的生产工艺技术及化工污染防治措施，同时把课程思政元素、化工总控工考证、“1+X”证书及全国职业院校技能大赛化工生产技术赛项相关内容融入教材中。全书共包括 8 个项目，均采用企业真实任务、案例贴近职业岗位需求。每个项目包括技能训练、工艺知识、素质拓展、职业知识及复习思考题。教材紧扣产业升级和数字化改造，引入适合“任务驱动、做中学”全新的虚拟仿真教学模式实训内容，把虚拟仿真控制技术、智能石化融进教材；引入企业创新工艺技术、先进典型事迹和案例，融入“爱国、创业、求实、奉献”的石油精神，体现思政教育；将理论知识与实际问题相结合，培养学生解决实际问题的能力；突出石化的特色，使学生树立安全-环保-资源安危与共的意识，培养技术技能型人才。

教材采用体现“三层次教学”的技能、知识、素质目标体系，培养学生具备坚实理论基础、扎实专业技能、较高政治素养和职业素养，具有实践能力和创新精神。第一层次是着重技能训练，能力培养，特别是工程实践能力的培养。第二层次是基本概念、基本理论和基本方法的教学内容，并能将其运用于解决生产工艺过程存在的复杂工程问题，运用于解决工艺过程中操作控制问题。第三层次为着重创新思想、理念的培养，这种创新不仅指生产技术的创新，还包括经营管理的创新，使学生能举一反三、触类旁通，能运用已有知识、能力去解决“未知”的问题，实现知识的迁移，培养后续的学习能力，提高分析问题、解决生产实际问题的能力。

本教材由广州工程技术职业学院饶珍主编。顺德职业技术学院姜佳丽编写项目 4，广东轻工职业技术大学严国南编写项目 6，广州工程技术职业学院李善吉编写项目 7，其余章节由饶珍负责编写。本书由中国石油化工股份有限公司广州分公司高级工程师张慧主审，中国能源化学地质系统“大国工匠”特级技师刘立新负责产教融合指导。本教材在资料收集、案例核实、调查研究的过程中得到中国石油化工股份有限公司、中国石油天然气集团有限公司等工程技术人员的大力支持和帮助，也参考了一些文献资料等，在此表示衷心的感谢!

由于编者水平有限，难免有疏漏之处，敬请各位读者提出宝贵意见。

编者

2024 年 8 月

第一版前言

我国对化工操作人员的素质要求已有明确规定，《化工工人技术等级标准》等文件指出：化工主体操作人员从事以观察判断、调节控制为主要内容的操作，这是以脑力劳动为主的操作。这种操作，作业情况复杂，工作责任较大，对安全要求高，要求操作人员具有坚实的基础知识和较强的分析判断能力。

我们在编写过程中从高等职业教育培养生产一线的高技能人才的目标出发，以职业能力培养作主线，将“以应用为目的，以必须够用为度，以掌握概念、强化应用为教学重点”作为指导思想，加强技能训练，从职业能力需求构建知识点，贴近企业实际。本教材重点介绍了基本有机化工原料乙烯的生产技术、化工污染防治措施,体现了党的二十大中“推动绿色发展，促进人与自然和谐共生”理念。各项目包括技能训练、工艺知识及职业知识，以工作任务为导向进行学习，同时编写有复习思考题。

本教材引入了产业、行业的技术标准和管理规范，是根据化工技术领域职业岗位任职要求进行编写的，同时融入了化工总控工考证及全国职业院校技能大赛要求。教材内容按照化工专业人才培养针对的职业岗位（群）所需要的知识、能力和素质结构来制定，体现了课证一体、课赛一体。

教材体现了“三层次教学”的知识体系，使培养的学生能基础扎实，具有实践能力和创新精神，第一层次是着重技能训练、能力培养，特别是工程实践能力的培养；第二层次是基本概念、基本理论和基本方法的教学内容；第三层次为着重创新思想、理念的培养，这种创新不仅指生产技术的创新，还包括经营管理的创新，使学生能举一反三、触类旁通，能运用已有知识去解决“未知”的问题，得到知识的迁移，培养后续的学习能力，提高分析问题、解决生产实践问题的能力。

本教材在资料收集、调查研究的过程中得到了中国石化集团公司工程技术人员的大力支持和帮助，也参考了大量的文献资料，在此表示衷心的感谢!

由于编者水平有限，加上时间仓促，难免有不妥之处，敬请各位读者提出宝贵意见。

编者

2017 年 9 月

目录

项目 6 裂解气分离技术 /127

项目 7 乙烯生产产品的应用 /154

项目1 乙烯生产过程

技能目标

1. 能分析乙烯生产过程的基本规律。
2. 懂得操作人员在化工生产过程的岗位责任。
3. 懂得化工专业的职业特点。
4. 懂得工艺过程基本操作。

知识目标

1. 了解有机化工产品的分类。
2. 理解有机化工产品的物化性能及用途。
3. 理解乙烯与石油化工工业的关系。
4. 理解化工生产过程的特点，化工操作对人员的岗位要求。
5. 掌握化工生产基本组成规律，重点是单元操作及过程步骤。

素质目标

1. 以我国是全球最大乙烯生产国的发展历程，引发情感上的共鸣，激发爱国主义情怀和民族自豪感，坚定“四个自信”。

2. 从乙烯下游产品聚丙烯、环氧乙烷应用案例，提高对专业和社会主义核心价值观的认同感，培养社会责任感和使命感，激励学习内生动力。

3. 从大乙烯技术攻关让大乙烯装置实现“中国造”案例，感悟科学家和工程师的报国情怀和精神力量，理解技术革新、科教兴国的意义，树立化工强国、实业强国的抱负，培养创新意识。

技能训练

任务　工艺生产过程仿真操作

一、任务要求

工艺生产过程仿真将产品从上一生产单元中送到产品罐，经过换热器冷却后用离心泵打入产品罐中，进行进一步冷却，再用离心泵打入包装设备。

离心泵（单吸）原理展示

二、工艺流程

工艺流程见图1-1。来自上一生产设备的约35℃的带压液体，经过阀门MV101进入日罐T01，由温度传感器TI101显示T01罐底温度，压力传感器PI101显示T01罐内压力，液位传感器LI101显示T01的液位。由离心泵P101将日罐T01的产品打出，控制阀FIC101控制回流量。回流的物流通过换热器E101，被冷却水逐渐冷却到33℃左右。温度传感器TI102显示被冷却后产品的温度，温度传感器TI103显示冷却水冷却后的温度。由泵打出的少部分产品由阀门MV102打回生产系统。当日罐T01液位达到80%后，阀门MV101和阀门MV102自动关断。

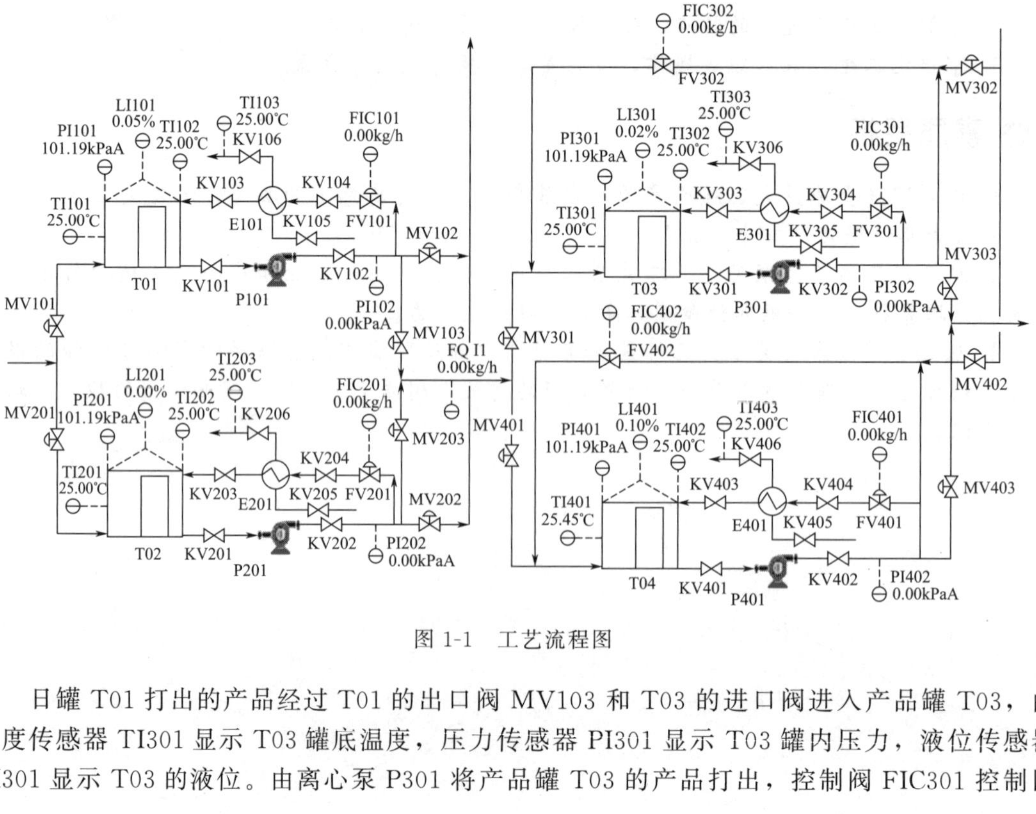

图1-1　工艺流程图

日罐T01打出的产品经过T01的出口阀MV103和T03的进口阀进入产品罐T03，由温度传感器TI301显示T03罐底温度，压力传感器PI301显示T03罐内压力，液位传感器LI301显示T03的液位。由离心泵P301将产品罐T03的产品打出，控制阀FIC301控制回流量。回流的物流通过换热器 E301，被冷却水逐渐冷却到 30℃左右。温度传感器 TI302 显示被冷却后产品的温度，温度传感器 TI303 显示冷却水冷却后的温度。少部分回流物料不经换热器 E301 直接打回产品罐 T03，从包装设备来的产品经过阀门 MV302 打回产品罐 T03，控制阀 FIC302 控制这两股物流混合后的流量。产品经过 T03 的出口阀 MV303 到包装设备进行包装。

当日罐 T01 的设备发生故障时，马上启用备用罐 T02 及其备用设备，其工艺流程同 T01。当产品罐 T03 的设备发生故障时，马上启用备用罐 T04 及其备用设备，其工艺流程同 T03。

三、冷态开车操作规程

1. 准备工作

① 检查日罐 T01（T02）的容积。容积必须达到一定体积，不包括储罐余料。

② 检查产品罐 T03（T04）的容积。容积必须达到一定体积，不包括储罐余料。

2. 日罐进料

打开日罐 T01（T02）的进料阀 MV101（MV201）。

3. 日罐建立回流

① 打开日罐泵 P101（P201）的前阀 KV101（KV201）；

② 打开日罐泵 P101（P201）的电源开关；

③ 打开日罐泵 P101（P201）的后阀 KV102（KV202）；

④ 打开日罐换热器热物流进口阀 KV104（KV204）；

⑤ 打开日罐换热器热物流出口阀 KV103（KV203）；

⑥ 打开日罐回流控制阀 FIC101（FIC201），建立回流；

⑦ 打开日罐出口阀 MV102（MV202）。

浮头式换热器原理展示

4. 冷却日罐物料

① 打开换热器 E101（E201）的冷物流进口阀 KV105（KV205）；

② 打开换热器 E101（E201）的冷物流出口阀 KV106（KV206）。

5. 产品罐进料

① 打开产品罐 T03（T04）的进料阀 MV301（MV401）；

② 打开日罐 T01（T02）的倒罐阀 MV103（MV203）；

③ 打开产品罐 T03（T04）的包装设备进料阀 MV302（MV402）；

④ 打开产品罐回流阀 FIC302（FIC402）。

6. 产品罐建立回流

① 打开产品罐泵 P301（P401）的前阀 KV301（KV401）；

② 打开产品罐泵 P301（P401）的电源开关；

③ 打开产品罐泵 P301（P401）的后阀 KV302（KV402）；

④ 打开产品罐换热器热物流进口阀 KV304（KV404）；

⑤ 打开产品罐换热器热物流出口阀 KV303（KV403）；

⑥ 打开产品罐回流控制阀 FIC301（FIC401），建立回流；

⑦ 打开产品罐出口阀 MV302（MV402）。

7. 冷却产品罐物料

① 打开换热器 E301（E401）的冷物流进口阀 KV305（KV405）；

② 打开换热器 E301（E401）的冷物流出口阀 KV306（KV406）。

8. 产品罐出料

打开产品罐出料阀 MV303（MV403），将产品打入包装车间进行包装。

四、冷态开车操作评价表

操作	应得分数	实得分数	操作步骤说明
向日罐 T01 进料	10		缓慢打开 T01 的进料阀 MV101，直到开度大于 50%
建立 T01 的回流	10		T01 液位大于 5%时，打开泵 P101 进口阀 KV101
	10		打开泵 P101 开关，启动泵 P101
	10		打开泵 P101 出口阀 KV102
	10		打开换热器 E101 热物流进口阀 KV104
	10		打开换热器 E101 热物流出口阀 KV103
	10		缓慢打开 T01 回流控制阀 FIC101，直到开度大于 50%
	10		缓慢打开 T01 出口阀 MV102，直到开度大于 50%
对 T01 产品进行冷却	10		当 T01 液位大于 10%，打开换热器 E101 冷物流进口阀 KV105
	10		打开换热器 E101 冷物流出口阀 KV106
向产品罐 T03 进料	30		T03 罐内温度保持在 29～31℃
	10		缓慢打开产品罐 T03 进口阀 MV301，直到开度大于 50%
	10		缓慢打开日储罐倒罐阀 MV103，直到开度大于 50%
	10		缓慢打开 T03 的包装设备进料阀 MV302，直到开度大于 50%
	10		缓慢打开 T03 回流阀 FIC302，直到开度大于 50%
建立 T03 的回流	10		当 T03 的液位大于 3%时，打开泵 P301 的进口阀 KV301
	10		打开泵 P301 的开关，启动泵 P301
	10		打开泵 P301 的出口阀 KV302
	10		打开换热器 E301 热物流进口阀 KV304
	10		打开换热器 E301 热物流出口阀 KV303
	10		缓慢打开 T03 回流控制阀 FIC301，直到开度大于 50%
对 T03 产品进行冷却	10		当 T03 液位大于 5%，打开换热器 E301 冷物流出口阀 KV305
	10		打开换热器 E301 冷物流进口阀 KV306
	30		T03 罐内温度保持在 29～31℃
产品罐 T03 出料	10		当 T03 液位高于 80%，缓慢打开出料阀 MV303，直到开度大于 50%

五、事故设置

调节阀原理展示

1. P101 泵坏

主要现象：① P101 泵出口压力为零；

② FIC101 流量急骤减小到零。

处理方案：停用日罐 T01，启用备用日罐 T02。

2. 换热器 E101 结垢

主要现象：① 冷物流出口温度低于 17.5℃；

② 热物流出口温度降低极慢。

处理方案：停用日罐 T01，启用备用日罐 T02。

3. 换热器 E301 热物流串进冷物流

主要现象：① 冷物流出口温度明显高于正常值；
　　　　　② 热物流出口温度降低极慢。

处理方案：停用产品罐 T03，启用备用产品罐 T04。

工艺知识

知识 1　认识乙烯与石油化工工业

石油化工工业是以石油、天然气为原料生产石油化工产品的加工工业，乙烯产品占石化产品的 75%以上，是世界上产量最大的石油化工产品之一，乙烯工业是石油化工产业的核心，在国民经济中占有重要的地位。世界上已将乙烯产量作为衡量一个国家石油化工发展水平的重要标志之一。

我国乙烯工业起步于 20 世纪 60 年代，发展半个多世纪至今，截至 2022 年底，我国乙烯产能达到了 4675 万吨/年，产能首次超过美国，成为世界乙烯产能第一大国。到“十四五”末，我国乙烯产能将达到 7000 万吨/年左右，世界第一大乙烯生产和消费国地位进一步稳固。乙烯衍生物产品种类众多，在合成材料、有机合成等方面有广泛应用，规模占全球石化产品总量的 75%以上，广泛应用于包装、农业、建筑、纺织、电子电器、汽车等领域。近年来，受益于新兴产业发展和化工技术革新，以乙烯为原料的新材料应用蓬勃兴起，产业链加快向精细化、高端化方向发展，产品覆盖新能源、航空航天、信息通信等多产业。

一、石油化工产业链

石油作为石油和化学工业最主要的原料，按其加工和用途来划分有两大分支：一是石油炼制，即经过炼制生产各种燃料油（如汽油、煤油、柴油等）、润滑油、石蜡、沥青、焦炭等石油产品；二是石油加工，即把蒸馏得到的馏分油进行热裂解，分离出基本原料，再合成生产各种石化产品。炼油与化工相互依存，相互联系，衍生出庞大而且复杂的石油化工产业链（见图 1-2）。

1. 基本化工原料（上游）

上游是指石油、天然气通过石油炼制生产燃料油等。生产乙烯的石油化工原料主要为来自石油炼制过程产生的各种石油馏分，如石脑油和炼厂气以及油田气、天然气等。石油馏分（石油是轻质油）经过烃类裂解、裂解气分离可制取乙烯、丙烯、丁二烯等烯烃和苯、甲苯、二甲苯等芳烃，芳烃亦可来自石油轻馏分的催化重整。

2. 有机化工原料（中游）

中游是指以基本化工原料“三烯三苯”生产 200 多种有机化工原料，如氯乙烯、苯乙烯、苯酚、丙烯腈、PTA（精对苯二甲酸）等及三大合成材料（合成树脂、合成纤维、合成橡胶）。这些烃类产品经过各种化学合成过程可以生产出种类繁多、品种各异、用途广泛的有机化工产品，我国是三大合成材料最大的消费国家之一，多年来，国内产量一直不能满足消费需求，对外依存度较高，韩国、日本等周边国家和地区成为中国在此领域最大的贸易

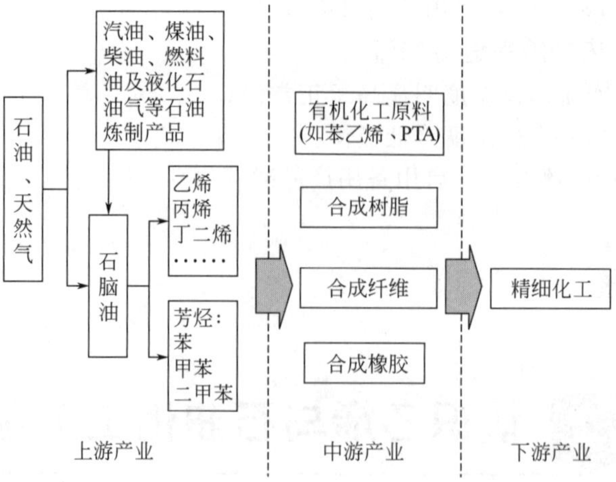

图 1-2 石油化工产业链

伙伴。

3. 精细化工领域（下游）

下游是指精细化工领域，是指以有机化工原料继续深加工得到更多品种的化工产品。精细化工产品的产量较小，品种较多，技术密集程度和附加价值高，产品包括农药、染料（含颜料）、医药、助剂、涂料、胶黏剂等，在国民经济、科技进步和日常生活中发挥着重要作用。

二、乙烯工业是石油化工的龙头与核心

乙烯装置是石油化工生产的龙头装置，乙烯是石油化工的主要代表产品，被称为“石化工业之母”，是非常重要的化工原料，其作用和地位没有其他的原料可以替代。乙烯的工业下游的衍生物，比如说聚乙烯、聚丙烯等这些产品和国民经济、人们生活关系密切，是无法替代的。因此，乙烯是石油化学工业最重要的基础原料之一。由乙烯装置及其下游装置生产的“三烯三苯”（乙烯、丙烯、丁二烯、苯、甲苯、二甲苯）是生产各种有机化工产品和合成树脂、合成纤维、合成橡胶三大合成材料的基础原料。乙烯工业的发展水平总体上代表了一个国家石油化学工业的水平。乙烯装置与下游装置的物料关系如图 1-3 所示。

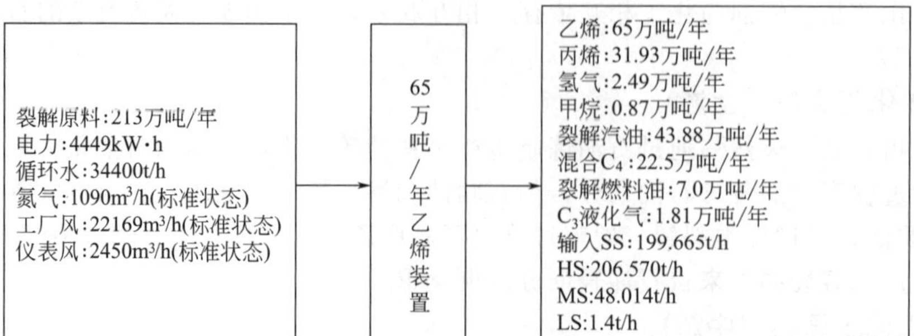

图 1-3 乙烯装置与下游装置的物料关系图

SS—超高压蒸汽；HS—高压蒸汽；MS—中压蒸汽；LS—低压蒸汽

21世纪以来，全球乙烯产业持续快速发展，全球乙烯产能快速增长的主要动力来自中国、美国及中东等地区。2022年，乙烯产能“四分天下”的局势是以亚洲为主，北美次之，中东和欧洲随后。目前，全球主要乙烯生产商有200多家，乙烯产能仍主要集中在传统的石化公司和化工公司，前10位乙烯生产商产能合计为9300万吨/年左右，约占全球总产能的46%。中国一些民营大炼化企业兴起，成为乙烯产业的重要参与者。

截至2021年，全球乙烯产能达到2.1亿吨/年，世界乙烯装置总数约340座，乙烯装置的平均规模约为62万吨/年。在中国乙烯产能推动下，亚太地区乙烯总产能已升至8330万吨/年，在世界乙烯总产能的占比从2015年的36%升至40%。近年来，亚太地区乙烯产能始终保持快速增长态势，超过了欧美乙烯产能总和，其世界领先地位不断提升。中国、美国和沙特阿拉伯的乙烯产能仍稳居世界前三位。韩国乙烯产能大幅增加，正向乙烯生产大国挺进，伊朗乙烯产能跃居世界第五位。

世界乙烯约46%的生产能力集中在产能排名前十位的生产企业，从2021年全球前十大乙烯生产商来看（见图1-4），陶氏公司仍是世界第一大乙烯生产商，2021年产能达到1426.3万吨，中国石油化工股份有限公司（简称中国石化）位居第二，产能为1248万吨，中国石油天然气股份有限公司（简称中国石油）位居第七，产能为741万吨。中国、比利时和印度尼西亚是世界乙烯主要进口国家，合计进口量占世界总进口量的64.1%；韩国、美国和荷兰是世界乙烯主要出口国家，合计出口量占世界总出口量的53.8%。

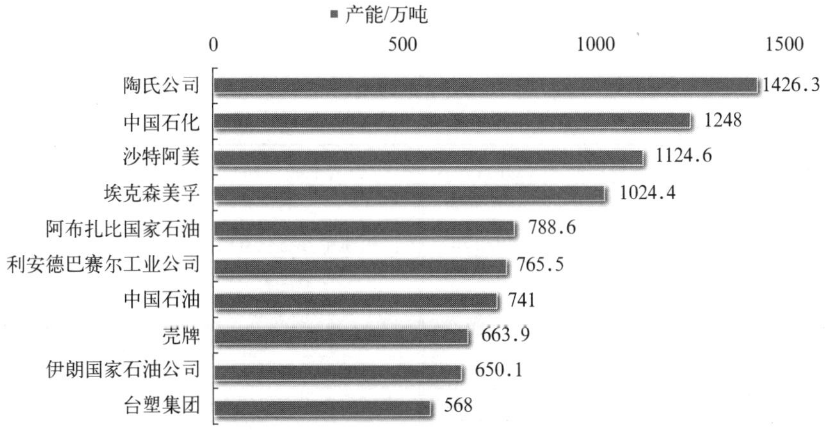

图1-4 2021年全球前十大乙烯生产厂商情况

在能源转型、“净零”碳排放大趋势下，全球乙烯产业的供应、消费、原料和贸易等都发生了显著变化。未来全球化工产品需求将稳定增长，成为拉动石油需求增长的主要动力，全球乙烯产业的投资将保持稳步增长，乙烯原料更加多元化、轻质化，装置更加大型化，生产工艺技术更加多元和低碳，区域间乙烯产业发展差距拉大，竞争加剧。

三、国内乙烯生产的发展特点

1. 新建装置趋于大型化

我国的乙烯工业目前已形成“三分天下”的生产格局。数据显示，截至2022年底，国内共有66家乙烯生产企业，总产能比2017年翻一番，占世界总产能的21.4%。其中，产能60万吨/年以上（含60万吨/年）的企业共35家，产能100万吨/年以上（含100万吨/年）的企业共17家。表1-1所示为国内主要乙烯生产企业产能情况。表1-2所示为国内乙烯生产企业新增产能。

表 1-1 2022 年国内主要乙烯生产企业产能情况

企业		2022 年产能/万吨	企业		2022 年产能/万吨
中石化及其合资公司	合计	1478	中石油	大庆石化分公司	120
	北京燕山分公司	71		吉林石化分公司	85
	天津分公司	20		辽阳石化分公司	20
	齐鲁分公司	80		抚顺石化分公司	94
	中原石油化工有限责任公司	28		独山子石化分公司	137
	扬子石油化工有限公司	80		兰州石化分公司	70
	上海石油化工股份有限公司	70		四川石化有限责任公司	80
	茂名分公司	100		兰州石化榆林乙烷裂解	80
	广州分公司	21		独山子石化塔里木乙烷裂解	60
	镇海炼化分公司	220	中海油及其合资公司	中海壳牌石油化工有限公司	215
	上海赛科石油化工有限责任公司	114			
	福建联合石油化工有限公司	110	中国兵器工业集团有限公司	北方华锦化学工业集团有限公司	45
	扬子石化-巴斯夫有限责任公司	74			
	中沙(天津)石化有限公司	120			
	中韩(武汉)石油化工有限公司	110	国家能源集团	神华包头煤化工有限公司等	129
	中天合创能源有限责任公司	65			
	中安联合煤化有限责任公司	35	陕西延长石油(集团)有限责任公司	陕西延长中煤榆林能源化工股份有限公司	135
	中科(广东)炼化有限公司	80			
	福建古雷石化有限公司	80	其他	合计	1927
中石油	合计	746	合计		4675

表 1-2 国内乙烯生产企业新增产能

企业/项目名称	新增产能/(万吨/年)	已建或预计投产年份	企业/项目名称	新增产能/(万吨/年)	已建或预计投产年份
宁夏宝丰能源三期	50	2023 年	福建中沙石化有限公司	150	2025 年
山东劲海化工有限公司	45	2023 年	万华化学二期	120	2025 年
三江嘉化	125	2023 年	中石油广西石化分公司	120	2025 年
广东石化	120	2023 年	中石化洛阳分公司	100	2025 年
中石化海南炼油化工有限公司	100	2023 年	岳阳石化	100	2025 年
天津石化南港	120	2023 年	中国兵器工业集团有限公司	165	2025 年
埃克森美孚(惠州)	160	2024 年	神华宁煤	60	2025 年
中煤陕西榆林二期	30	2024 年	中石油大连石化分公司	120	2025 年以后
神华包头	30	2024 年	中石化塔河炼化有限责任公司	100	2025 年以后
山东裕龙石化有限公司	300	2024 年	中石油兰州石化分公司	120	2025 年以后
中石油吉林石化分公司	120	2024 年	古雷石化二期	150	2025 年以后
联泓新材料科技股份有限公司	20	2024 年	镇海炼化三期	150	2025 年以后
内蒙古宝丰	150	2024 年	兰州石化长庆二期	120	2025 年以后
巴斯夫(湛江)	100	2025 年	独山子石化塔里木二期	120	2025 年以后
中海壳牌三期	160	2025 年			

2. 推进原料的轻质化，构筑多元化的原料格局

主要在原料上，乙烷裂解相比于传统原料裂解而言，其甲烷、丙烯、丁二烯收率低而乙烯收率高，装置能耗相对较低，具有成本低、投资小、经济性强、盈利稳定性高等优势。以较廉价乙烷作为乙烯原料的成本仅为石脑油裂解生产工艺的 60%～70%。必须推进原料的轻质化，构筑多元化的原料格局。

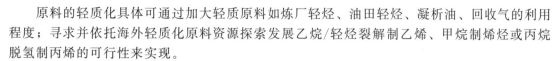

原料的轻质化具体可通过加大轻质原料如炼厂轻烃、油田轻烃、凝析油、回收气的利用程度；寻求并依托海外轻质化原料资源探索发展乙烷/轻烃裂解制乙烯、甲烷制烯烃或丙烷脱氢制丙烯的可行性来实现。

3. 优化结构是当务之急

过去，我国乙烯工业大多遵循"大规模、短流程、低成本"的简单发展思路，下游以合成树脂为主体的核心业务相对集中，差异化程度比较低，中高端产品市场仍以进口为主。

要加快产品结构升级，实现差异化发展。对于传统石脑油蒸气裂解制乙烯装置，应走C_2、C_3、C_4烯烃及芳烃耦合发展路线，并挖掘C_4、C_5、C_9等副产品深度加工的增值潜力，实现与乙烷裂解、甲醇制烯烃（MTO）等路线的差异化竞争。

在终端产品定位上，要增加高技术含量、高附加价值的化工新材料和专用化学品的比例。对于煤制烯烃等新原料路线，应结合其成本优势和产品相对简单的特点，重点发展聚烯烃树脂、基础有机原料等大宗通用产品，以满足国内基础市场需求，并提升产业的持续盈利和抗风险能力。

四、全球乙烯工业发展特点

1. 全球乙烯缺口将达 5000 万吨

IHS Markit（一家致力于为油气等重要行业的客户提供关键数据信息支持及相关服务的美国公司）亚太区数据显示，2020～2030年，全球对乙烯衍生物的需求每年还将增长500万～550万吨，这意味着还需要增加乙烯总产能5000万吨/年，或建设40～50套世界级的裂解装置，或者是相当数量的以煤炭、甲醇或天然气为原料的烯烃生产装置。

2. 全球乙烯产能将出现大幅增长

全球知名数据分析和咨询公司GlobalData发布的《2025年前全球乙烯产业前景展望》报告预测，2025年前全球乙烯产能将出现大幅增长，有望从2020年的2.0132亿吨/年提高至2025年的2.9942亿吨/年，增幅达到49%，2025年前中国将引领亚洲地区乙烯产能增长。印度为乙烯新增产能第二大的国家，主要新增产能来自印度霍尔迪亚石化公司两套装置，均为180万吨/年。伊朗将是新增乙烯产能第三大国家，2025年前将新增产能999万吨/年。

页岩气革命催生美国乙烯产能新释放，美国的能源和原料成本具有优势。美国的乙烷资源主要来自墨西哥湾沿岸地区的天然气和油田伴生气，天然气的主要成分是甲烷，但往往也含有其他烷烃，如乙烷、丙烷、丁烷等天然气液（NGL）组分。由于美国页岩气革命的成功，从中分离出的烷烃产量大幅增长，尤其是乙烷组分，一般为12%～35%，最高可达60%。美国乙烯生产原料主要来自乙烷，2021年，乙烷为裂解原料的装置（包含掺混乙烷装置中以纯乙烷为原料的装置）生产的乙烯占美国乙烯产量的80%。据欧洲化学工业委员会（CEFIC）计算，得益于乙烷占主导，北美裂解乙烯装置现金成本仅高于中东。2017～2020年为美国本土乙烯的第一波扩能潮，令美国增加了1090万吨/年产能。2021～2024年第二波扩能潮新增产能相对较少。从目前统计情况来看，美国未来几年乙烯投产项目多以扩建产能为主。中国成为近年美国大多数能化巨头产能转移的选择（表1-3）。

表 1-3　近年海外能化巨头在华投资项目

项目名称	建设内容及规划	(预计)投产时间	总投资	项目所在地
巴斯夫(广东)一体化基地	年产 100 万吨蒸汽裂解装置和 40 余套中下游装置	2025 年后	100 亿欧元	广东湛江
沙特阿美盘锦炼化一体化项目	1500 万吨/年炼油、150 万吨/年乙烯、130 万吨/年对二甲苯装置	2024 年	>100 亿美元	辽宁盘锦
中沙合资精化及原料工程项目	炼油年产能 1500 万吨、乙烯产能 150 万吨及对二甲苯(PX)产能 130 万吨	2024 年	764 亿元人民币	辽宁盘锦
埃克森美孚惠州乙烯项目(一期)	160 万吨/年裂解装置	2024 年	67 亿美元	广东惠州
英力士-中国石化三项协议	总产能为每年 700 万吨;其中,在天津新建 50 万吨/年高密度聚乙烯(HDPE)项目	2023 年	约 100 亿美元	上海、天津等地
中海壳牌惠州三期乙烯项目	新增乙烯年产量 150 万吨	2021 年	56 亿美元	广东惠州
利安德巴赛尔-宝来合作项目	年产 110 万吨的裂解装置	2020 年	26 亿美元	辽宁盘锦

3. 全球油气资源分布不均，乙烯工艺多元化发展

原油方面，世界石油资源主要集中在中东、北美地区，2021 年中东地区石油探明储量占全球总储量的 54%，北美和中东原油产量合计达到全球 57%。煤炭方面，我国油气资源特点是“贫油、少气、富煤”，开发煤气化或天然气合成制甲醇、甲醇制乙烯的工艺技术，产业发展符合资源禀赋特点，具备一定经济竞争力。乙烷方面，美国、中东为主要乙烷生产国。2021 年，美国和中东乙烷产量分别占世界乙烷总产量的 48% 和 32%。自页岩气革命后，美国 NGL 产量大幅提高，从中分离出的乙烷产量也不断上涨，催生美国乙烯产能进一步释放。中东拥有丰富的油田伴生气资源，乙烷价格长期低于美国乙烷价格，但近几年缺乏大的新油田项目开发，乙烷产能增速放缓。全球油气资源分布不均，原料及市场变化推动乙烯工艺技术多元化发展。

页岩气是最近几年新兴的一种清洁能源，页岩气相对于天然气来说利用效率更高，而且还更加清洁。页岩气和天然气的主要成分都包含甲烷，页岩气主要以吸附状态存在于干酪根、黏土颗粒及孔隙表面，而天然气主要存在于油田和天然气田之中。开采页岩气技术难度大，要用到很多技术，这些技术目前被美国垄断。我国像新疆等地域富含页岩气，随着科技的发展，我们开采页岩气的技术也会越来越成熟，油气资源也会得到更多的开发利用。

4. 乙烷制乙烯具有明显竞争优势

轻烃裂解制乙烯以乙烷作为原材料为主，其乙烯产品收率高达 77.73%，远高于传统石脑油 49.15% 的烯烃收率，且副产物较少，具备流程短、能耗低、高收率等优势。美国页岩气革命后，乙烷价格大幅降低，低价乙烷大量涌现，我们以美国进口乙烷裂解制乙烯场景为例，假设乙烷运输成本为 135 美元/吨，加工费为 100 美元/吨，测算得到 2011～2022 年进口美国乙烷制乙烯平均成本为 473 美元/吨，相比之下，国内油制乙烯平均成本为 766 美元/吨，国内煤制烯烃（50 万吨）平均成本为 752 美元/吨。据估算，以廉价乙烷作为乙烯原料的成本仅为石脑油裂解法的 60%～70%，乙烷裂解制乙烯低成本、高收率，具有明显竞争优势。

乙烷主要存在于石油气和天然气中，在页岩气中的占比在 12%～35% 之间，在美国马塞勒斯和尤蒂卡地区，天然气凝析液中乙烷含量已高达 60%。全球乙烷资源主要来源于美

国，未来乙烯新增产能的乙烷来源基本依赖美国进口。

知识2 认识乙烯丙烯的物化性能及用途

一、乙烯

乙烯（ethylene）分子式为 C_2H_4，结构式为 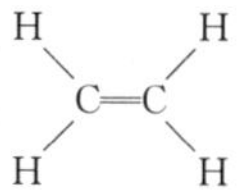 ，几乎不溶于水，溶于乙醇、乙醚等有机溶剂，是一种低毒类物质，人暴露到高浓度的乙烯中会被麻醉，长时间暴露可能由于窒息而死亡。乙烯是合成纤维、合成橡胶、合成塑料的基本化工原料，也用于制造聚乙烯、氯乙烯、苯乙烯、环氧乙烷、乙酸、乙醛、乙醇和炸药等，还可用作水果和蔬菜的催熟剂。

乙烯产品通常以液体形态在压力1.9～2.5MPa、温度−30℃左右贮存于乙烯厂内。为节省冷量，乙烯产品经汽化后输出。输出气相压力可依用户需要确定，一般为1.9～5.0MPa。当需要远距离输送时，可以采用低温常压贮存，或采用岩洞进行贮存。

1. 物理性质

乙烯是无色气体，有窒息性醚类或淡甜的气味，具体物理性质见表1-4。

表1-4 乙烯物理性质

项目名称	单位	乙烯
沸点处液体相对密度(D_4^t)	1	0.5674
熔点	℃	−169.15
沸点	℃	−103.71
闪点	℃	<−66.7
自燃点	℃	543
临界温度	℃	9.9
临界压力	Pa(G)	5.049×10^6
临界密度	kg/m^3	227
比热容(15.6℃常温)	Btu/(lb·°R)①	$C_p=0.3622, C_V=0.2914$
C_p/C_V		1.243
蒸发潜热(沸点)	J/kg	4.83×10^5
低热值	J/kg	4.66×10^7
高热值	J/kg	4.99×10^7
在空气中爆炸范围	$\times10^{-2}$	2.7～36

① Btu/(lb·°R)，比热容单位，1Btu/(lb·°R)=4.1868kJ/(kg·K)。

2. 化学性质

氧化反应：

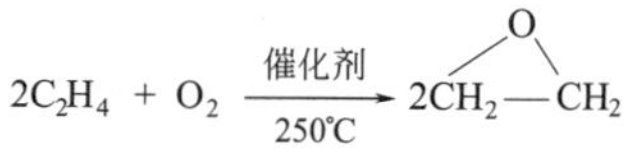

$$2C_2H_4+O_2 \xrightarrow{催化剂} 2CH_3CHO$$

$$C_2H_4+3O_2 \longrightarrow 2CO_2+2H_2O$$

加成反应：

$$C_2H_4+H_2 \longrightarrow C_2H_6$$

$$C_2H_4+H_2O \xrightarrow[80\sim85℃]{H_2SO_4} C_2H_5OH$$

烷基化反应：

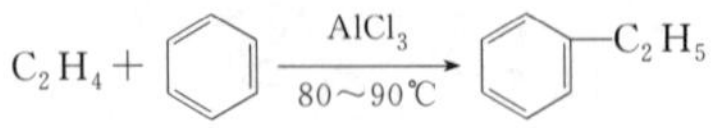

聚合反应：

$$nC_2H_4 \xrightarrow{催化剂} \left[CH_2\text{-}CH_2\right]_n$$

3. 产品规格

乙烯产品规格见表 1-5。

表 1-5 乙烯产品规格

质量项目	单位	优级指标	一级指标
乙烯纯度	10^{-2}	≥99.95	≥99.9
甲烷+乙烷	10^{-2}	≤0.05	≤0.1
C_3+C_{3+}	10^{-6}	≤10	≤50
乙炔	10^{-6}	≤5	≤8
CO	10^{-6}	≤1	≤5
CO_2	10^{-6}	≤5	≤10
氧	10^{-6}	≤1	≤2
硫(以 H_2S 计)	10^{-6}	≤1	≤1
水	10^{-6}	≤1	≤10
氢气	10^{-6}	≤5	≤10
甲醇	10^{-6}	≤5	必要时测定
氯(以 HCl 计)	10^{-6}	≤1	必要时测定

二、丙烯

丙烯（propylene）分子式 C_3H_6，结构式为 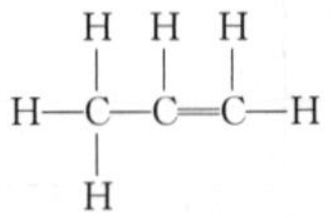，不溶于水，溶于有机溶剂，是一种低毒类物质。丙烯是三大合成材料的基本原料，主要用于生产聚丙烯、丙烯腈、异丙烯、丙酮和环氧丙烷等。

1. 物理性质

丙烯是无色气体，有窒息性醚类或淡甜的气味，液体丙烯的沸点为－47.7℃，具体物理性质见表 1-6。

表 1-6 丙烯物理性质

项目名称	单位	丙烯
沸点处液体相对密度(D_4^t)		0.59943
熔点	℃	－185.25
沸点	℃	－47.7
闪点	℃	<－66.7

续表

项目名称	单位	丙烯
自燃点	℃	455
临界温度	℃	91.89
临界压力	Pa(G)	4.54×10^{6}
临界密度	kg/m^3	232
比热容(15.6℃常温)	Btu/(lb·°R)	$C_p=0.3541, C_V=0.3069$
C_p/C_V		1.1538
蒸发潜热(沸点)	J/kg	4.37×10^{5}
低热值	J/kg	4.58×10^{7}
高热值	J/kg	4.89×10^{7}
在空气中爆炸范围	10^{-2}	2～11.7

2. 化学性质

丙烯与 NO_2、N_2O_4、N_2O 等发生激烈的反应，也与有氧化性的物质发生激烈的反应而发生爆炸。

氧化反应：

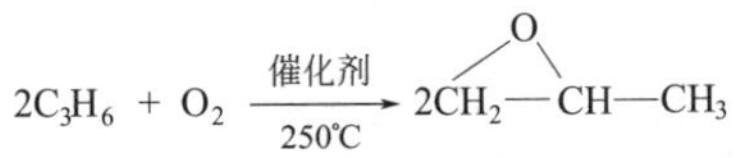

$$2C_3H_6+9O_2 \longrightarrow 6CO_2+6H_2O$$

加成反应：

$$C_3H_6+H_2 \longrightarrow C_3H_8$$

烷基化反应：

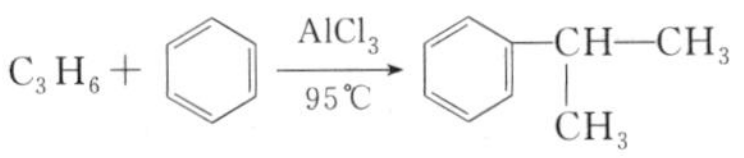

聚合反应：

$$nC_3H_6 \xrightarrow{催化剂} -\!\!\!\left[CH(CH_3)-CH_2 \right]\!\!\!-_n$$

3. 产品规格

丙烯产品规格见表 1-7。

表 1-7 丙烯产品规格

质量项目	单位	质量指标(优级品)	质量项目	单位	质量指标(优级品)
丙烯纯度	L/L	≥0.996	氧	mL/m^3	≤1
烷炔	L/L	≤0.004	丁烯+丁二烯	mL/m^3	≤2
乙烯	mL/m^3	≤10	硫(以 H_2S 计)	mg/kg	≤1
甲基乙炔+丙二烯	mL/m^3	≤5	水	mg/kg	≤2.5
乙炔	mL/m^3	≤1	氢	mL/m^3	≤5
一氧化碳	mL/m^3	≤1	甲醇	mg/kg	≤1
二氧化碳	mL/m^3	≤3	氯(以 HCl 计)	mL/m^3	≤1

三、产品应用

乙烯、丙烯分子中都存在着双键，化学性质活泼，能与许多物质发生加成反应。随着石油化学工业的发展，乙烯、丙烯的来源不断增多，它们已成为基本有机化工生产中最基本的原料，在合成橡胶、合成树脂、合成纤维三大合成材料工业及其他化工部门均有广泛的用途，如图 1-5～图 1-7 所示。

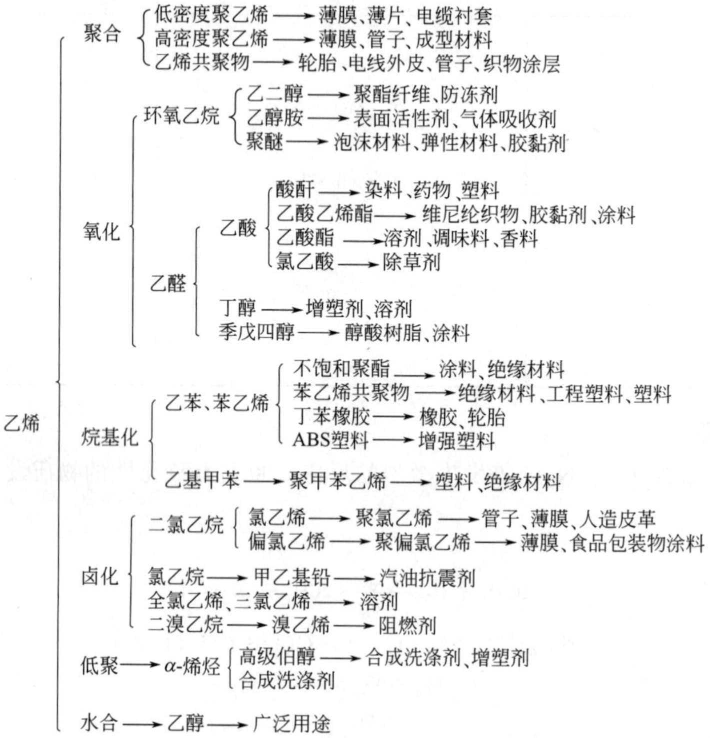
乙烯
聚合
低密度聚乙烯 → 薄膜、薄片、电缆衬套
高密度聚乙烯 → 薄膜、管子、成型材料
乙烯共聚物 → 轮胎、电线外皮、管子、织物涂层
氧化
环氧乙烷
乙二醇 → 聚酯纤维、防冻剂
乙醇胺 → 表面活性剂、气体吸收剂
聚醚 → 泡沫材料、弹性材料、胶黏剂
乙醛
乙酸
酸酐 → 染料、药物、塑料
乙酸乙烯酯 → 维尼纶织物、胶黏剂、涂料
乙酸酯 → 溶剂、调味料、香料
氯乙酸 → 除草剂
丁醇 → 增塑剂、溶剂
季戊四醇 → 醇酸树脂、涂料
烷基化
乙苯、苯乙烯
不饱和聚酯 → 涂料、绝缘材料
苯乙烯共聚物 → 绝缘材料、工程塑料、塑料
丁苯橡胶 → 橡胶、轮胎
ABS塑料 → 增强塑料
乙基甲苯 → 聚甲苯乙烯 → 塑料、绝缘材料
卤化
二氯乙烷
氯乙烯 → 聚氯乙烯 → 管子、薄膜、人造皮革
偏氯乙烯 → 聚偏氯乙烯 → 薄膜、食品包装物涂料
氯乙烷 → 甲乙基铅 → 汽油抗震剂
全氯乙烯、三氯乙烯 → 溶剂
二溴乙烷 → 溴乙烯 → 阻燃剂
低聚 → α-烯烃
高级伯醇 → 合成洗涤剂、增塑剂
合成洗涤剂
水合 → 乙醇 → 广泛用途

图 1-5　乙烯产品的主要用途

ABS 为丙烯腈、丁二烯、苯乙烯的三元共聚物

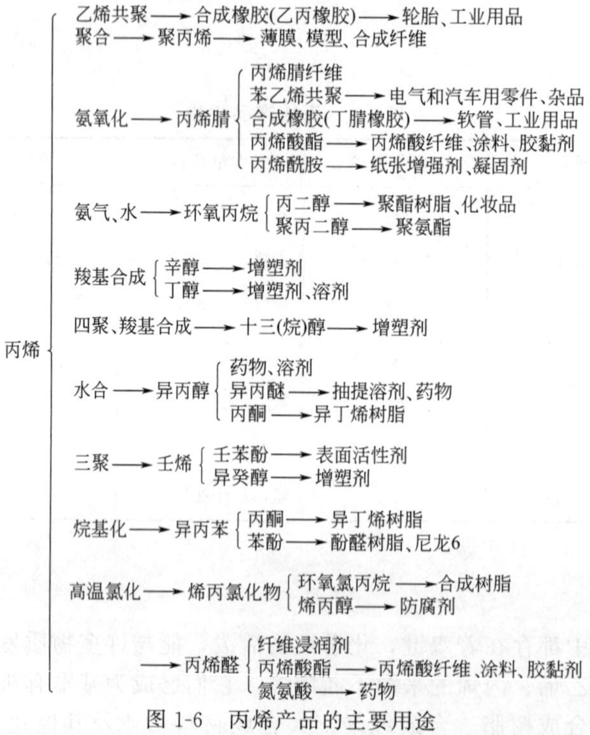
丙烯
乙烯共聚 → 合成橡胶(乙丙橡胶) → 轮胎、工业用品
聚合 → 聚丙烯 → 薄膜、模型、合成纤维
氨氧化 → 丙烯腈
丙烯腈纤维
苯乙烯共聚 → 电气和汽车用零件、杂品
合成橡胶(丁腈橡胶) → 软管、工业用品
丙烯酸酯 → 丙烯酸纤维、涂料、胶黏剂
丙烯酰胺 → 纸张增强剂、凝固剂
氨气、水 → 环氧丙烷
丙二醇 → 聚酯树脂、化妆品
聚丙二醇 → 聚氨酯
羧基合成
辛醇 → 增塑剂
丁醇 → 增塑剂、溶剂
四聚、羧基合成 → 十三(烷)醇 → 增塑剂
水合 → 异丙醇
药物、溶剂
异丙醚 → 抽提溶剂、药物
丙酮 → 异丁烯树脂
三聚 → 壬烯
壬苯酚 → 表面活性剂
异癸醇 → 增塑剂
烷基化 → 异丙苯
丙酮 → 异丁烯树脂
苯酚 → 酚醛树脂、尼龙6
高温氯化 → 烯丙氯化物
环氧氯丙烷 → 合成树脂
烯丙醇 → 防腐剂
→ 丙烯醛
纤维浸润剂
丙烯酸酯 → 丙烯酸纤维、涂料、胶黏剂
氮氨酸 → 药物

图 1-6　丙烯产品的主要用途

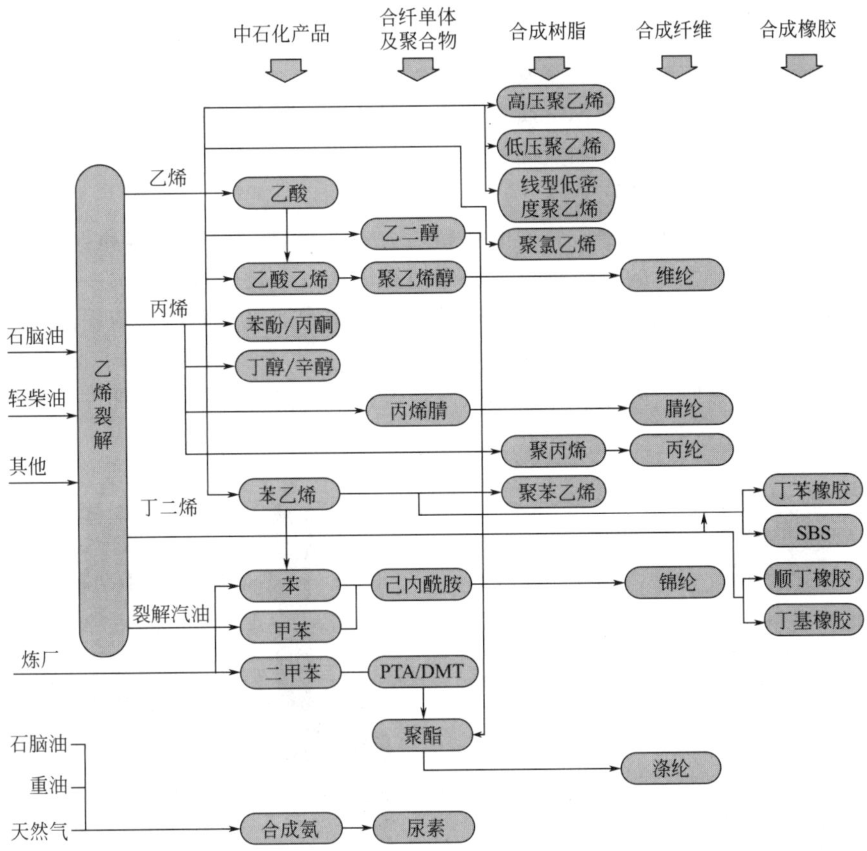

图 1-7　乙烯生产三大合成材料生产工艺图

PTA 为精对苯二甲酸，DMT 为对苯二甲酸二甲酯，SBS 为苯乙烯-丁二烯-苯乙烯嵌段共聚物

知识 3　认识乙烯生产过程的基本规律

一、化工单元操作和单元反应

化工单元操作是指化工生产中遵循共同的操作原理、所用设备相近、具有相同作用的一些基本的物理性操作。

具有化学变化特点的基本加工过程称为单元反应（也叫单元过程或化学过程），是以化学的方法改变物料化学性质的过程。化学反应千差万别，按其共同特点和规律可分为若干个单元反应过程，如磺化、硝化、氯化、酰化、烷基化、氧化、还原、裂解、缩合、水解等。

1. 化工单元操作

化工单元操作根据它们的操作原理，可以归纳为应用较广的若干个基本单元操作过程。单元操作也可以大致细化为三类。

（1）动量传递过程的单元操作　这类单元操作是遵循流体动力学规律进行的操作过程，如液体输送、气体输送、气体压缩、过滤、沉降等。也包括靠机械加工或机械输送进行的单元操作，如粉碎、固体输送等。

（2）热量传递过程的单元操作　热量传递过程的单元操作是遵循热量传递规律进行的操作过程，也叫传热过程，如传热、蒸发、冷冻等。

（3）质量传递过程的单元操作　质量传递过程的单元操作是物质从一个相转移到另一个相的操作过程，也叫传质过程，如蒸馏、吸收、萃取等。

2. 典型的化工单元操作及设备

（1）流体输送　化工生产中所处理的物料，大多为流体（包括液体和气体）。为了满足工艺条件的要求，保证生产的连续进行，需要把流体从一个设备输送至另一个设备。实现这一过程要借助管路和输送机械。流体输送机械是给流体增加机械能以完成输送任务的机械。

离心泵是常见的液体输送设备（见图 1-8），在化工生产中应用十分广泛，具有结构简单、性能稳定、检修方便、操作容易和适应性强等特点。离心泵的主要部件包括叶轮、泵壳和轴封装置。

离心泵（单吸）原理展示

过滤器原理展示

多级离心泵原理展示

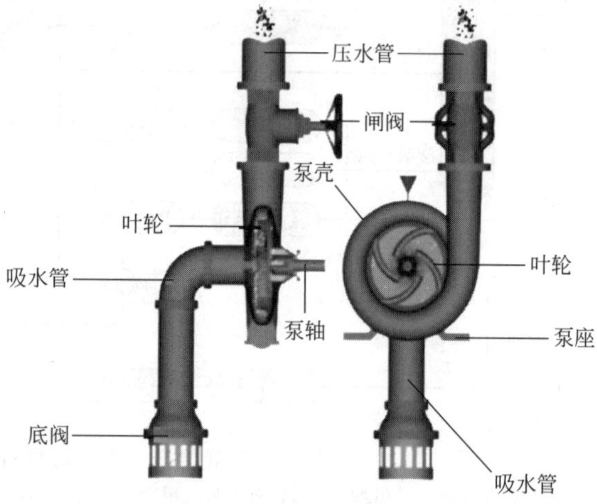

图 1-8　离心泵的结构

叶轮的作用是将原动机的机械能直接传给液体，以增加液体的静压能和动能（主要增加静压能）。叶轮一般有 6～12 片后弯叶片。叶轮有开式、半闭式和闭式三种。开式叶轮在叶片两侧无盖板，制造简单、清洗方便，适用于输送含有较大量悬浮物的物料，效率较低，输送的液体压力不高；半闭式叶轮在吸入口一侧无盖板，而在另一侧有盖板，适用于输送易沉淀或含有颗粒的物料，效率也较低；闭式叶轮在叶片两侧有前后盖板，效率高，适用于输送不含杂质的清洁液体，一般的离心泵叶轮多为此类。叶轮有单吸和双吸两种吸液方式。

泵壳的作用是将叶轮封闭在一定的空间，以便由叶轮的作用吸入和压出液体。泵壳多做成蜗壳形，故又称蜗壳。由于流道截面积逐渐扩大，故从叶轮四周甩出的高速液体逐渐降低流速，使部分动能有效地转换为静压能。泵壳不仅汇集由叶轮甩出的液体，同时又是一个能量转换装置。

轴封装置的作用是防止泵壳内液体沿轴漏出或外界空气漏入泵壳内。常用轴封装置有填料密封和机械密封两种。填料一般用浸油或涂有石墨的石棉绳。机械密封主要是靠装在轴上的动环与固定在泵壳上的静环之间端面做相对运动而达到密封的目的。

离心泵的叶轮安装在泵壳内，并紧固在泵轴上，泵轴由电机直接带动。液体经底阀和吸入管进入泵内，由压出管排出。

在泵启动前，泵壳内灌满被输送的液体；启动后，叶轮由轴带动高速转动，叶片间的液体也必须随着转动。在离心力的作用下，液体从叶轮中心被抛向外缘并获得能量，以高速离开叶轮外缘进入蜗形泵壳。在蜗壳中，液体由于流道的逐渐扩大而减速，又将部分动能转变为静压能，最后以较高的压力流入排出管道，送至需要场所。液体由叶轮中心流向外缘时，在叶轮中心形成了一定的真空，由于贮槽液面上方的压力大于泵入口处的压力，液体便被连续压入叶轮中。可见，只要叶轮不断地转动，液体便会不断地被吸入和排出。

气体输送机械在化工生产中具有广泛的应用。气体输送机械的结构和原理与液体输送机械大体相同，也有离心式、旋转式、往复式及流体作用式等类型。但气体具有可压缩性和比液体小得多的密度（约为液体密度的1/1000），从而使气体输送具有某些不同于液体输送的特点。

（2）传热技术　在化工生产中，通常需对原料进行加热或冷却。在化学反应中，对于放热或吸热反应，为了保持最佳反应温度，也必须及时移出或补充热量。对于某些单元操作，如蒸发、结晶、蒸馏和干燥等，也需要输入或输出热量，才能保证操作的正常进行。此外，设备和管道的保温、生产过程中热量的综合利用及余热回收等都涉及传热问题。

化工生产过程中对传热的要求可分为两种情况：一是强化传热，如各种换热设备中的传热；二是削弱传热，如设备和管道的保温。换热器按传热原理可分为间壁式换热器、混合式换热器、蓄热式换热器。间壁式换热器的主要类型有列管式换热器、板式换热器、翅片式换热器、管热换热器。

列管式换热器又称管壳式换热器（见图1-9），是一种通用的标准换热设备。它具有结构简单、坚固耐用、用材广泛、清洗方便、适用性强等优点，在生产中得到广泛应用，在换热设备中占主导地位。

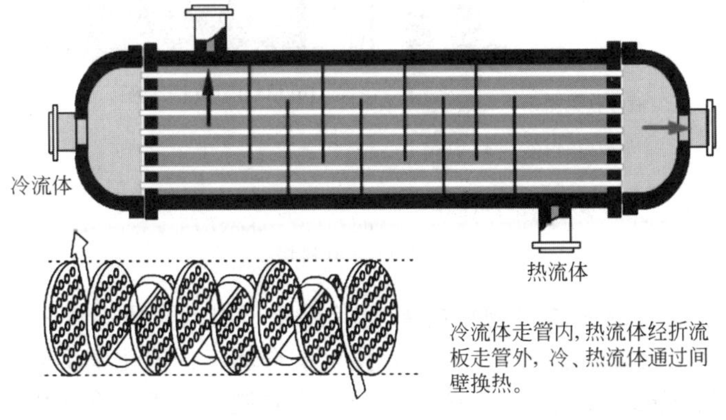

冷流体
热流体
冷流体走管内,热流体经折流板走管外,冷、热流体通过间壁换热。

板式换热器原理展示

U形管式换热器原理展示

图1-9　列管式换热器

（3）精馏技术　化工生产中所处理的原料、中间产物、粗产品等几乎都是混合物，而且大部分是均相物系。为进一步加工和使用，常需要将这些混合物分离为较纯净或几乎纯态的物质。精馏是分离均相液体混合物的重要方法之一，属于气液相间的相际传质过程。在化工生产中，尤其在石油化工、有机化工、高分子化工、精细化工、医药、食品等领域更是广泛应用。

完成精馏的塔设备称为精馏塔。塔设备为气液两相提供充分的接触时间、面积和空间，以达到理想的分离效果。根据塔内气液接触部件的结构形式，可将塔设备分为两大类：板式塔和填料塔（见图1-10、图1-11）。

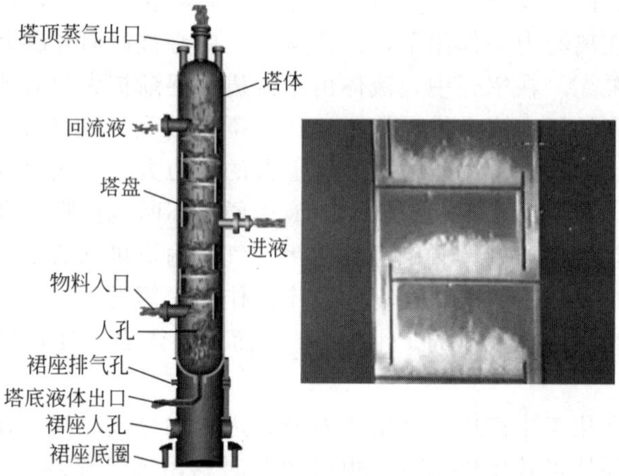

(a)板式塔结构示意图　　(b)板式塔塔板实物图

图 1-10　板式塔

分馏塔（填料＋板式）
原理展示

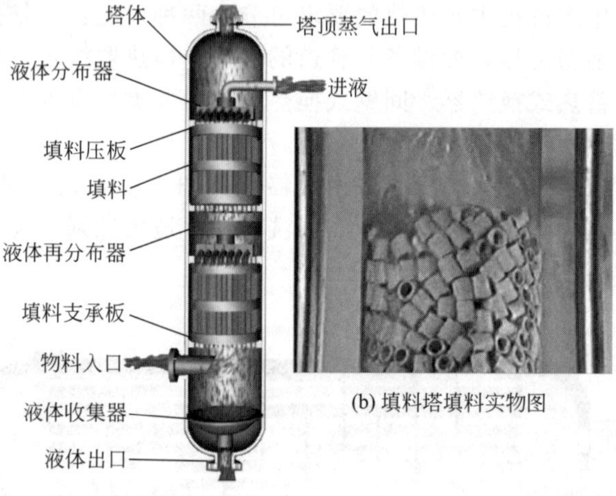

(b) 填料塔填料实物图

(a) 填料塔结构示意图

图 1-11　填料塔

（4）制冷技术　制冷是指用人为的方法将物料的温度降到低于周围介质温度的单元操作，在工业生产中得到广泛应用。例如，在化学工业中，空气的分离、低温化学反应、均相混合物分离、结晶、吸收、借蒸汽凝结提纯气体等生产过程均需要制冷技术；石油化工生产中，石油裂解气的分离则要求在－100℃左右的低温下进行，裂解气中分离出的液态乙烯、丙烯则要求在低温下贮存、运输；食品工业中冷饮品的制造和食品的冷藏也用到制冷技术；医药工业中一些抗生素剂、疫苗血清等须在低温下贮存；在化工、食品、造纸、纺织和冶金等工业生产中回收余热也用到制冷技术。

二、化工生产过程的三个基本步骤

化工生产过程一般分为原料预处理、化学反应和产品分离及精制三大步骤。

1. 原料预处理

原料预处理是根据反应或进料要求对原料进行处理，达到反应所要求的状态和规格，例如原料提纯，除去有害杂质，固体原料的破碎、过筛，液体原料的加热或汽化等。这一过程

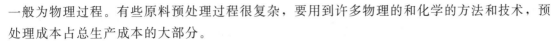

一般为物理过程。有些原料预处理过程很复杂，要用到许多物理的和化学的方法和技术，预处理成本占总生产成本的大部分。

2. 化学反应

化学反应完成由原料到产物的转变，是整个化工生产过程的核心，起着主导作用。反应温度、压力、浓度、催化剂等各种工艺参数对产品的数量和质量有重要影响。实现化学反应过程的设备称为反应器。

3. 产品的分离及精制

反应后产物除了目的产物外，还有其他副产物，有时目的产物的浓度甚至很低，必须对反应后的混合物进行分离、提浓和精制才能得到符合规格的产品。同时要回收剩余反应物，以提高原料利用率。

这个步骤就是将反应产物进行分离和精制及一系列加工，制成符合质量要求的成品，同时将未反应的原料、副产物以及“三废”回收利用处理的过程。主要的操作过程有吸收、吸附、闪蒸、精馏、冷冻、冷凝、萃取、渗透膜分离、结晶、过滤和干燥等。

三、工艺流程

所有化工生产过程都是物料转换与能量转换相伴进行的过程，这是化工生产的一个重要规律。原料经过物质和能量转换的一系列加工，转变成所需产品。将原料转变成化工产品的工艺过程称为化工生产工艺流程，流程中包括各类主要设备、机泵、控制仪表、工艺管线等。

工艺生产过程还要提供外加能量，向生产装置供给动力资源。外加能量有水、电、汽、气、冷五种。水指用于动力的水，如加热与冷却用的水；电包括用电力驱动生产设备，将电能转换为机械能，也包括用电直接参与化学反应过程，如电解；汽指水蒸气；气指用于动力的压缩空气和仪表用气；冷指低温操作所需的冷量。动力资源一般由工厂公用工程部门负责供给，如深井、电站、锅炉、空压站、制冷站等。

四、乙烯生产过程特点

1. 安全生产的重要性

由于乙烯生产具有高温（1010℃）、高压（10MPa）、深度冷冻（－196℃）的特点，生产过程中物料多是气态，比炼油生产有更大的火灾、爆炸危险性。同时又有硫、碱等腐蚀介质存在，易使压力容器、设备、管道发生腐蚀、穿孔、裂纹、断裂。氢在生产上引起火灾的危险性较大。

乙烯生产过程操作条件复杂，有各种工艺参数，如温度、压力、流量、液位等，正确指示生产变化情况，是操作过程中保证安全生产的前提。因此，实现工艺参数自动化控制也是保证安全生产的前提。

2. 工艺过程的连续性与间接性

化工生产是通过一定的工艺流程来实现的，属于流程型生产。工艺流程指的是以反应设备为骨干，由系列单元设备通过管路串联组成的系统装置。

流程型生产一般具有连续性和间接性。连续性体现在两个方面：第一，空间的连续性，生产流程是一条连锁式的生产线，各个工序紧密衔接，首尾串通，无论哪个工序失调，都会导致整个生产线不能正常运转；第二，时间的连续性，生产长期运转，昼夜不停，各个班次紧密衔接，无论哪班出故障，都会影响整个生产过程的正常运行。

间接性则体现在操作者一般不和物料直接接触，生产过程在密闭的设备内进行，对物料的运行变化看不见、摸不着，操作人员要借助管道颜色识别物料，靠检测仪表、分析化验了解生产情况，用仪表或计算机控制生产运行。

3. 生产过程的复杂性与严格性

复杂性是指化工的工艺流程复杂，基础化学工业向大型化和高度自动化发展，应用化学工业向精细化、专用化、高性能和深加工发展，而且发展趋势是复杂程度越来越高。

严格性是指由于化学反应对其应具备的条件要求非常严格，每种产品都有一套严密的工艺规程，操作人员必须严格执行，否则不仅制造不出合格产品，还会造成事故。

4. 生产过程物料的复杂性

乙烯裂解的原料包括天然气、炼厂气、石脑油、轻油、柴油、重油甚至是原油、渣油等。烃类裂解过程的化学变化是十分错综复杂的。烃类在高温下裂解，不仅原料发生多种反应，生成物也能继续反应，其中既有平行反应又有连串反应，包括脱氢、断链、异构化、脱氢环化、脱烷基、聚合、缩合、结焦等反应过程。生成的产物也多达数十种甚至上百种，即使采用最简单的原料乙烷，其产物中除了 H_2、CH_4、C_2H_4、C_2H_6 外，还有 C_3、C_4 等低级烷烃和 C_5 以上的液态烃。

5. 操作人员的岗位技能要求

化工生产过程的运行要依靠良好的操作。化工操作是指在一定的工序、岗位对化工生产装置和生产过程进行操纵控制的工作。对于化工这种靠设备作业的流程型生产，良好的操作具有特殊重要性。因为流程、设备必须时时处于严密控制之下，完全按工艺规程运行，才能制造出人们需要的产品。大量实践说明，先进的工艺、设备只有通过良好的操作才能转化为生产能力。在设备问题解决之后，操作水平的高低对实现优质、高产、低耗起关键作用。

很多工业发达国家对化工操作人员的素质都极为重视。我国对化工操作人员的素质要求已做出明确规定，《化工工人技术等级标准》等文件指出：化工主体操作人员从事以观察判断、调节控制为主要内容的操作，这是以脑力劳动为主的操作，这种操作，作业情况复杂，工作责任较大，对安全要求高，要求操作人员具有坚实的基础知识和较强的分析判断能力。

素质拓展

大乙烯装置：让乙烯实现“中国造”

我国是乙烯消费大国，但是很长一段时间大部分乙烯产品依赖进口，即使到 2008 年，我国已成为世界第二大乙烯消费国，但当量自给率仅为 38%。而且，当时国内乙烯生产全部采用引进技术，实施乙烯技术国产化刻不容缓。作为生产乙烯的“磨面机”，乙烯装置通常被称为“石化之母”。把黑黑的石油炼制产品，送入这台巨无霸“磨面机”，加工生产出来的就是乙烯，以及丙烯、丁二烯等无色的重要工业原料。我们日常生活所需塑料、橡胶和航空航天工业及军工用的大部分化工材料，都是由这些原料加工而成。20 世纪末，随着我国石化行业自身技术基础能力和工程设计能力增强，我们在小规模裂解、分离技术和设备方面逐步实现了国产化，但大型乙烯成套技术国产化始终没有突破。

2008年中国石油设立“大型乙烯装置工业化成套技术开发”重大科技专项（即“大乙烯一期”），2012年10月，采用攻关技术建设的中国石油大庆石化60万吨/年乙烯装置一次开车成功，实现了成套乙烯技术的从无到有，我国也因此成为世界上第4个掌握乙烯技术的国家。大乙烯技术实现“从0到1”的突破，极大地推动了核心装备国产化进程，带动了下游上千亿元的产值。

2017年，中国石油大型乙烯重大科技专项二期项目启动，开始乙烷制乙烯等成套技术的开发。二期项目在一期成果的基础上，以原料多元化、装置大型化、节能绿色化等为方向，推动技术迭代、成果创新和功能升级。在“大乙烯二期”中，实现了乙烯原料由石脑油到气体原料、重质液体原料，以及煤基石脑油和甲醇等多种原料的全覆盖，形成了7个系列40余项技术成果，实现了中国石油乙烯技术“从有到强”的跨越。2021年，我国首次利用自主技术建成的乙烷制乙烯项目在中石油兰州石化和独山子石化分公司分别投产。2023年，国内最大规模的中国石油广东石化炼化一体化项目化工龙头装置——120万吨/年乙烯装置投料试车一次成功，一年生产的乙烯可加工制成2亿亩（1亩＝666.6m^2）农田所需的地膜材料，生产的丙烯如果制作成2寸（1寸＝3.33cm）管材可绕地球18圈，生产的丁二烯则可制成5300万个家用车轮胎。

大乙烯技术成果推广应用于22套乙烯装置，增加乙烯产能超1000万吨/年。大乙烯技术攻关项目锻炼出一支覆盖技术开发、工程设计和建设、开车指导全过程的200余人的专家技术团队，为中国石化工业的可持续发展贡献了新生力量。我国大乙烯技术的研发推广之路还很长，后续要加快成果转化和推广应用，同时开展绿色低碳等关键技术研发，以原料更广、收率更高、成本更低、排放更少为方向，持续推动中国石油和中国炼化行业的降本增效和提质升级。

职业知识

化工总控工国家职业技能标准

一、工作要求

国家职业标准对初级、中级、高级、技师、高级技师的技能要求依次递进，高级别涵盖低级别的要求。

1. 初级工

职业功能	工作内容	技能要求	相关知识要求
一、生产准备	（一）工艺文件准备	1. 能绘制工艺流程方框图 2. 能识读反应器、吸收塔、精馏塔、压缩机等设备结构简图 3. 能识读工艺技术规程、安全技术规程和操作法 4. 能识读仪表、电器、计量器具等说明书 5. 能识记应急撤离路线图 6. 能识读化学品安全技术说明书 7. 能识记有毒气体、可燃气体报警仪设置图	1. 工艺流程方框图绘制知识 2. 设备结构简图识读知识 3. 工艺技术规程、安全技术规程和操作法识读知识 4. 仪表、电器、计量器具使用知识 5. 应急撤离路线图识读知识 6. 化学品安全技术说明书识读知识 7. 有毒气体、可燃气体报警仪设置图识读知识

续表

职业功能	工作内容	技能要求	相关知识要求
	（二）防护用品准备	1. 能佩戴和使用劳动防护用品 2. 能识别劳动防护用品有效性 3. 能使用急救药品	1. 劳动防护用品佩戴及使用知识 2. 急救药品使用知识 3. 劳动防护用品清洗、存放和保养知识
	（三）设备与动力准备	1. 能确认设备外观正常、紧固件连接可靠无泄漏、动设备润滑正常 2. 能确认阀门阀位状态 3. 能确认现场照明、通信正常 4. 能确认电器设备带电指示信号正常 5. 能确认现场仪表与总控室内压力、温度、液位、阀位等指示一致 6. 能确认有毒气体、可燃气体报警仪处于投用状态 7. 能确认消防设施处于备用状态	1. 阀门的种类、结构、特点及使用知识 2. 动设备润滑知识 3. 电流、电压、压力、温度、液位、阀位等表计识读知识 4. 有毒气体、可燃气体报警仪识读知识
	（四）物料准备	1. 能引进水、气、汽等公用工程介质 2. 能确认原、辅材料数量符合要求	1. 水、气、汽等公用工程的操作知识 2. 原、辅料计量知识
二、生产操作	（一）开车操作	1. 能完成机泵等单机设备开车 2. 能完成机泵等单机设备切换	1. 机泵等设备开车操作知识 2. 机泵等设备切换操作知识
	（二）运行操作	1. 能根据指令用自控系统调节工艺参数 2. 能进行计量单位换算 3. 能完成巡回检查 4. 能识读、悬挂警示牌	1. 自控系统界面操作知识 2. 计量单位换算知识 3. 设备巡检知识 4. 警示牌设置知识
	（三）停车操作	1. 能完成机泵等单机设备停车 2. 能完成机泵等单机设备排净	1. 机泵等设备停车操作知识 2. 机泵等设备排净操作知识
三、故障判断与处理	（一）故障判断	1. 能发现设备的温度、压力、液位、流量等工艺参数异常 2. 能判断传动设备跳车 3. 能发现现场跑、冒、滴、漏、响等异常 4. 能发现传动设备润滑失效、紧固件松动等设备故障	1. 设备运行参数知识 2. 传动设备故障判断知识
	（二）故障处理	1. 能报告生产异常 2. 能按指令处理工艺和设备异常 3. 能使用消防器材扑救初期火灾 4. 能使用洗眼器、喷淋器等安全应急设施处置化学灼烫、高温灼烫等事故	1. 安全、消防设施使用知识 2. 人身伤害事故紧急救护知识
四、设备维护与保养	（一）设备维护	1. 能监护现场压力、温度、液位等仪表检修 2. 能监护阀门盘根、软管、密封垫等的更换	1. 压力、温度、液位等仪表检修的安全知识 2. 阀门盘根、软管、密封垫更换的安全知识 3. 检修监护人员的工作要求
	（二）设备保养	1. 能完成设备外部清洁工作 2. 能完成机泵盘车、添加润滑油（脂）等工作	1. 设备、仪表、电器保养知识 2. 设备清洁的安全知识 3. 润滑油（脂）的分类和性能 4. 机泵盘车知识

2. 中级工

职业功能	工作内容	技能要求	相关知识要求
一、生产准备	(一)工艺文件准备	1. 能绘制工艺流程图 2. 能识读带控制点的工艺流程图 3. 能识记工艺技术规程、安全技术规程和操作法 4. 能识记污染源、危险源及控制方法 5. 能识读质量、环境及职业健康安全管理体系文件 6. 能识记应急处置方案	1. 工艺流程图绘制知识 2. 带控制点的工艺流程图识读知识 3. 环境及安全风险辨识及控制知识 4. 质量、环境、职业健康安全管理体系知识 5. 安全、环保应急知识
	(二)防护用品准备	1. 能对劳动防护用品的配置提出建议 2. 能检查劳动防护用品的佩戴和使用情况 3. 能检查应急物品使用情况	1. 职业病危害因素的特性及防护知识 2. 职业健康管理知识 3. 应急物品使用知识
	(三)设备与动力准备	1. 能完成设备单机试车 2. 能确认盲板抽堵状态 3. 能确认安全阀、爆破膜等安全附件处于备用状态 4. 能确认设备、电器、仪表具备开车条件	1. 设备单机试车知识 2. 盲板抽堵知识 3. 安全阀、爆破膜等安全附件使用知识
	(四)物料准备	1. 能引入冷、热媒等介质 2. 能确认原、辅料质量符合要求 3. 能将原、辅料引入装置	1. 冷、热媒等介质引入操作知识 2. 原、辅料质量指标,工艺指标 3. 原、辅料引入的操作知识
二、生产操作	(一)开车操作	1. 能按指令完成正常开车 2. 能将工艺参数调节至正常指标范围 3. 能计算投料配比	1. 装置开车操作法 2. 工艺参数调节方法 3. 物料配比计算知识
	(二)运行操作	1. 能根据工艺变化调节工艺参数 2. 能根据分析结果调节工艺参数 3. 能识读班组经济核算结果 4. 能进行转化率、收率、产率等计算	1. 分析检验单识读知识 2. 班组经济核算结果识读知识 3. 转化率、收率、产率等知识
	(三)停车操作	1. 能按指令完成停车 2. 能完成设备和管线的安全隔离 3. 能完成机泵、容器等设备和管线的倒空、置换、清洗等 4. 能按操作法处置“三废”	1. 装置停车操作法 2. 设备和管线安全隔离的知识 3. 设备和管线倒空、置换、清洗操作方法 4.“三废”处置方法
三、故障判断与处理	(一)故障判断	1. 能判断断料、跑料、串料等工艺事故 2. 能判断停水、停电、停气、停汽等突发事故 3. 能判断换热器堵塞、物料偏流等故障 4. 能判断导致联锁动作的原因 5. 能判断计量偏离、温度计失灵等仪表故障 6. 能判断中间品、产品质量异常 7. 能识别高处坠落、灼烫、物体打击等事故隐患 8. 能判断“三废”排放异常	1. 装置运行参数知识 2. 停水、停电、停气、停汽等事故的判断知识 3. 仪表、电器异常判断知识 4. 联锁设定知识 5. 产品质量标准 6. 污染物排放标准
	(二)故障处理	1. 能处理温度、压力、液位、流量等工艺参数异常 2. 能处理断料、跑料、串料等工艺事故 3. 能处理停水、停电、停气、停汽等突发事故 4. 能处置“三废”排放指标异常	1. 温度、压力、液位、流量等工艺参数异常处理方法 2. 断料、跑料、串料等工艺事故处理方法 3. 公用工程异常处理方法 4.“三废”排放指标异常处置方法

续表

职业功能	工作内容	技能要求	相关知识要求
四、设备维护与保养	(一)设备维护	1. 能监护设备、管线、阀门等的检修 2. 能落实现场压力、温度、液位等仪表交出检修的安全措施 3. 能发现设备维护中存在的问题	1. 设备、仪表、电器检修的安全知识 2. 设备检修知识 3. 高处、动火、受限空间等特殊作业知识
	(二)设备保养	1. 能检查设备和管线的保温、防冻、防凝、防腐等 2. 能完成机泵放油和清洗 3. 能完成润滑油过滤	1. 设备和管线保温、防冻、防凝、防腐知识 2. 设备润滑管理规定及润滑方法 3. 润滑油过滤方法

3. 高级工

职业功能	工作内容	技能要求	相关知识要求
一、生产准备	(一)工艺文件准备	1. 能绘制带控制点的工艺流程图 2. 能绘制反应器、吸收塔、精馏塔、压缩机等设备结构简图 3. 能识读工艺联锁图	1. 带控制点的工艺流程图绘制知识 2. 反应器、吸收塔、精馏塔、压缩机等设备结构简图绘制知识 3. 工艺联锁图识读知识
	(二)设备与动力准备	1. 能完成设备、管线的清洗、吹扫、试压、干燥、置换 2. 能确认联锁保护系统状态正常 3. 能完成装置联动试车准备工作	1. 设备、管线的清洗、吹扫、试压、干燥、置换知识 2. 装置联动试车准备工作范围、标准等
	(三)物料准备	1. 能对原、辅料的质量指标提出建议 2. 能完成催化剂活化、再生等特殊操作	1. 原、辅料优选知识 2. 催化剂使用知识
二、生产操作	(一)开车操作	1. 能完成装置大修后开车 2. 能完成长期停产装置开车 3. 能完成装置切换	1. 大修后装置开车操作方法 2. 长期停产装置开车操作方法 3. 装置切换操作方法
	(二)运行操作	1. 能根据工艺参数变化趋势预判产品质量，并优化操作 2. 能进行单体设备物料衡算 3. 能进行班组经济核算	1. 工艺参数与产品质量的关系 2. 物料衡算知识 3. 班组经济核算知识
	(三)停车操作	1. 能完成装置正常停车 2. 能完成装置紧急停车 3. 能完成停车后催化剂处置 4. 能完成单机设备检修前安全交出	1. 装置紧急停车操作法 2. 催化剂处置知识 3. 设备安全交出条件
三、故障判断与处理	(一)故障判断	1. 能根据工艺参数、分析数据辨识工艺操作事故隐患 2. 能判断飞温、爆聚等工艺事故 3. 能辨识中毒、窒息、火灾、机械伤害等事故隐患 4. 能辨识环境污染风险	1. 影响装置平稳运行的因素 2. 工艺操作事故隐患辨识知识 3. 压缩机、精馏塔、换热器、反应器等设备工作原理 4. 中毒、窒息、火灾、机械伤害等事故隐患辨识知识 5. 环境污染风险辨识知识
	(二)故障处理	1. 能根据工艺参数、分析数据消除工艺操作事故隐患 2. 能实施现场处置方案 3. 能落实装置安全生产措施 4. 能进行人员救护	1. 工艺操作事故隐患处置知识 2. 现场处置方案 3. 人员应急救援知识

续表

职业功能	工作内容	技能要求	相关知识要求
四、设备维护与保养	(一)设备维护	1. 能提出检修项目 2. 能完成设备检修前后的清理、吹扫、试压、查漏、置换及安全设施的检查 3. 能完成设备检查验收	1. 安全设施检查知识 2. 设备检查验收知识
	(二)设备保养	1. 能判断防雷防静电措施的可靠性 2. 能进行设备和管线检修前的安全交出确认 3. 能确认更换润滑油(脂)的时机	1. 防雷防静电的知识 2. 设备和管线交出检修安全知识 3. 设备传动部件润滑知识

4. 技师

职业功能	工作内容	技能要求	相关知识要求
一、生产准备	(一)工艺文件准备	1. 能识读工艺配管图 2. 能识记工艺联锁图 3. 能对化工生产装置的试压、试漏、吹扫、置换、试车、开停车方案提出建议 4. 能绘制技术改造、技术革新的工艺和设备简图 5. 能对开车前的检查与验收方案提出建议 6. 能对应急处置方案提出建议 7. 能对工艺技术规程、安全技术规程和操作法提出修改建议	1. 工艺配管图识读知识 2. 试压、试漏、吹扫、置换、试车、开停车方案编写知识 3. 技术改造、技术革新的工艺和设备简图绘制知识 4. 开车前检查和验收方案编写知识 5. 应急处置方案编写知识 6. 工艺技术规程、安全技术规程和操作法编写知识
	(二)设备与动力准备	1. 能完成联动试车 2. 能完成装置投料试车准备工作	1. 装置联动试车知识 2. 装置投料试车准备工作范围、标准等
二、生产操作	(一)开车操作	1. 能完成装置改、扩建后的开车操作 2. 能优化技术改造后开车操作程序 3. 能协调装置开车操作	1. 装置改、扩建后开车操作方法 2. 单元操作优化知识
	(二)运行操作	1. 能提出提高生产率、产品质量及降低消耗的措施 2. 能根据装置历史运行数据提出操作改进措施 3. 能进行设备效能计算 4. 能进行装置生产成本核算	1. 装置运行指标的影响因素及分析方法 2. 设备效能知识 3. 生产成本核算知识
	(三)停车操作	1. 能控制并降低停车过程中的物耗、能耗 2. 能完成装置大修前安全交出	1. 停车后物料、能量回收知识 2. 装置安全交出条件
三、故障判断与处理	(一)故障判断	1. 能分析单元操作工艺事故原因 2. 能分析装置有毒物料泄漏等安全、环保事故原因	1. 单元操作工艺事故原因分析知识 2. 安全、环保事故原因分析知识
	(二)故障处理	1. 能处理单元操作工艺事故 2. 能处理有毒物料泄漏等安全、环保事故 3. 能提出次生事故的处理方案 4. 能根据装置事故情况提出后续处置措施 5. 能完成现场处置方案演练及效果评估，并提出建议	1. 单元操作工艺事故处理知识 2. 有毒物料泄漏等安全、环保事故处置知识 3. 现场处置方案演练及效果评估方法
四、设备维护与保养	(一)设备维护	1. 能完成设备检修前的自检工作 2. 能提出设备维护建议	1. 设备检修前自检工作要求 2. 影响设备使用寿命的因素
	(二)设备保养	1. 能选用润滑油(脂) 2. 能验收保养后的设备	1. 润滑油(脂)选用知识 2. 设备保养的验收标准

续表

职业功能	工作内容	技能要求	相关知识要求
五、生产、质量管理与技术改进	（一）生产管理	1. 能指导班组经济核算，分析经济运行效果 2. 能应用统计技术分析生产工况 3. 能撰写生产技术总结或论文 4. 能组织开展能效管理活动	1. 撰写工作报告知识 2. 生产成本分析方法 3. 技术总结、论文编写知识 4. 能效管理文件
	（二）质量管理	1. 能组织全面质量管理小组开展质量攻关活动 2. 能提出产品质量改进方案	1. 全面质量管理知识 2. 产品质量提升方法
	（三）技术改进	1. 能实施技术改进措施 2. 能完成装置的性能评定	1. 同行业装置使用性能的信息 2. 装置性能评价知识
六、培训与指导	（一）培训	1. 能培训五级/初级工、四级/中级工、三级/高级工 2. 能制定专项培训方案	1. 授课及培训方法 2. 教案编写知识
	（二）指导	1. 能指导五级/初级工、四级/中级工、三级/高级工的技能操作 2. 能现场传授关键操作技能	1. 操作经验和技能的总结方法 2. 教学组织与实施的知识

5. 高级技师

职业功能	工作内容	技能要求	相关知识要求
一、生产准备	（一）工艺文件准备	1. 能对化工生产装置技术改造方案提出建议 2. 能提出同类装置操作方案的优化建议 3. 能对危险与可操作性分析提出建议	1. 化工生产装置技术改造方案编写知识 2. 同类装置操作方案优化的知识 3. 危险与可操作性分析知识
	（二）设备与动力准备	1. 能完成装置原始开车准备工作 2. 能确认全系统具备开车条件	1. 装置原始开车准备工作范围、标准等 2. 全系统开车条件
二、生产操作	（一）开车操作	1. 能完成装置原始开车 2. 能优化原始开车程序	装置原始开车操作及优化知识
	（二）运行操作	1. 能分析生产运行状况，并提出技术改进措施 2. 能进行生产运行数据统计分析，并优化操作 3. 能提出清洁生产的改进措施	1. 生产运行数据统计分析方法 2. 清洁生产知识
三、故障判断与处理	（一）故障判断	1. 能发现工艺设计缺陷，提出改进建议 2. 能用统计方法分析装置历史事故，并提出事故预防措施	1. 化工工艺设计知识 2. 装置历史事故案例统计分析方法
	（二）故障处理	1. 能处理火灾、爆炸等事故 2. 能实施专项应急预案演练及效果评估，并提出建议	1. 火灾、爆炸等事故处理知识 2. 事故专项预案编写、演练及评估知识
四、设备维护与保养	（一）设备维护	1. 能提出设备检修时机 2. 能提出设备更新建议	1. 设备检修时机判断知识 2. 国内外同类设备的技术应用信息
	（二）设备保养	1. 能完成新增设备、装置验收工作 2. 能选择保养方法和措施	1. 新增设备、装置验收知识 2. 保养方法和措施的选择知识

续表

职业功能	工作内容	技能要求	相关知识要求
五、生产、质量管理与技术改进	(一)生产管理	1. 能提出生产管理建议 2. 能提出能效管理措施	1. 生产管理内容 2. 能效管理知识
	(二)质量管理	1. 能按质量管理体系要求组织生产 2. 能优化质量攻关方案	1. 质量管理体系文件 2. 质量优化知识
	(三)技术改进	1. 能提出技术改进方案 2. 能对技术改进方案提出评审意见	1. 国内外同行业新技术、新工艺、新材料及新设备的应用信息 2. 技术改进方案编制知识
六、培训与指导	(一)培训	1. 能制定培训计划、教学大纲，选择教学方式 2. 能编写专项技能培训教材 3. 能培养后备操作骨干	1. 培训计划、教学大纲编写知识 2. 专项技能培训教材编写知识
	(二)指导	1. 能系统地传授专业知识和技能 2. 能指导二级/技师的技能操作	1. 技能传授方法 2. 评价技能培训效果的知识

二、权重表

1. 理论知识

单位：%

项目		五级/初级工	四级/中级工	三级/高级工	二级/技师	一级/高级技师
基本要求	职业道德	5	5	5	5	5
	基础知识	30	25	20	15	10
相关知识要求	生产准备	18	14	12	10	5
	总控操作	30	34	35	28	27
	故障判断与处理	7	13	20	25	30
	设备维护与保养	10	9	8	6	5
	生产、质量管理与技术改进	—	—	—	6	10
	培训与指导	—	—	—	5	8
合计		100	100	100	100	100

2. 技能要求

单位：%

项目		五级/初级工	四级/中级工	三级/高级工	二级/技师	一级/高级技师
技能要求	生产准备	25	20	20	15	10
	总控操作	45	48	50	40	35
	故障判断与处理	10	15	20	25	30
	设备维护与保养	20	17	10	7	7
	生产、质量管理与技术改进	—	—	—	7	10
	培训与指导	—	—	—	6	8
合计		100	100	100	100	100

复习思考题

一、选择题

1. 下列哪项不是乙烯工业下游的衍生物？（　　）

A. 聚乙烯　　B. 聚丙烯　　C. 汽油　　D. 环氧乙烷

2. “三烯三苯”中不包括以下哪种化合物？（　　）

A. 乙烯　　B. 丙烯　　C. 乙醇　　D. 苯

3. 下列关于乙烯的说法，哪个是正确的？（　　）

A. 乙烯在石油化工中的地位和作用可以被其他原料轻易替代

B. 聚乙烯和聚丙烯等乙烯下游产品与国民经济和人们生活关系不大

C. 乙烯装置是石油化工生产中的龙头装置，其重要性无可替代

D. 乙烯不是生产合成树脂、合成纤维、合成橡胶的基础原料

4. 下列哪个因素最能代表一个国家石油化工工业的综合实力？（　　）

A. 原油产量　　B. 乙烯工业的发展水平

C. 炼油厂的数量　　D. 天然气储备量

5. 石油炼制的主要目的是（　　）。

A. 生产乙烯等化工原料

B. 生产各种燃料油（如汽油、柴油）和润滑油

C. 生产合成树脂、合成纤维和合成橡胶

D. 分离出油田气和天然气

6. 乙烯主要通过（　　）过程从石油馏分中制取。

A. 蒸馏　　B. 催化重整　　C. 烃类裂解　　D. 聚合

7. 下列关于我国石油化工产业的描述，哪个是正确的？（　　）

A. 我国乙烯生产完全能满足下游产品市场需求

B. 我国是三大合成材料最大的生产国，但仍有较大消费需求依赖进口

C. 石油化工产业链简单且独立

D. 石油炼制和石油加工是两个互不相关的过程

8. 丙烯的沸点是（　　）。

A. −47.7℃　　B. 0℃　　C. 25℃　　D. 100℃

9. 医用口罩中起到病毒过滤作用的主要材料是（　　）。

A. 纯棉布料　　B. 熔喷无纺布　　C. 丝绸　　D. 尼龙

10. 熔喷无纺布的主要材质是由乙烯工业产品（　　）聚合生成的。

A. 乙烯　　B. 丙烯　　C. 苯乙烯　　D. 环氧乙烷

11. 环氧乙烷在医用领域主要用作（　　）。

A. 麻醉剂　　B. 消毒剂　　C. 催化剂　　D. 燃料

12. 化工单元操作中的“三传一反”不包括以下哪一项？（　　）

A. 动量传递　　B. 热量传递　　C. 质量传递　　D. 能量储存

13. 轴封装置在离心泵中的主要作用是（　　）。

A. 防止泵壳内液体沿轴漏出　　B. 增加泵壳内的压力

C. 提高叶轮的转速　　D. 降低泵壳内的温度

14. 以下哪种单元操作属于动量传递过程？（　　）

A. 蒸发　　B. 萃取　　C. 沉降　　D. 氧化

15. 化工生产过程中，对操作人员的岗位技能要求主要体现在（　　）。

A. 仅需具备基本的体力劳动能力

B. 只需按照既定程序进行简单操作

C. 熟练掌握设备操作，具备扎实的工艺知识和较强的分析判断能力

D. 以上都不是

二、问答题

1. 简述石油化工产业链。

2. 为什么说乙烯工业是石油化工的龙头与核心？

3. 化工生产过程的基本组成规律包括哪些方面的内容？

4. 什么叫化工单元操作和单元反应？常见的化工单元操作有哪些？化工四大设备有何作用？

5. 化工生产过程的三个基本步骤是什么？

项目 2 乙烯生产原料的选择

技能目标

1. 能分析从石油炼制中得到乙烯原料的途径。
2. 能制定优化乙烯生产原料的方案。

知识目标

1. 掌握乙烯生产原料的来源和种类。
2. 了解能提供乙烯原料的石油炼制装置。
3. 理解裂解原料的评价指标及对乙烯生产的影响。
4. 理解裂解原料的选择。
5. 理解裂解原料中所含杂质的危害及处理方法。

素质目标

1. 以原油为原始原料，经过工艺加工，生产出来的化工产品已经渗透到了人们生活的方方面面，通过了解其广泛应用激发从事石油化工工作的热情。

2. 从原油的来源及战略意义案例，建立国家安全意识，了解依法维护国家安全的职责和义务；增强人与自然环境和谐共生意识，明确人类共同发展进步的历史担当。

3. 通过学习乙烯装置大国工匠成长轨迹，激发学习热情，树立做知识型、技能型、创新型技术人员的理想。

技能训练

任务 优化裂解原料

一、任务要求

乙烯作为整个石化工业的基础原料，肩负着为下游化工装置提供原材料的重任，降低乙烯的生产成本将有利于提高石化企业的经济效益和参与市场竞争的能力。裂解原料是影响乙烯生产成本、目的产品结构的一个关键因素，因此如何通过优化裂解原料，降低乙烯生产成本将是我国乙烯行业着重考虑的一个关键问题。

二、企业乙烯原料情况

现分析某石化企业情况，提出优化原料的措施。

2011 年该公司对乙烯裂解装置进行挖潜改造，乙烯生产能力由 14 万吨/年提高到 20 万吨/年，乙烯裂解石脑油需求量为 70 万吨，生产缺口大约为 30 万吨/年。2007 年～2010 年该厂裂解原料自给和外购情况如表 2-1 所示。

表 2-1　裂解原料自给和外购情况

项目	2007 年	2008 年	2009 年	2010 年
自给量/万吨	35.00	44.55	36.87	46.14
外购量/万吨	32.00	29.18	33.69	17.32
自给率/%	52.2	60.4	52.3	72.7

三、企业情况

目前该公司乙烯装置共有裂解炉 6 台，其中 1＃、2＃炉可裂解石脑油和轻烃（包括循环乙烷、丙烷）；3＃、4＃、5＃炉可裂解石脑油、轻柴油；6＃炉设计裂解原料为石脑油和加氢裂化尾油，由于原料来源问题，6＃炉在 2010 年以前一直未进行裂解加氢裂化尾油的生产。

工艺知识

知识 1　裂解原料的评价指标

裂解原料种类繁多，原料性质对裂解结果有着决定性的影响。表征裂解原料品质特性参数主要有族组成（PONA）、氢含量、特性因素（*K*）、芳烃指数（BMCI），原料的重要物理常数（密度、黏度、馏程、胶质含量）以及化学杂质（硫含量、砷含量，铅、钒等金属含量，残炭等）。其中以 PONA、*K*、BMCI 及氢含量最为重要。PONA 增大、氢含量增大、*K* 增大、BMCI 减小时，乙烯收率均增大。

一、族组成

裂解原料是由各种烃类组成的，按其结构可分为四大族，即链烷烃族、烯烃族、环烷烃族和芳烃族。这四大族的族组成以 PONA 值来表示，其含义如下。

① P 指链烷烃（paraffin，简称烷烃），较易裂解生成乙烯、丙烯。其中正构烷烃的乙烯收率比异构烷烃高，而正构烷烃的甲烷、丙烯、丁烯、芳烃收率比异构烷烃低。

② O 指烯烃（olefin），裂解性能不如相应的烷烃，不易裂解，易造成结焦。

③ N 指环烷烃（naphthene），环己烷裂解生成乙烯、丁二烯、芳烃，环戊烷裂解生成乙烯、丙烯。但环烷烃裂解的乙烯、丙烯及 C_4 的收率不如烷烃高，而且容易生成芳烃。

④ A 指芳烃（aromatics），不易裂解，易生成重质芳烃，严重时造成结焦。

裂解原料族组成的 PONA 值在一定程度反映其裂解反应的性能。裂解原料中，烷烃含量特别是正构烷烃含量越高，“三烯”收率也越高，表 2-2 为裂解原料 PONA 值对烯烃收率的影响。高含量的烷烃、低含量的芳烃和烯烃是理想的裂解原料。各族烃的裂解生产乙烯难易程度有下列顺序：正构烷烃＞异构烷烃＞环烷烃＞芳烃。

表 2-2 裂解原料 PONA 值对烯烃收率的影响 单位：%（质量分数）

项目		乙烷	丙烷	石脑油	抽余油	轻柴油	重柴油
原料组成特征		P	P	P+N	P+N	P+N+A	P+N+A
主要产物收率	乙烯	84.0	44.0	31.7	32.9	28.3	25.0
	丙烯	1.4	15.6	13.0	15.5	13.5	2.4
	丁二烯	1.4	3.4	4.7	5.3	4.8	4.8
	混合芳烃	0.4	2.8	13.7	11.0	10.9	11.2
	其他	12.8	34.2	36.8	35.8	42.5	46.6

从轻质烷烃裂解生产烯烃的潜在收率见表 2-3。可以看出，C_2～C_5 正构烷烃是优质裂解原料，其双烯和三烯收率均高于相应的异构烷烃，特别是乙烷裂解的潜在收率接近 80%；异构烷烃中，异丁烷的乙烯、丁二烯潜在收率最低，尽管丙烯收率高，但三烯收率较正构烷烃低很多，故异丁烷不是裂解原料的理想组分。

表 2-3 轻质烷烃裂解生产烯烃的潜在收率 单位：%（质量分数）

项目	乙烯	丙烯	双烯	丁二烯	三烯
乙烷	79.88	1.63	81.51	1.37	82.88
丙烷	41.53	14.47	56.00	3.72	59.72
正丁烷	40.78	16.08	56.86	4.24	61.10
异丁烷	12.10	24.80	36.90	0.91	37.81
正戊烷	41.82	16.77	58.59	4.18	62.77
异戊烷	21.90	17.30	39.20	4.70	43.90

二、氢含量

裂解原料的氢含量是指烃分子中氢的质量分数。原料的氢含量是衡量该原料裂解性能和乙烯潜在含量的重要特性。原料氢含量越高，裂解性能越好。从族组成看，烷烃氢含量最高，环烷烃次之，芳烃、焦、炭最低。从原料分子量看，从乙烷到柴油，随着分子量增大，氢含量依次降低，乙烯收率也依次降低。

氢含量可以用元素分析法测得，各种烃和焦的含氢量见表 2-4。含氢量：烷烃＞环烷烃＞芳烃＞焦、炭。烷烃含碳数越小，氢含量越高。乙烷的氢含量 20%，丙烷 18.2%。图 2-1 表示了裂解原料氢含量与乙烯收率的关系。由图可见，当裂解原料氢含量低于 13%时，可能达到的乙烯收率将低于 20%，这样的馏分油作为裂解原料是不经济的。

表 2-4 各种烃和焦的含氢量

物质	分子式	含氢量(质量分数)/%	物质	分子式	含氢量(质量分数)/%
甲烷	CH_4	25	苯	C_6H_6	7.7
乙烷	C_2H_6	20	甲苯	C_7H_8	8.7
丙烷	C_3H_8	18.2	萘	$C_{10}H_8$	6.25
丁烷	C_4H_{10}	17.2	蒽	$C_{14}H_{10}$	5.62
烷烃	C_nH_{2n+2}	$(n+1)/(7n+1)\times 100$	焦	C_aH_b	0.1～0.3
环戊烷	C_5H_{10}	14.26	炭	C_n	约 0
环己烷	C_6H_{12}	14.26			

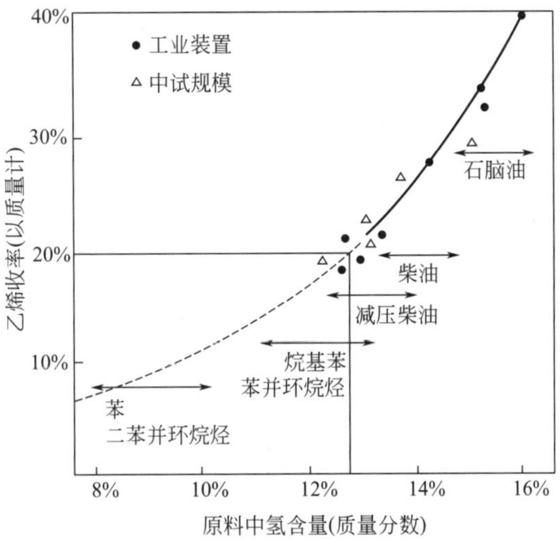

图 2-1 原料氢含量与乙烯收率的关系

含氢量高的原料，裂解深度可深一些，产物中乙烯收率也高。对重质烃的裂解，按目前技术水平，原料含氢量控制在大于 13%（质量分数），气态产物的含氢量控制在 18%（质量分数），液态产物含氢量控制在稍高于 7%～8%（质量分数）为宜。因为液态产物含氢量低于 7%～8%（质量分数）时，就易结焦，堵塞炉管和急冷换热设备。

三、特性因数

特性因数 K 是表征原油及馏分油的化学组成特性的一种指数，K 值以烷烃最高，环烷烃次之，芳烃最低。它反映了烃的氢饱和程度，也就是说 K 值越大，乙烯、丙烯收率越高。

从表 2-5 看出，K 值越高，烃类烷烃含量越高，表示烃类石蜡性越强；K 值越低表示烃的芳香性越强。因此 K 值越高，烃类裂解性能越好。

表 2-5 烃类的特性因数

烃类	甲烷	乙烷	丙烷	丁烷	环戊烷	环己烷	甲苯	乙苯
K	19.54	18.38	14.71	13.51	11.12	10.99	10.15	10.37

四、关联指数 BMCI（芳烃指数）

石脑油中，环烷烃 N 和芳烃 A 大部分是单环的，而柴油中环烷烃 N 和芳烃 A 有相当部分是双环和多环的，这在 PONA 值中是反映不出来的。而关联指数 BMCI 则可表征这一特点。美国矿务局关联指数（bureau of mines correlation index，简称 BMCI）可用以表征柴油等重质馏分油的结构特性，是评价重质馏分油性能的重要指标。

正构烷烃的 BMCI 值最小（正己烷为 0.2），芳烃则最大（苯为 99.8），因此 BMCI 是一个芳烃性指标，也称为芳烃指数。BMCI 值越大，芳烃性越高，乙烯收率越低，结焦的倾向性越大。反之，BMCI 值越小，乙烯收率越高。因此 BMCI 值较小的馏分油是较好的裂解原料。当 BMCI 值小于 35 时，才能作裂解原料。目前，中东轻柴油的 BMCI 典型值为 25 左右，中国大庆轻柴油约为 20。如图 2-2 所示，在深度裂解时，重质原料油的 BMCI 值与乙烯收率和燃料油收率之间存在良好的线性关系，在柴油或减压柴油等重质馏分油裂解时，BMCI 值成为评价重质馏分油性能的一个重要指标。

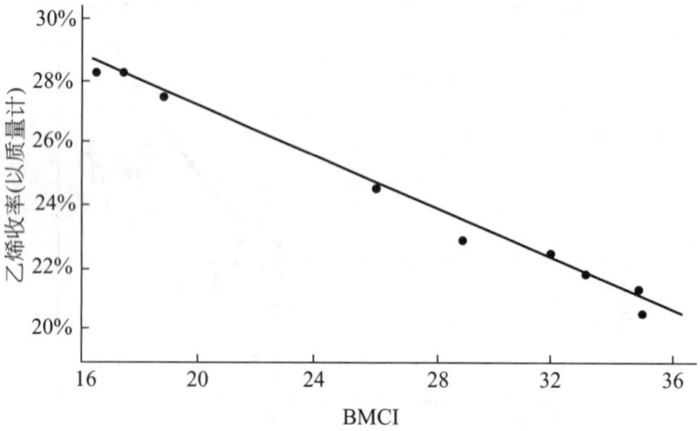

图 2-2　柴油裂解 BMCI 值与乙烯收率的关系

知识 2　乙烯原料的种类及来源

一、裂解原料种类

烃类裂解原料来源十分广泛，按其相态可分为气态原料和液态原料。气态原料主要包括天然气及炼厂气等，液态原料主要包括石油化工生产中原油蒸馏或各种二次加工所得的多种馏分油，一般将馏分油分为轻质油及重质油两大类，轻质油包括石脑油、拔头油、抽余油以及常压瓦斯油（包括煤油、轻柴油）等，重质油主要指减压瓦斯油（包括重柴油、减压柴油等），轻质油比重质油裂解性能好。液态烃较气态烃乙烯收率低，但来源丰富，运输方便，能获得较多丙烯、丁烯和芳烃。

烃类裂解原料按密度可分为轻质烃和重质烃，轻质烃包括乙烷、丙烷、丁烷、液化石油气，这类烃在美国大约占原料的 50%；重质烃包括石脑油、煤油、柴油、重油，这类烃在国内及西欧大约占原料的 80%～90%。常见的裂解原料包括天然气、炼厂气、石脑油、加氢焦化汽油、加氢裂化尾油等。石脑油是我国最主要的乙烯原料。

1. 天然气

天然气主要成分是甲烷，还含有乙烷、丙烷、丁烷等轻质饱和烃及少量的 CO_2、N_2、H_2S 等非烃成分。天然气经分离后得到乙烷以上的烷烃，这类烃分子量小，含氢量高，是裂解的良好原料，在全世界裂解原料中占 1/3，并有不断增长的趋势。

从凝析气田的天然气凝析出来的液相组分叫凝析油，又称天然汽油。其主要成分是 C_5～C_8 烃类的混合物，含石脑油馏分 60%～80%、柴油馏分 20%～40%。石蜡基（以链烷烃为主）凝析油适用作乙烯原料。我国新疆油田的凝析油产量较大、油轻、K 值高、烷基性强，乙烯收率达 34.35%，丙烷收率 18.15%。中石化上海石油化工股份有限公司（简称上海石化）、扬子石油化工有限公司（简称扬子石化）使用的东海油田凝析油，乙烯单程收率大于 28.6%，比常压柴油裂解的效果要好。

2. 炼厂气

炼厂气是原油在炼油厂加工过程中所得副产气的总称，是一种含有氢气、甲烷、乙烷、乙烯、丙烷、丙烯等大量轻质烃类的气体，主要产自常减压蒸馏、催化裂化、加氢裂化和延迟焦化等原油的一次加工和二次加工过程。不同来源的炼厂气组成各异（见表 2-6）。C_1～C_2 的气体称为干气，C_3～C_4 气体被冷凝为液态烃，称为液化气，它们都是基本有机化工原料。炼厂气的产率随原油的加工深度不同而不同，深度加工的炼厂气一般为原油加工量的 6%（质量分数）左右。

表 2-6 典型炼厂气组成 单位：%（质量分数）

生产装置	常压蒸馏	催化裂化	催化重整	加氢裂化	加氢精制	延迟焦化	减黏裂化
H_2	—	0.6	1.5	1.4	3	0.6	0.3
CH_4	8.5	7.9	6	21.8	24	23.3	8.1
C_2H_6	15.4	11.5	17.5	4.4	70	15.8	6.8
C_2H_4	—	3.6	—	—	—	2.7	1.5
C_3H_8	30.2	14.5	31.5	15.3	3	18.1	8.6
C_3H_6	—	16.4	—	—	—	6.9	4.8
C_4H_8	45.9	21.3	43.5	57.1	—	18.8	36.4
C_4H_6	—	24.2	—	—	—	13.8	33.5
合计	100	100	100	100	100	100	100

3. 石脑油

石脑油又称为轻汽油、化工轻油，由原油蒸馏或石油二次加工切取相应馏分而得。沸点范围一般是初馏点至 220℃，也可以根据使用场合加以调整。按加工深度不同分为直馏石脑油和二次加工石脑油。直馏石脑油是原油经常压蒸馏分馏出的馏分，二次加工石脑油是指由炼厂中焦化装置、加氢裂化装置等二次加工后得到的石脑油。不同产地石脑油性能不同，比如科威特石脑油，其烷烃、环烷烃及芳烃典型含量（质量分数）分别为 72.3%、16.7%、11%，大庆石脑油的烷烃、环烷烃、芳烃含量（质量分数）则为 53%、43%、4%。

裂解性能良好的石脑油应具有高石蜡基（质量分数大于 65%）、低芳香基（质量分数小于 10%）、轻馏分（相对密度 $d<0.7$，干点小于 180℃，最高 200℃）等特点。其中烷烃含量最重要。日本、新加坡等国实际裂解用石脑油中烷烃含量一般为 80%左右，日本昭和电工烷烃含量甚至达到 88.8%。我国情况较差，有的还达不到 65%。

石脑油是我国最主要的乙烯原料。据中石油经济技术研究院的数据表明，我国乙烯工业受资源限制，使用的裂解原料以石脑油为主，其次是轻柴油、加氢尾油等，其中，石脑油大约占 64%、加氢尾油约 10%、轻柴油约 10%。国内乙烯原料 90%来自炼厂，原料的构成在目前或将来都不占优势，原料虽可以做到相对优质，但并不廉价。我国乙烯裂解装置单位投资较高，能耗较高，原料成本较高。

4. 重整抽余油

重整装置生产的重整汽油经芳烃抽提装置抽提出芳烃后，剩下的馏分称为重整抽余油。

其主要成分是 C_6～C_8 烷烃，是较好的裂解原料，乙烯收率达 35.5%，丙烯收率达 16.42%，双烯收率达到 51.92%，其他副产物收率见表 2-7。

表 2-7　重整抽余油裂解产品收率　　单位：%

项目	重整抽余油	项目	重整抽余油
氢气	1.08	丙烷	0.5
甲烷	16.1	丁二烯	5.9
乙炔	0.9	丁烯	4.44
乙烯	35.5	丁烷	0.1
乙烷	4.1	C_5 馏分	3.8
甲基乙炔＋丙二烯	1.2	裂解汽油	9.96
丙烯	16.42	燃料油	1

5. 加氢焦化汽油

延迟焦化装置生产的焦化汽油和焦化柴油中不饱和烃含量高，必须经过加氢精制后才能作为汽油和柴油产品的调和组分，加氢焦化汽油还可作为催化重整原料或裂解的原料。原油常压蒸馏时所得馏程范围在 200～400℃的馏分为直馏柴油，一般称 200～350℃的馏分为轻柴油，称 250～400℃的馏分为重柴油。加氢焦化油比直馏馏分油含氢量更高，裂解深度可深一些，产物中乙烯收率也高，加氢焦化油与直馏油性能及裂解产品收率比较见表 2-8。

表 2-8　加氢焦化油与直馏油性能及裂解产品收率比较

项目	胜利原油				大庆原油	
	直馏石脑油	加氢焦化汽油	直馏柴油	加氢焦化柴油	加氢焦化汽油	加氢焦化柴油
油品性质						
相对密度	0.7374	0.74	0.8125	0.808	—	—
平均分子量	118	121.6	198	200	—	—
含氢量/%	14.6	15.2	14	14.4	—	—
主要产品收率（质量分数）/%						
氢气	0.86	0.95	0.58	0.66	0.82	0.53
甲烷	14.25	14.85	9.47	10.5	12.6	8.64
乙烯	24.84	29.24	22.78	25.4	29.49	24.24
丙烯	14.14	13.15	15.28	14.78	14.86	15.09
丁烯	4.21	2.61	5.51	4.27	3.23	5.04
丁二烯	4.59	4.24	5.11	4.72	4.57	4.43
裂解汽油	26.95	23.4	27.15	20.74	24.6	23.9
苯	7	6.59	3.95	4.85	5.82	4.09
甲苯	4.43	3.5	2.6	2.91	3.1	2.5
轻质燃料油	2.27	3.8	4.48	7.39	1.65	4.35
重质燃料油	3.02	2.69	4.96	6.84	1.78	8.49

6. 加氢裂化尾油（HVGO）

加氢裂化装置一次转化率通常为 60%～90%，还有 10%～40%的未转化油（通称尾油），尾油中烷烃含量增加，芳烃和环状烃含量大为减少，是一种良好的乙烯裂解原料，具体参数见表 2-9。

表 2-9　加氢尾油组成及裂解产品收率表

项　目	上海石化	扬子石化	齐鲁石化	项　目	上海石化	扬子石化	齐鲁石化
密度(20℃)/(g/L)	0.8244	0.7939	0.8487	族组成/%(质量分数)			
BMCI	10.6	7.66	18.05	P	68.9	71.5	34.2
含氢量/%	14.63	14.26	14	N	25.4	25.1	59.4
乙烯收率/%(质量分数)	28.48	30.54	25.87	A	5.5	3.4	6.3
丙烯收率/%(质量分数)	16.35	16.69	14.43	馏程/℃	202～562	202～405	213～500
三烯总收率/%(质量分数)	51	53.26	45.94	裂解温度/℃	800	800	800

二、能提供乙烯原料的石油炼制装置

能提供乙烯原料的石油炼制装置流程见图 2-3。

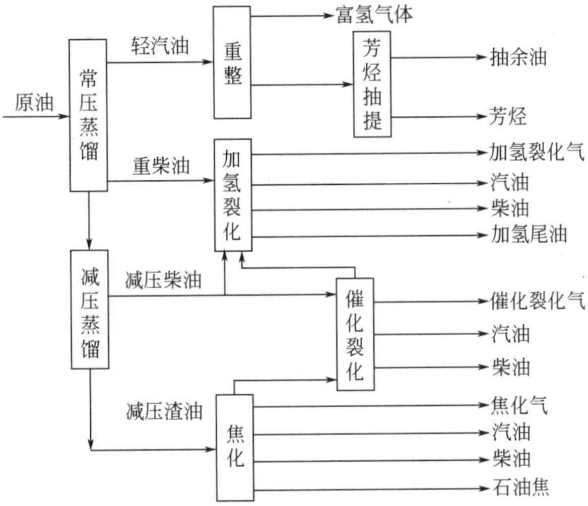

图 2-3　能提供乙烯原料的石油炼制装置流程示意图

炼厂气：重整、加氢裂化、催化裂化、延迟焦化生产装置提供。

拔头油：重整生产装置提供。

抽余油：芳烃抽提生产装置提供。

轻石脑油、石脑油：常压蒸馏生产装置提供。

常压柴油 AGO：常压蒸馏生产装置提供。

减压柴油 VGO：减压蒸馏生产装置提供。

加氢尾油：加氢裂化生产装置提供。

四通阀（焦化）原理展示

三、主要生产装置工艺介绍

石油炼制生产中，能够提供乙烯裂解原料的主要有常减压蒸馏、催化裂化、加氢裂化、催化重整、芳烃抽提、延迟焦化、减黏裂化等生产装置。

1. 常减压蒸馏

常压蒸馏和减压蒸馏习惯上合称常减压蒸馏，常减压蒸馏是属于传质、传热的物理过程，是原油加工的第一道工序。它根据原油中各组分的沸点（挥发度）不同，用加热和降压的方法从原油中分离出各种石油馏分。其中常压蒸馏系统蒸馏出低沸点的气体、汽油、煤油、柴油等馏分，而沸点较高的蜡油、渣油等馏分留在未被分出的常压渣油中。常压渣油经过减压炉进一步加热后，送入减压蒸馏系统，使常压渣油能避免高温裂化，在较低温度和较低的压力下进行分馏，分离出减压侧线油、润滑油和减压渣油馏分。

如图 2-4 所示，原油经常减压蒸馏后，得到拔顶气、汽油、煤油、柴油、催化裂化原料或润滑油原料等。初馏塔顶和常压塔顶得到的拔顶气可作裂解原料；直馏汽油，也称为石脑油，是裂解生产低级烯烃的很好的原料，经过重整处理还可制取石油芳烃和高质量汽油；直馏煤油、柴油除进一步加工制取合格的燃料油外，都是重要的裂解原料。常压塔和减压塔侧线馏分油可作为炼油厂的裂化原料或生产润滑油的原料，也可作为化工厂生产烯烃的裂解原料。

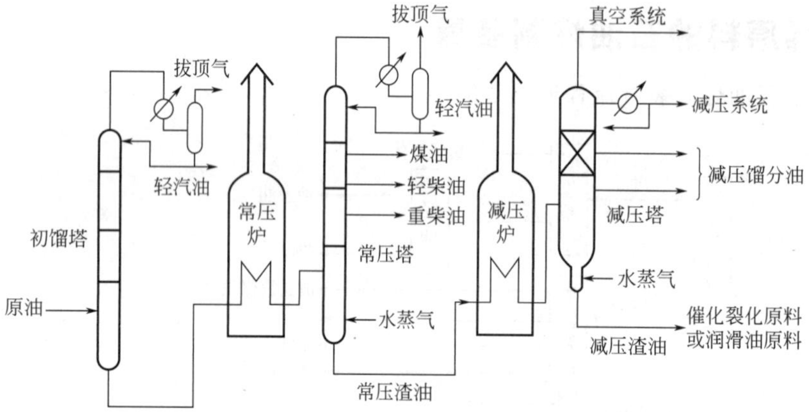

止逆阀原理展示

液环真空泵原理展示

图 2-4　常减压蒸馏工艺流程示意图

2. 催化裂化

催化裂化是重质油轻质化的最重要的二次加工生产装置。它以常压重油或减压馏分油掺入减压渣油为原料，在催化剂作用下进行裂化、异构化、芳构化等反应，生产出优质汽油、轻柴油、液化气、干气等。干气、液化气可以作燃料或基本有机化工原料，也可作为生产烯烃的裂解原料。催化裂化生产的汽油和柴油产品中因含有较多的烯烃，不宜作裂解的原料。

3. 加氢裂化

加氢裂化是在加热、高氢压和催化剂存在的条件下，使重质油发生加氢、裂化和异构化反应，转化为气体产品、汽油、喷气燃料、柴油等的过程。气体产品主要成分为丙烷和丁烷，可作为裂解的原料；汽油（石脑油）可以直接作为汽油组分或溶剂油等石油产品，也可作为催化重整原料或生产烯烃的裂解原料。加氢裂化尾油芳烃指数（BMCI）低，是裂解制乙烯的良好原料。

4. 延迟焦化

延迟焦化以重质油，如减压渣油为原料，在高温下进行深度的热裂解和缩合反应，分馏得到气态烃、汽油、柴油、蜡油和焦炭。气态烃中所含大量的甲烷和乙烷，可作为基本有机化工的原料。焦化汽油和焦化柴油中不饱和烃含量高，必须经过加氢精制后才能作为汽油和柴油产品的调和组分，加氢焦化汽油还可作为催化重整原料或裂解的原料。

5. 催化重整

催化重整以 C_6～C_{11} 石脑油为原料，在一定的操作条件和催化剂的作用下，使轻质原料油（石脑油）的烃类分子结构重新排列整理，生产含芳烃较高的重整汽油。由于产物中芳烃和异构烷烃多，所以汽油的辛烷值很高，重整油经抽提出芳烃后，抽余油可作汽油组分，也可作为生产烯烃的裂解原料。

知识 3 乙烯原料的选择和优化利用

乙烯生产成本的高低直接影响到整个石化企业的总体经济效益，降低乙烯的生产成本将有利于提高石化企业的经济效益和参与市场竞争的能力。与技术、设备、管理相比，原料对乙烯装置效益的影响是第一位的。对于生产能力相同的乙烯装置，好的乙烯原料的设备投资少、操作周期长、物耗能耗低、操作成本也低。所以必须通过优化裂解原料，降低乙烯生产成本。

以石脑油为基础原料的乙烯生产企业面临最重大的挑战是乙烯原料的成本，降低原料成本要从装置大型化、原料多元化、原料轻质化、炼油化工一体化、新技术应用等方面综合考虑，同时轻烃裂解原料的选择和分离要根据市场上石脑油等裂解原料、烯烃以及衍生品的价格和企业裂解原料的自给能力等因素综合测算后确定。

一、乙烯原料的选择

1. 原料多元化

由于世界各地区油气资源的状况不同，各地区乙烯原料的构成存在明显差异。在 2006 年世界乙烯原料的构成中，石脑油和混合原料约占 57%、乙烷占 26%、丙烷和瓦斯油各占 7%、丁烷约为 2%。石脑油仍是生产乙烯的主要原料。2006—2011 年，瓦斯油裂解年均增长率为 8.2%，丙烷为 4.9%，石脑油为 2.4%，乙烯原料继续呈多元化趋势。

各地区拥有资源不同，北美和中东以轻烃原料为主，相对于中东和北美地区而言，亚太、西欧地区乙烯原料价格较高。近几年，随着页岩气的大规模开采，页岩气也成为全球乙烯市场的新生力量，美国天然气液（NGL）和从中获取的乙烷产量大幅度提高。据普氏能源资讯数据表明，美国乙烯裂解原料的结构发生了很大变化，天然气价格的变化动态主导了乙烯原料结构的调整。目前，美国天然气价格远低于原油的价格，以石脑油为主要乙烯裂解原料的亚太和西欧地区乙烯原料价格较高，乙烯工厂的投资、成本和相对能耗也比较高（见表 2-10），制取路线较单一成本无优势。

石脑油也是我国最主要的乙烯原料，2000 年中国石化集团公司生产乙烯 2.872Mt，共消耗乙烯裂解原料 9.442Mt，其中，石脑油占 68.2%，柴油占 23.0%，加氢尾油占 7.3%，轻烃类原料占 0.4%，其他占 1.1%。由于全球石化产品的增长高于炼油产品的增长，石脑油资源供应紧张，未来乙烯裂解原料中石脑油的比重将有所下降，乙烷、LPG 和中间馏分油所占比重将提高。原料利用多元化是降低生产成本的必然趋势，对生产装置要进行改造，产品结构要进行调整。

2020 年以后，在资源和市场驱动下，全球主要乙烯生产地区产能份额快速转变，供应向消费地和资源地转移，中国和美国两大石化生产消费大国引领全球乙烯产能快速增长。中国在 2022 年超越美国成为全球最大乙烯生产国，影响力和地位显著提升，全球乙烯消费重心加快东移。未来全球油品需求增速将放缓，而化工产品需求将稳定增长，成为拉动石油需求增长的主要动力。乙烯原料更加多元化、轻质化，装置更加大型化，生产工艺技术更加多元和低碳，区域间乙烯产业竞争加剧。

表 2-10 不同裂解原料的乙烯工厂的投资、成本和相对能耗比较（0.5Mt/a）

裂解原料	乙烷	丙烷	丁烷	轻石脑油	宽沸程石脑油	石脑油加 C_4 循环	轻柴油	减压柴油
投资/百万美元								
界区内	279.6	343.9	349.1	374.7	407.2	409.5	432.8	448.7
界区外	133.9	164.6	167.1	179.4	199.4	200.5	211.6	219.4
合计	413.5	508.5	516.2	554.1	606.6	610	644.4	668.1
相对投资	74.6	91.8	93.2	100	109.5	110.1	116.3	120.6
成本/(美元/吨)								
原材料费	122	282.6	323.3	502.2	517.4	517.4	607	586.7
公用工程	29	36.6	38.5	44.1	44.7	45.4	52.4	62.3
折旧	82.6	101.5	103.1	110.8	121.1	121.8	128.9	133.5
其他	67.3	87.8	90.6	102.4	109.7	109.9	115.7	121.9
合计	241.9	201.5	201.8	355.3	358.8	348.9	397.1	363.5
相对能耗	100	144	150	153	156	—	172	204

2. 原料轻质化

生产乙烯的原料越重，乙烯成本越高，在生产成本中原料所占的比例也就越高，即原料性质决定了产品收率。分析表 2-11 中原料烃组成与裂解结果可得出：原料由轻到重，相同原料量所得乙烯收率下降。原料由轻到重，裂解产物中液体燃料增加，产气量减少。按生产单位乙烯所需的原料及联产品数量来比较，原料由轻到重，副产物量增大，而回收副产物以降低乙烯生产成本的措施，又造成装置和投资的增加。也必须看到，乙烷作原料时联产品和副产品较少。对于只需要乙烯，不需要丙烯、丁二烯、芳烃的工厂，乙烷是最理想的原料。对于既要乙烯又要其他烯烃和芳烃的工厂，需要根据对其他烯烃和芳烃需求选择适宜的原料。

表 2-11 生产 1t 乙烯所需原料量及联副产物量

指标	乙烷	丙烷	石脑油	轻柴油
需原料量/t	1.3	2.38	3.18	3.79
联产品/t	0.2995	1.38	2.6	27.9
丙烯/t	0.0374	0.386	0.47	0.538
丁二烯/t	0.0176	0.075	0.119	0.148
B、T、X*（苯、甲苯、二甲苯）/t		0.095	0.49	0.5

3. 炼油化工一体化

炼油化工一体化为乙烯原料优化供应提供了条件。多年来，我国乙烯工业发展一直遵循炼油化工一体化的发展模式，乙烯工程的建设一般都依托大型炼厂，乙烯原料由国内炼厂供应。伴随乙烯工业的发展，目前我国已形成上海、南京、茂名三个百万吨级，燕山、齐鲁两个 80 万吨级，大庆、吉林、兰州三个 60 万～70 万吨级一体化乙烯生产基地。炼化一体化有利于炼厂和乙烯厂原料互供和优化利用。炼厂生产的石脑油、重整拔头油和抽余油、加氢尾油、轻烃等是优质乙烯原料，通过优化配置可减少乙烯原料消耗，提高乙烯收率，提高乙烯装置对市场的应变能力。

近年来各乙烯企业通过原料优化，使乙烯原料中石脑油比重不断提高，加氢尾油比例明显增加，轻柴油比重逐年下降，乙烯原料优质化、轻质化趋势明显。例如，天津石化乙烯厂通过炼化一体化优化乙烯原料，2006 年一季度和 2002 年相比，在乙烯原料构成中，炼厂抽余油、加氢尾油、轻烃、液化气增加了 30.77 个百分点，双烯收率增加了 1.69 个百分点，取得了较好的经济效益。

炼化一体化不仅为优化乙烯原料提供了条件，还通过资源综合利用和共用公用工程等产生了更大的经济效益。例如，埃克森美孚公司每年税前利润从炼油化工一体化节约成本产生的收益高达 7 亿美元。

二、原料的优化利用

1. 裂解副产物利用及从炼厂干气中回收 C_2 资源作为乙烯装置补充进料

随着乙烯装置规模的扩大，合理利用裂解副产品是提升乙烯装置经济性的重要途径。近年来，乙烯企业开始关注此问题，例如中石化上海石化 2.5 万吨/年 C_5 分离装置已改扩建至 6.5 万吨/年，C_5 双烯烃年产量达 3 万吨，经济效益显著。上海赛科石油化工有限责任公司采用烯烃转化 OCT 技术利用乙烯和裂解 C_4 中的 2-丁烯生产丙烯，提升了裂解 C_4 的价值。

炼厂干气含有乙烷、乙烯资源，如加以回收可作为乙烯装置的补充进料，节约石脑油资源。例如中石化北京燕山分公司采用变压吸附、分凝分馏塔等技术回收催化裂化干气中的乙烷、乙烯等资源，每小时可回收乙烯等产品气 7t，年综合效益 1 亿多元；中石油兰州石化分公司从催化裂化干气中回收乙烯、乙烷等资源的装置建成后，每年可节约石脑油 10 万吨，经济效益显著。

2. 原料的优化利用案例

由于我国轻烃资源很少、原油偏重，从构成和所占比例来看，我国乙烯原料以石脑油和轻柴油为主，加氢尾油和轻烃所占比例较小。近年来，乙烯原料中石脑油比例逐年上升，轻柴油比例逐年下降，乙烯平均收率逐年提高，乙烯原料向优质化发展，单耗逐年降低。炼油企业生产的石脑油、重整拔头油（石脑油成分）和抽余油、加氢尾油、轻烃等乙烯装置的优良原料，通过优化配置，可以减少乙烯装置的原料消耗，提高乙烯收率。发挥炼化一体上下游整体优势，将炼油厂和乙烯厂资源结合起来，提高企业内部乙烯原料的自给率，实现原料和产品的互相供给，优化乙烯原料来源。在条件允许的情况下，坚持裂解原料的轻质化、优质化，拓宽乙烯原料的来源，充分利用国外超轻质原油、轻烃、凝析油等资源。乙烯企业要根据实际生产情况合理选择乙烯裂解原料。

（1）案例 1　中石化广州分公司裂解原料包括炼油常减压蒸馏装置的直馏石脑油、催化重整装置的拔头油、延迟焦化的加氢焦化汽油、加氢联合装置的轻质石脑油、加氢裂化装置的加氢裂化尾油、C_5 装置返回的正异戊烷、循环乙烷等。

（2）案例 2　表 2-12 所示为中石化扬子石油化工有限公司（简称扬子石化）乙烯装置 65 万吨/年乙烯原料工况，乙烯装置裂解深度为丙烯/乙烯＝0.45（质量比）和 0.5（质量比）。采用轻石脑油、石脑油、轻柴油、加氢裂化尾油、循环乙烷作原料，石脑油、加氢裂化尾油比例占 70%以上。2A、2B 方案轻柴油不再作为裂解原料。

表 2-12　扬子石化乙烯装置裂解原料进料情况表

方案	1A		1B		2A		2B	
深度	0.45		0.5		0.45		0.5	
原料	进料/(kg/h)	占比	进料/(kg/h)	占比	进料/(kg/h)	占比	进料/(kg/h)	占比
轻石脑油	42220	12%	43195	14%	41740	14%	42775	14%
石脑油	126900	37%	129586	42%	125219	42%	128324	42%
轻柴油	28200	8%	28797	9%	0	0%	0	0%
加氢裂化尾油	126900	37%	86390	28%	111305	37%	114065	37%
循环乙烷	18868	5%	19588	6%	19091	6%	19934	7%
合计	343088	100%	307556	100%	297355	100%	305098	100%

(3) 案例3 中石化宁波镇海炼化有限公司（简称镇海炼化）为了解决乙烯原料优化问题，首次提出了“分子管理理念”。经过两年的攻关将两套装置由炼油型成功地向炼化型转型，优质的加氢裂化尾油使年产量增加了40万～50万吨，原料芳烃指数（BMCI值）大幅降低。同时，镇海炼化通过分子结构分析的研究，将焦化汽油终馏点由180℃提高到240℃，并单独进行加氢，将低值产品转变为优质裂解原料，增产约30万吨。另外，建成投用两套轻烃回收装置，主要将从常减压、催化重整、加氢裂化等装置排放气中回收饱和液化石油气（LPG）组分用作乙烯原料，每年约增加轻烃裂解原料20.5万吨。除此之外，镇海炼化优化利用干气资源，主要从催化干气、Ⅱ轻烃富乙烷气及歧化尾气中回收富乙烯乙烷气，为乙烯装置提供低成本的优质原料。

(4) 案例4 中化泉州石化有限公司二期100万吨/年乙烯装置投产后，充分发挥炼化一体化优势，形成了加氢尾油、石脑油、饱和液化气、乙烷等多种乙烯裂解原料来源。通过分析不同裂解原料的物理性质与对应的裂解性能，总结了不同裂解原料对应的裂解炉实际操作参数与运行状况。通过优化裂解原料配置，调整原料结构，取消了加氢尾油作为裂解原料，同时提高了轻质原料占比，轻石脑油占比从35%提高至42%，气相原料占比从11%提高至31%。与优化前相比，氢气收率从1.54%提高至2.18%，乙烯收率从34.19%提高至38.65%，丙烯收率从16.92%提高至17.43%，双烯收率提高了4.97个百分点。裂解原料的轻质化在有效提升双烯收率的同时，由于重质原料占比减少，丁二烯收率由5.13%降低至4.57%，苯收率由4.49%降低至3.67%。该调整同时对急冷以及压缩分离系统的运行工况产生了一定的负面影响，需考虑到各系统的运行瓶颈，并对装置的操作调节提出了更高的要求。

知识4 裂解原料的杂质及预处理

裂解原料的种类很多，其来源主要有轻烃，如乙烷、丙烷、丁烷等；一体化炼厂加工的油品，如石脑油、柴油等；以及二次加工油，如轻石脑油、加氢裂化尾油等。不同种类裂解原料以及来源不同的同类原料，其所含杂质也有所不同。这些裂解原料的微量杂质不仅对裂解炉的安全运行有着至关重要的影响，而且也有可能威胁到下游设备的稳定运行，必须给出裂解原料中这些杂质的含量规定限制条件并进行预处理。

一、裂解原料所含杂质

裂解原料中所含杂质的种类大致可分为重金属、非金属、氧化物和不饱和烃等。

1. 重金属

裂解原料中重金属主要包括铅、汞、钠、钾、钒、铜等，这些金属及形成的大多数盐熔点较低，易渗透到裂解炉辐射段炉管壁内。由于管壁温度很高，极易超过这些金属的熔点，会导致炉管内壁出现裂纹和凹陷，缩短炉管的使用寿命，加快炉管结焦。同时会影响到乙烯装置下游 C_2、C_3 加氢以及汽油加氢反应器催化剂的使用寿命，使加氢催化剂中毒，裂解原料中重金属杂质的最高允许值及其主要危害见表2-13。

2. 非金属

裂解原料中所含非金属杂质主要包括砷、硫、磷、氧、氯等。氯会引起对流段及辐射段结焦和腐蚀。砷化物对于乙烯生产各种催化剂都是十分敏感的毒物，在裂解炉辐射段炉管中能形成易挥发的 AsH，可造成贵重金属催化剂永久失去活性。加氢脱炔催化剂要求进料含砷量低于 $(5\sim10)\times10^{-9}$kg/kg，聚丙烯高效催化剂要求丙烯进料中砷含量低于 30×10^{-9}kg/kg，裂解汽油加氢催化剂要求进料含砷量低于 $(5\sim10)\times10^{-9}$kg/kg。因此，当裂解原料含砷量超过 30×10^{-9}kg/kg 时，则需考虑脱砷的问题。

表 2-13 裂解原料中重金属杂质的最高允许值及其主要危害

序号	项目	最高允许含量	危害
1	汞	10mg/kg	当裂解原料含汞量在 10mg/kg 以上时，裂解原料中的汞可能累积于冷箱而造成冷箱的损坏，引起催化剂中毒，并与铝形成汞合金，损害冷箱
2	铅	50mg/kg	引起催化剂中毒，腐蚀炉管
3	钠	20mg/kg	加速由钒引起的不锈钢炉管腐蚀
4	铜	500mg/kg	引起炉管腐蚀
5	钾	50mg/kg	加速炉管腐蚀
6	钒	25mg/kg	加速炉管腐蚀
7	铝	50mg/kg	在对流段炉管内壁形成附着层

硫（以活性硫计）含量达到 80～100mg/kg，则有助于抑制辐射段炉管结焦和 CO 的生成。如果硫含量高于 500mg/kg，会与炉管表面金属反应形成低熔点金属硫化物，加快炉管结焦。磷与硫的性质基本一样，少量的磷能够起到抑制辐射段炉管结焦的作用，但同样能够形成低熔点金属磷化物，引起炉管腐蚀。裂解原料中的微量氧不仅能够促进对流段炉管中焦的形成，而且会加速辐射段炉管中自由基结焦。

3. 氧化物

裂解原料中的微量氧会促进炉管中焦的形成。裂解气中含有氮氧化物（NO_x），在低温条件下 NO_x 会凝固造成冷箱堵塞。正常裂解温度下不会生成 NO_x，一旦原料中含有氮化合物时就可能形成 NO_x，也会形成氨、卟啉等有害物质。裂解气中含有硫氧化物（COS）时，会造成催化剂中毒。硫氧化物最高允许含量为 5×10^{-6}kg/kg。

4. 不饱和烃

裂解原料中不饱和烃主要包括烯烃、炔烃和芳烃等。烯烃与炔烃类化合物，能大大加快辐射段炉管结焦，它们的浓度应尽量降至最低。轻质原料中的重质组分，如沥青质与苯乙烯，可加快裂解炉对流段和辐射段炉管结焦。重质原料中所含稠环芳烃会在对流段炉管内壁中附着，最终形成严重的冷凝态结焦，造成对流段炉管压降增大，甚至发生堵塞。

二、裂解原料预处理

硫化物、水、氮化物、氧、CO 均能使催化剂暂时中毒，催化剂经干净气吹净重新恢复活性。砷亦为暂时中毒物质，经再生后，活性可部分恢复，预计砷中毒最多再生次数为十次。磷等重金属将引起催化剂永久中毒。少部分炔烃在催化剂活性表面二聚和结炭，故催化剂使用一段时间后需用蒸汽-空气烧焦再生。

裂解原料的预处理一般包括脱砷、加氢、芳烃抽提等工艺。原料经过加氢、芳烃抽提、脱硫、脱氮处理后，可使烯烃、双烯烃饱和成烷烃，多环芳烃饱和成烷烃、环烷烃，单环芳烃转化成环烷烃，从而有效地降低芳烃含量，提高氢含量，使裂解原料品质得到显著改善。

裂解原料石脑油（NAP）含微量砷，要先经脱砷系统。通常采用固定床催化剂吸附方法脱砷。砷在石脑油中以有机砷形态存在，在 180℃、催化剂存在的情况下，有机砷加氢反应转化成砷化氢：

$$R_3As+3H_2 \longrightarrow 3RH+AsH_3$$

砷化氢与催化剂表面的活性金属反应，生成双金属化合物，吸附在催化剂上。

$$AsH_3 + M \longrightarrow MAs + 3/2H_2$$

通过催化剂后，石脑油中有机砷转化为双金属化合物吸附在催化剂上达到脱除目的。

裂解原料中的硫含量对裂解过程是有影响的，若原料中含有适当的硫，可以抑制炉管渗碳、减少氧化物的生成、延长炉管的使用寿命和避免对甲烷化反应系统产生不良的影响。因此原料中含硫很少或不含硫时，需要补充硫。硫的注入量为50～100mg/kg，可通过分析裂解炉出口裂解气中的CO和CO_2的浓度来调节注硫量，如果测得CO和CO_2的含量偏高，超过0.5%（摩尔分数）时则需加大注硫量，反之减少注硫量。

素质拓展

大国工匠：乙烯追梦人，一线铸匠魂

中石油独山子石化分公司乙烯装置首席技师薛魁，1991年从南京化工学校毕业，2020年获得第十五届中华技能大奖。工作三十多年，先后参与了多项重点乙烯工程建设，发现并处理生产问题百余项，组织或参与创新创效项目20余项，独创的“裂解炉精准调节法”入选中国石油一线生产十大绝招绝技，在行业内得到广泛应用。

薛魁曾获得中华技能大奖、全国五一劳动奖章、国务院政府特殊津贴、中国青年五四奖章标兵、中国能源化学地质系统大国工匠、首届全国高等职业教育毕业生百名就业创业之星等荣誉。2021年受邀参加了中国共产党成立100周年庆祝大会，2022年作为北京冬奥火炬手完成了张家口泥河湾古人类遗址的火炬传递。

他从一名初级工成长为企业的首席技师，这与其终身学习的自律意识和企业的发展分不开。工作伊始，他就意识到了乙烯技术复杂，为了全面掌握乙烯技术，坚持跨装置、多岗位学习，成为全能操作手第一人。为了适应乙烯技术迭代更新，坚持专业知识学习，陆续完成了英语专科，化学工程与工艺本科及化学工程领域研究生的学业，并取得了工程硕士学位。他不断学习，完善了知识结构，提升了认知水平，也使得个人经验有了理论支撑，价值更高。

在1998年企业技能大赛及2003年集团公司技能大赛中，均获得了第一名，在2004年全国石油石化行业技能大赛中，再次夺冠，“两连冠”成为中石油的唯一。2019年硕士论文《乙烯装置换热网络优化》中的研究成果在公司百万吨轻烃加工优化项目得到应用，降低了装置能耗，优化了工艺操作，为企业创造了巨大效益。2022年经过三年多的学习摸索，利用化工模拟软件对生产规律进行分析研究，总结提炼出了《汽包排污率快捷判断法》，优化生产操作，每年可降本增效300余万元，该成果获得集团公司一线创新成果一等奖。

2001年，他带领团队认真分析14万吨乙烯装置开工以来的生产数据，提出优化乙炔反应器操作、优化脱甲烷塔进料温度的关键建议，彻底解决了装置“两低一高”生产难题，累计增效近4.5亿元。

2015年，装置即将停工检修，面临很大的环保压力，薛魁提出的“增加裂解炉蒸汽放空管线”建议得到了采纳及应用，在装置检修开停工阶段，共计减少火炬排放5785吨，降低经济成本1592.1万元，百万吨乙烯装置首次实现零火炬排放的“绿色开工”。

2019年经过三年的研究和实践摸索，独创的“裂解炉精准调节法”极大地延长了百万吨乙烯装置轻烃裂解炉的运行周期，提高了单炉生产效益，该操作法被命名为中国石油一线生产“十大绝招绝技”，在行业中得到推广。中石油独山子石化分公司连续8年获得全国乙烯燃动能耗领跑者。

在100万吨乙烯工程的建设过程中，他撰写了《乙烯装置技术培训教材》《乙烯装置基

础理论知识教材》，编译了《林德乙烯开车指导手册》，提出了400余条开工建议，创造性地提出并实施了新员工培训五步法，快速完成了百万吨乙烯开工人才的技术储备。

在中国石油2015年职业技能竞赛中，指导的选手囊括3枚金牌及团体第一名。在2020年全国乙烯职业技能大赛中，再次带领选手夺得2金、2银和1铜，团体第二的好成绩。迄今为止，他指导培养出全国技术能手1人，集团公司技术能手10人，技师及高级技师18人。

保持良好的学习状态，让他始终能坚持自己的职业发展方向，那就是坚定地做一个知识型、技能型、创新型技术人员，努力与企业发展同频共振，以工匠精神为企业创新创效，以责任担当做好技术传承。

职业知识

操作人员安全生产基本原则

1. 装置操作人员，必须经过三级安全教育和上岗前的安全技术培训，经考核取证后才能上岗。

2. 凡进入装置必须按规程穿戴好一切必要的劳保用品。严禁穿钉鞋、高跟鞋、凉鞋、拖鞋、背心、短裤、裙子等上岗。必须会正确使用各种防护用品。

3. 装置区内禁止停放各种车辆和堆放各种易燃易爆物品，以保证道路畅通。

4. 装置区内禁止各种机动车辆穿行。生产送料必须由装置当班负责人员带领，并到指定的安全地点放置。

5. 装置各岗位根据生产需要配置一定数量的灭火器材和防护用品，并派专人负责，定期检查，使之处于完好的待用状态。

6. 装置的一切设备严禁超温、超压、超负荷运转。

7. 在危险范围之内，严禁一切机动车辆通过和一切明火发生。

8. 装置中采用氮气（氮封）操作的设备，任何情况下都要防止设备内出现负压，防止空气窜入。在停工检修中必须两人上下监护，防止氮气窒息事故发生。

9. 装置内一切具有热源的设备及管道禁止烘烤和堆放各种可燃物，严防意外火灾事故发生。

10. 电器及转动设备的安全防护设施必须完好，严防触电及机械伤害事故发生。一切电器设备避免有水喷淋冲洗并避免受碱侵蚀。连接对轮，要有防护罩。

11. 装置内一切设备、管道的接地线及静电跨线，禁止任意拆除损坏。

12. 严禁向大气、地面及各排污沟排放各种易燃、易爆、有毒及腐蚀性物品。

13. 装置内一切贮罐的填充量必须按要求控制在规定范围之内，防止跑料。

14. 不准擅自解除装置内一切报警联锁。事故停车后必须找出原因，解除隐患后，才能重新复位开车。

15. 装置出现物料渗漏，必须用抹布或沙子把渗漏吸除干净并收集到安全的容器中，渗漏处要及时解决，防止意外火灾中毒事故发生。

16. 装置内的安全淋浴和洗眼器必须保持完好并定期保养，并处于随时可用状态。

17. 对所管辖的设备、管道、容器，应具有高度的密闭性，泄漏率应控制在0.5%以下。

18. 进入有害气体浓度高于2%或氧含量低于17%的环境工作时，需用隔离式防毒面具，若有毒气体浓度低于2%，氧含量高于17%时，应使用过滤式防毒面具。

19. 在易燃易爆的环境工作时，禁止使用黑色金属工具和用具，以免引起火花。必要时工具可涂上黄油。

20. 设备交出检修时，与系统连接处需加盲板，并进行倒空转换。设备内动火，可燃物浓度需在0.02%以下，氧含量17%以上。

21. 抽加盲板时，不许带压操作。对有毒有害物料抽加盲板时，要戴好防毒面具，并有专人监护。

22. 装置内的沟、井、池的盖板，禁止任意挪动。

23. 装置内动火、检修时，必须按规定办理动火证、安全检修工作票。

24. 全装置人员必须熟记消防、保卫、急救站的电话号码。

25. 操作人员进岗前禁止喝酒，班上禁止闲谈、打闹、看书、看报、看杂志、串岗、脱岗等。

复习思考题

一、选择题

1. 乙烯生产原料的选择是一个重大的技术经济问题，目前乙烯生产原料的发展趋势有（　　）。

A. 原料单一化　　B. 原料多样化　　C. 原料轻质化　　D. 原料重质化

2. 下列各种烃类中，K 值最高的是（　　）。

A. 正辛烷　　B. 乙基环己烷　　C. 邻二甲苯　　D. 苯乙烯

3. 下列关于BMCI值的说法不正确的是（　　）。

A. BMCI值是原料相对密度和沸点的函数

B. BMCI值是表征原料芳香性的一个参数

C. 多环芳烃的BMCI值高于单环芳烃，环多则BMCI值大

D. 原料的氢含量越高，BMCI值越大

4. 下列烃类裂解时，乙烯收率由高到低的次序是（　　）。

A. 烷烃＞单环芳烃＞环烷烃＞多环芳烃　　B. 烷烃＞环烷烃＞单环芳烃＞多环芳烃

C. 环烷烃＞烷烃＞单环芳烃＞多环芳烃　　D. 环烷烃＞单环芳烃＞烷烃＞多环芳烃

5. 下列原料中，不适合直接作为乙烯裂解原料的是（　　）。

A. C_3、C_4 轻烃　　B. 裂解汽油　　C. 芳烃抽余油　　D. 减压柴油加氢裂化尾油

6. 关于裂解原料中杂质的说法不正确的是（　　）。

A. 原料中的氯会引起裂解炉对流段及辐射段结焦

B. 原料中汞含量太高，会在板翅式换热器中积累损坏换热器

C. 原料中砷含量太高会引起 C_2、C_3 催化剂中毒

D. 原料中硫可以抑制裂解炉炉管的管壁催化效应，所以原料中硫含量越高越好

7. 裂解原料中要求（　　）的含量越低越好。

A. 硫化物　　B. 烯烃　　C. 铅、砷　　D. 胶质和残炭

二、问答题

1. 哪些炼油生产装置能为乙烯生产提供原料？

2. 烃类裂解的原料主要有哪些？选择原料应考虑哪些方面？

3. 表征原料裂解性能的指标主要有哪些？

4. 裂解原料的族组成用什么表示？它与裂解性能有何关系？

5. 裂解原料杂质主要有哪些？采用什么方法可以脱除？

6. 下图是某石化企业乙烯裂解原料来源情况，请分析其优势。

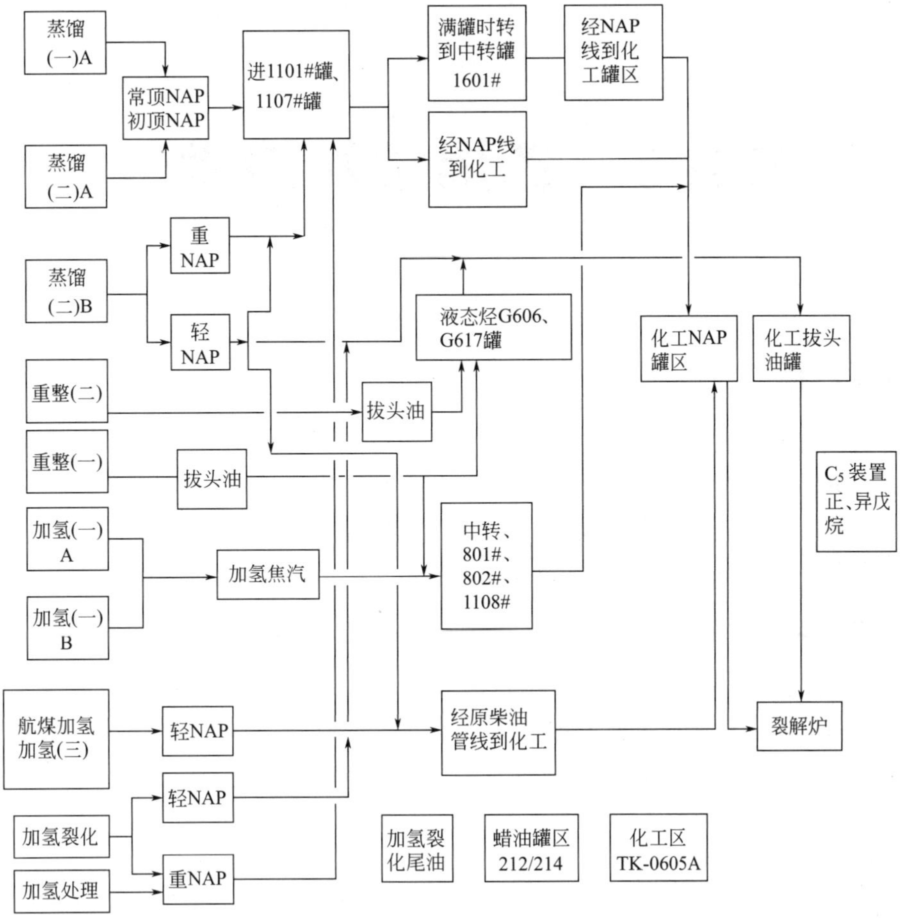

项目 3　乙烯裂解技术

技能目标

1. 会选择裂解的工艺条件。
2. 熟悉乙烯裂解工艺流程。
3. 懂得乙烯裂解炉、过热蒸汽、进料系统、急冷系统仿真操作。
4. 会判断并处理裂解生产中的异常现象。

知识目标

1. 掌握烃类热裂解的生产原理。
2. 掌握烃类热裂解的操作影响因素。
3. 熟悉烃类热裂解的主要设备。
4. 掌握裂解的工艺流程。
5. 掌握裂解的正常开工仿真操作。

素质目标

1. 通过乙烯裂解生产操作实训，学习工艺开车、停车操作，事故判断及处理操作，养成规范操作和团队合作等职业素养，树立绿色、低碳、环保、安全、责任关怀等意识，培养爱岗敬业、勇于创新、精益求精的工匠精神，提高发现问题、分析问题、解决复杂工程问题能力和创新能力。

2. 通过学习乙烯裂解装置降本增效、节能降耗案例，培养节能、环保意识和绿色、安全理念，培养精操作、懂工艺、会管理、善协作、能创新的能力。

技能训练

任务1　乙烯裂解工艺流程图的绘制

一、任务要求

裂解炉原理展示

1. 进行考核前工作服、工作帽、直尺、橡皮的准备。
2. 主要设备简图。
3. 主要设备名称。
4. 主要物料名称。
5. 主要物料流向。
6. 控制点位号。
7. 完成任务时间（以现场模拟为例）：准备工作5min、正式操作20min。

二、评价标准

试题名称		裂解工艺流程图的绘制(笔试)			考核时间:15min			
序号	考核内容	考核要点	配分	评分标准	检测结果	扣分	得分	备注
1	准备工作	穿戴劳保用品	3	未穿戴整齐扣3分				
		工具、用具准备	2	工具选择不正确扣2分				
2	绘图	主要设备简图	20	缺一个扣5分				
				错一个扣5分				
		主要设备名称	10	缺一个扣5分				
				错一个扣5分				
		主要物料名称	20	缺一个扣2分				
				错一个扣2分				
		主要物料流向	20	缺一个扣2分				
				错一个扣2分				
		控制点位号	20	缺一个扣5分				
				错一个扣5分				
3	工具	使用工具	2	工具使用不正确扣2分				
		维护工具	3	工具乱摆乱放扣3分				
4	安全及其他	遵守国家法规或企业规定	—	违规一次总分扣5分；严重违规停止操作			—	
		在规定时间内完成操作		每超时1min总分扣5分，超时3min停止操作			—	
合计			100					
否定项说明：若出现三个设备简图及名称写错等情况，该题为零分								

任务2　乙烯裂解仿真操作

一、任务要求

在高温、短停留时间、低烃分压的操作条件下，裂解石脑油等烃类原料，生产富含乙烯、丙烯和丁二烯的裂解气，送至急冷系统冷却。

油水分离器原理展示

二、工艺流程

裂解炉进料预热系统利用急冷水热源，将石脑油预热到60℃，送入裂解炉裂解。裂解炉系统利用高温、短停留时间、低烃分压的操作条件，裂解石脑油等原料，生产富含乙烯、丙烯和丁二烯的裂解气，送至急冷系统冷却。工艺流程如图3-1～图3-4所示。

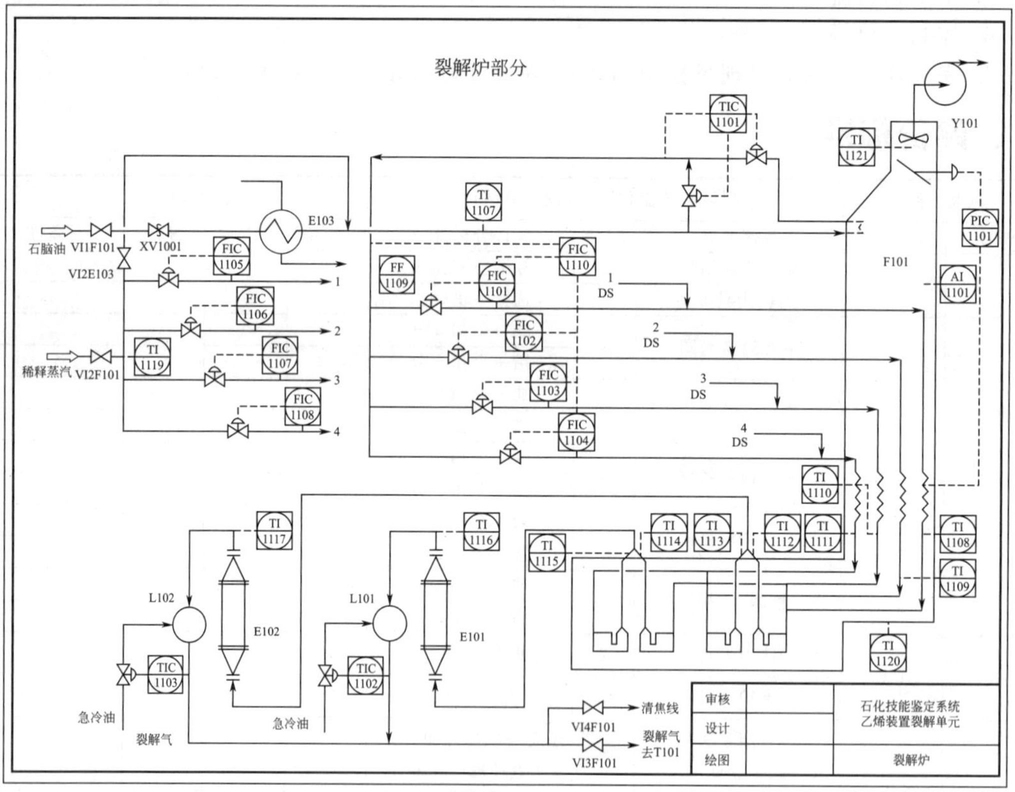

图3-1　裂解炉部分工艺流程

急冷系统接收裂解炉来的裂解气，进行油冷和水冷两步工序。经过冷却和洗涤后的裂解气去压缩工段。裂解炉废热锅炉系统回收裂解气的热量，产生超高压蒸汽作为裂解气压缩机等机泵的动力。燃料油汽提塔利用中压蒸汽直接汽提，降低急冷油黏度。稀释蒸汽发生系统接收工艺水，发生稀释蒸汽送往裂解炉管，作为裂解炉进料的稀释蒸汽，降低原料裂解中烃分压。来自罐区、分离工段的燃料气，送入裂解炉，作为裂解炉的燃料气，为裂解炉高温裂解提供热量。

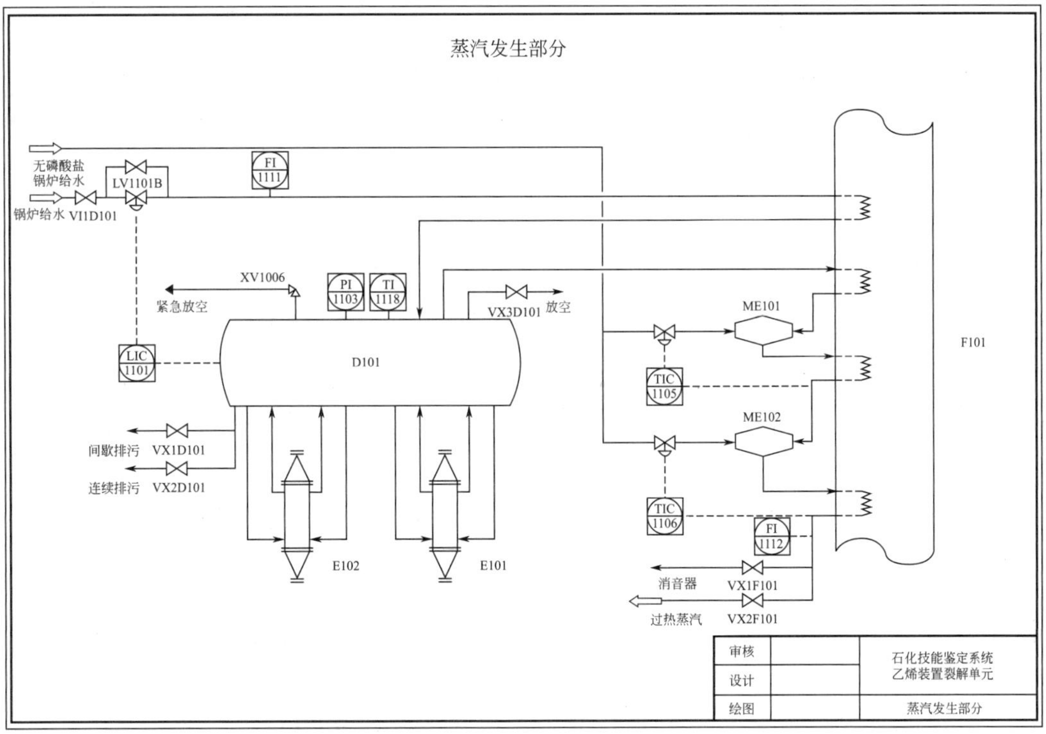

图 3-2 蒸汽发生部分工艺流程

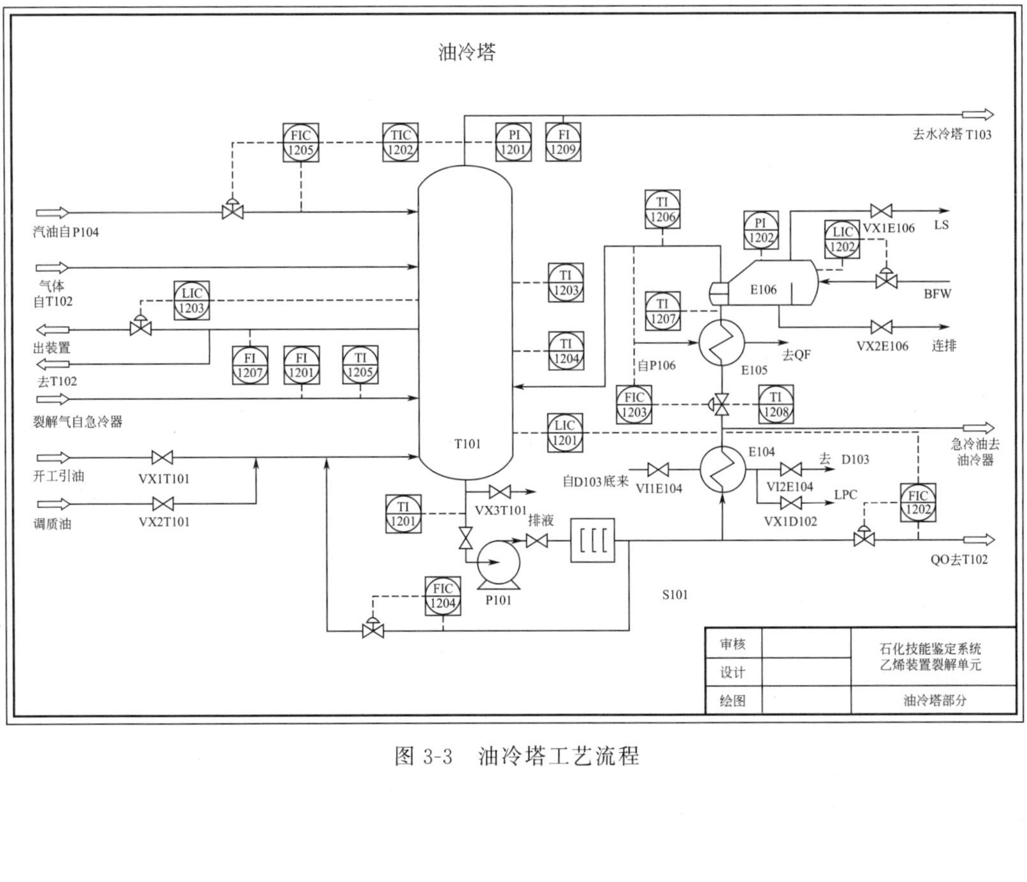

图 3-3 油冷塔工艺流程

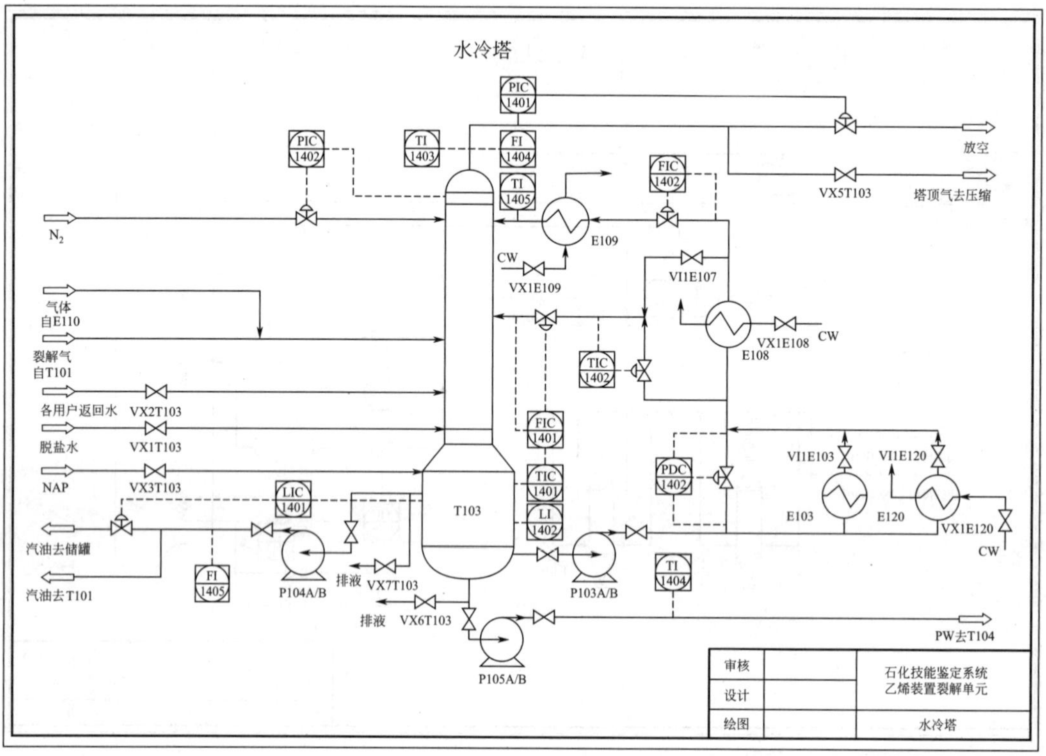

图 3-4　水冷塔工艺流程

装置缩写符号、阀件表示的意义及作用如下。

① BWF：boiler feed water，锅炉给水。

② DS：dilution steam，稀释蒸汽。

③ LS：low（pressure）steam，低压蒸汽，0.35MPa。

④ MS：中压蒸汽，1.1MPa。

⑤ HS：高压蒸汽，4.0MPa。

⑥ SS：超高压蒸汽，11.5MPa。

⑦ 无磷水：磷酸盐高温分解对管线有腐蚀，裂解炉产生 SS 需要无磷锅炉给水，调整 SS 温度用无磷水。

⑧ 导淋阀：在化学生产过程中，设备和管路中的物料介质产生各种气体及冷凝液，这些物质会阻止或降低化学过程，因此在适当位置安装一个阀门，以便排出这种液体或气体。

物料易堵时可选用闸阀或球阀，如是气体且较干净可选用截止阀。

导淋的作用还是很大的，例如管线排净、管线泄压、管线吹扫、临时管线的连接等。在我们日常生产中随时都可能用到导淋。

⑨ 连续排污：连续排污的作用是控制汽包的水质，如 pH 值、电导率和磷酸根。

⑩ 间歇排污：根据水质情况，排放间隔可为 1～7d 一次，每次在 4～10s 间。快开快关，可以迅速带走沉积物和悬浮物。间歇排污的作用是控制总固体悬浮物。

⑪ CW：冷却水。

⑫ QO：急冷油。

⑬ LPC：D102 工艺系统。

⑭ PW：工艺水。

三、裂解正常开车操作规程

（一）裂解单元的开车

1. 开车前的准备工作

（1）向汽包内注水

① 打开汽包通往大气的排放阀 VX3D101；

② 打开锅炉给水根部阀 VI1D101，慢开 LIC1101 的旁路阀 LV1101B，向汽包注 BFW；

③ 汽包液位达到 40%时，打开汽包间歇排污阀 VX1D101；

④ 将汽包液位控制在 60%。

（2）将稀释蒸汽 DS 引至炉前　打开 DS 总阀 VI2F101 将 DS 引到炉前，打开导淋阀 VI3E103，排出管内凝水后（10s 后），关闭导淋阀。

（3）燃料系统

① 建立炉膛负压

a. 打开底部烧嘴风门 VX3F101；

打开左侧壁烧嘴风门 VX4F101；

打开右侧壁烧嘴风门 VX5F101。

b. 启动引风机 Y101。

c. 用 PIC-1101 将炉膛压力调节到－30Pa。

② 打开侧壁燃料气总管手阀 VI5F101 和电磁阀 XV1004，打开底部燃料气总管手阀 VI6F101 和电磁阀 XV1003。

2. 裂解炉的点火、升温

（1）点火前的准备

① 确认汽包液位控制在 60%；

② 打开去清焦线阀 VI4F101，打通 DS 流程。

（2）点火、升温

① 打开点火燃料气各阀门 VI7F101 和 XV1002，将燃料气引至点火烧嘴（长明灯）。

② 点燃底部长明灯点火烧嘴（用鼠标左键单击火嘴分布图中间长明灯火嘴）。

③ 将底部燃料气引至火嘴前，稍开 PIC1105，压力控制在 50kPa 以下。

④ 点燃底部火嘴。按照升温速率曲线来增加点火数目（详见图 3-5）。

⑤ 当 COT 达到 200℃时，通过 FIC1105～FIC1108 向炉管内通入 DS，控制四路炉管 DS 流量均匀，防止偏流对炉管造成损坏。

⑥ 将侧壁燃料气引至火嘴前，稍开 PIC1104，压力控制在 30kPa 以下。

⑦ 根据炉膛温度点燃侧壁火嘴（详见图 3-5）。

⑧ 当汽包压力超过 0.15MPa 时，关闭汽包放空阀，并控制压力上升。

⑨ 当 COT 达到 200℃时，稍开消声器阀 VX1F101，使汽包产生的蒸汽由消声器放空。

⑩ 整个过程中，注意控制汽包液位 LIC1101、炉膛负压 PIC1101 和烟气氧含量。

⑪ 继续增加点燃的火嘴，按照升温速率曲线升温（详见升温曲线图 3-6）。

⑫ 根据 COT 的变化增加 DS 量。

a. COT：200～550℃　　正常 DS 流量的 100%

b. COT：550～760℃　　正常 DS 流量的 120%

c. COT：760～投油温度　　正常 DS 流量的 100%

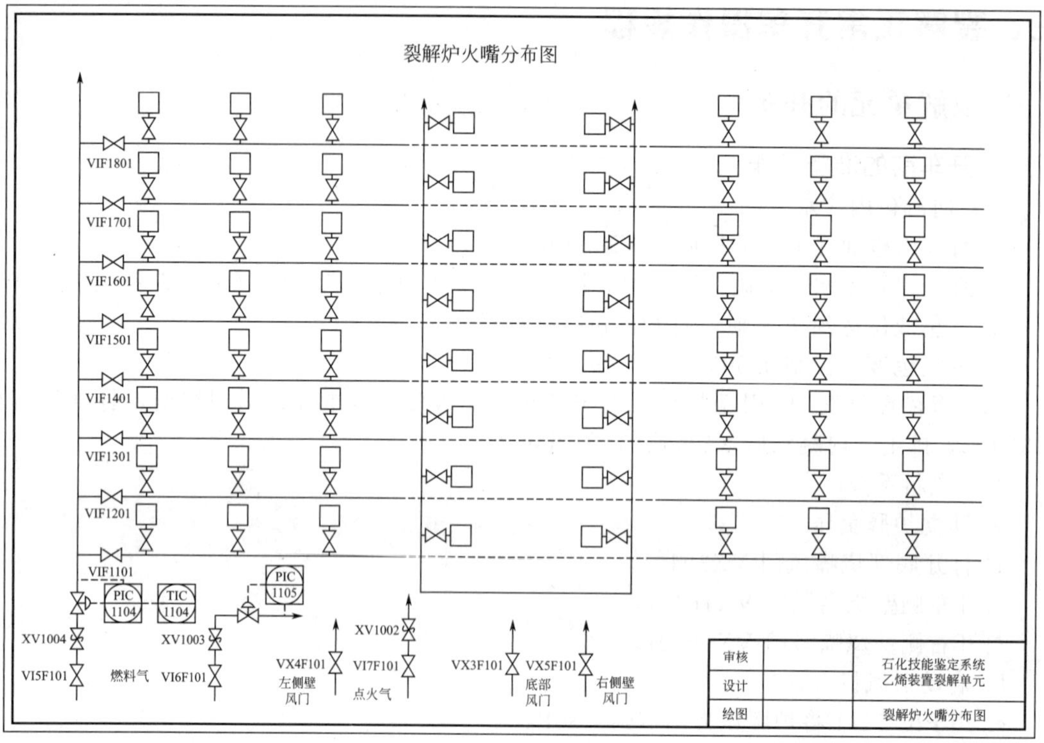

图 3-5　裂解炉火嘴分布图

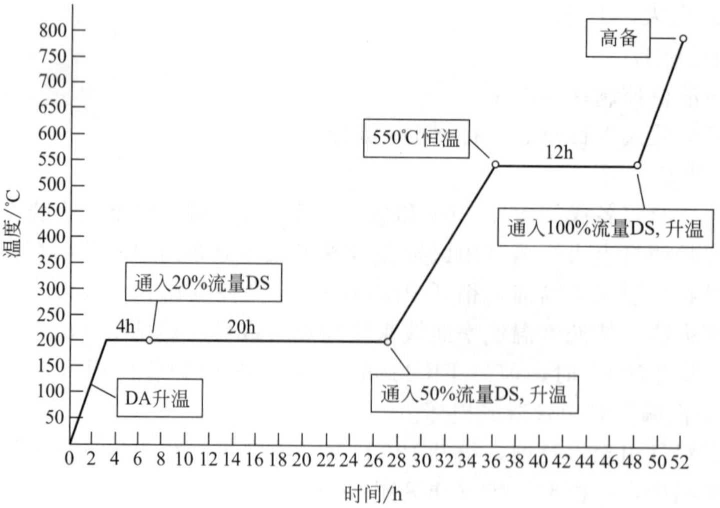

图 3-6　裂解炉升温曲线图

加热过程中实际的时间对应仿真时钟比为 1h：15s；DA 升温指 4h 内匀速升温至 200℃

⑬ 当 SS 过热温度 TIC1106 达到 450℃时，应通过控制阀注入少量无磷水，将蒸汽温度控制在 520℃左右。当 SS 过热温度 TIC1105 达到 400℃时，应通过控制阀注入少量无磷水，将蒸汽温度控制在 400℃左右。

⑭ 当烟气温度超过 220℃时，打开 DS 原料跨线阀门。打开 FIC1101～FIC1104 阀门，引适量的 DS 进入石脑油进料管线，防止炉管损坏。

3. 过热蒸汽备用状态

① 将COT维持在760℃时，DS通入量为正常量的120%。

② 当COT大于760℃时，手动逐渐关闭消声器阀VX1F101，使SS压力升至12.4MPa（G）后，打开SS管线阀VX2F101，将其并入高压蒸汽管网。

③ 打开LIC1101，关闭旁路阀LV1101B。

④ 将汽包液位LIC1101控制在60%投自动。

⑤ 根据工艺条件投用相应的联锁。

4. 连接急冷部分（当急冷系统具备接收裂解气状态时）

① 在COT温度TIC1104稳定在760℃后，关闭清焦线手阀VI4F101，打开裂解气输送线手阀VI3F101，将流出物从清焦线切换至输送线。

② 迅速打开急冷油总管阀门TV1102和TV1103。

③ 投用急冷油，投用急冷器出口温度控制TIC1102、TIC1103，将急冷器出口温度TIC1102、TIC1103控制在213℃。

5. 投油操作

① 打开石脑油进料阀VI1F101及电磁阀XV1001。

② 经过FIC1101～FIC1104阀门投石脑油，通过PIC1104、PIC1105增加燃料气压力，保持COT不低于760℃，并迅速升温至832℃。

③ 在尽可能短的时间内将进料量增加到正常值，FIC1110控制在36.0t/h。

④ 迅速关闭DS原料跨线阀门VI2E103。

⑤ 将石脑油裂解的COT增加至正常操作温度，TIC1104控制在832℃，并迅速将DS减至正常值，FIC1105～FIC1106控制在4.5t/h。同时将COT稳定在832℃，并将TIC1104、PIC1104投串级控制。

（二）急冷系统的开车

1. 引QW和QW的加热

① 打开T103脱盐水阀VX1T103向塔里补入精制水，当塔液位达80%时，启动急冷水（QW）泵，建立QW循环。打开PDC1402，投用压差控制阀。

QW循环流程为：泵出口→各用户→FIC1401、FIC1402回塔里。

② 当急冷水泵外送时，可以适当补脱盐水入塔里，直到塔液位不下降，保证塔内水液位80%或更高，然后停脱盐水补入。

③ QW水的加热

a. 将T104的LS跨塔顶蒸汽线阀VX1E110打开，稍开FIC1501阀，对T104暖塔；

b. 塔暖好后，开大跨线阀，LS至T103，与FIC1401、FIC1402返回水混合后加热急冷水；

c. 急冷水到80℃左右，LS线去T104顶跨线关闭，FIC1501阀稍开一些，T103急冷水温度可以通过冷却器来控制。

④ T103的压力设定至20kPa左右。

⑤ T103汽油槽接汽油至90%液位（NAP）。

2. 引开工QO和QO的加热

① 打开现场的开工油补入阀门VX1T101，将开工油引入T101塔，塔液位达到60%时，启动P101。流程设定如下：

P101→E104→E105→E106→T101。控制 T101 的液位在 80%。

② 当急冷油泵外送时，可以视情况向塔里补入开工油，直到塔液位稳定在 80%左右，停止开工油的注入。

③ QO 的加热

a. 通过开 PIC1501，将 E104E 输水线阀 VI1E104 打开，使 DS 逆向进入 E104 壳层（注意 E104 升汽线阀 VI3E104 关）。

b. 缓慢加热 QO 直到 130℃左右，并控制温度在 130℃左右，具备接收裂解气的条件。

c. 若 T101 顶温达到 90℃时，可启用汽油回流，控制塔顶温度，防止轻组分挥发。

3. 调节准备接收裂解气

① QO 循环正常，温度加热至 130℃左右；

② QW 循环正常，QW 加热至 80℃左右；

③ 汽油槽接汽油至 90%液位（NAP）；

④ 调整 T102 底部汽提蒸汽量，温度升至 130℃以上；

⑤ 控制压差控制阀 PDC1402 压差为 0.7MPa，保证换热器换热稳定；

⑥ T104 投用，P105 正常备用，FV1501 稍开一些

a. 启动 P105，将工艺水引至 T104；

b. 投用 T104 再沸器，控制温度 TIC1501 至 118℃左右；

c. 通过 QW 循环水的水量，控制 T103 温度在 85℃左右。

⑦ D102 发生器系统正常。

4. 急冷接收裂解气的调整

① 当裂解气进入 T101 塔后，调整汽油回流，控制顶温在 104℃左右，调整 T101 中部回流，控制油冷塔塔釜液位、塔釜温度、塔中点温度，及时采出柴油。

② 打开各用户返回 T103 手操阀。T103 控制顶温在 28℃左右，釜温在 85℃左右，QW 冷却器投用，控制液位在 60%，汽油槽液位为 70%，不够时补入 NAP。

③ 汽油外采流程打通，T103 塔压力控制在 20kPa。

④ 对于 T104 系统，调整塔的汽提蒸汽和再沸器，控制塔釜液位、温度。

⑤ 当 QO 温度升至 160℃时，投用稀释蒸汽发生系统。E104 进水阀打开，启动 P106 缓慢进水至 D102，注意调整 DS 压力和液位。

⑥ 当 T101 液位大于 80%时，投用 T102 塔，调节 FIC1301、FIC1302，控制好燃料油（FO）塔温度，投用 E107，控制 FO 外送温度为 80℃。

工艺知识

知识 1 烃类热裂解的生产原理

一、乙烯裂解简介

乙烯、丙烯、丁二烯等低级烯烃分子中具有双键，化学性质活泼，能与许多物质发生加成、共聚、自聚等反应，生成一系列产品。但自然界没有烯烃的存在，只能将烃类原料经高

温作用，使烃类分子发生 C—C 断裂或脱氢反应，使分子量较大的烃成为低级烯烃，同时联产丁二烯、苯、甲苯、二甲苯，满足化学工业的需要。

烃类裂解将石油烃原料（如天然气、炼厂气、轻油、煤油、柴油、重油等）经高温作用，使烃类分子发生断碳键或脱氢反应，生成分子量较小的烯烃、烷烃和其他分子量不同的轻质和重质烃类。在裂解产品中，乙烯最重要，产量也最大。

石油烃热裂解的主要目的是生产“三烯三苯”，即乙烯、丙烯、丁二烯以及苯、甲苯和二甲苯。它们都是重要的基本有机化工原料。裂解能力的大小以乙烯的产量来衡量，乙烯产量是衡量一个国家石油化工工业的水平的重要标志。

二、烃类裂解反应机理

乙烯裂解原料都是各种石油烃的混合物，其组成很复杂，每一种烃类在裂解过程中会发生多种化学反应。因此石油烃裂解是一个极其复杂的反应过程，要全面地描述这一个十分复杂的反应体系是困难的。下面以乙烷的裂解加以说明。

裂解反应机理（自由基反应机理）大致过程如下。

① 第一步乙烷裂解为两个甲基自由基：

$$C_2H_6 \longrightarrow CH_3\cdot + CH_3\cdot$$

② 一个甲基与另一个乙烷反应生成甲烷和乙基自由基：

$$CH_3\cdot + C_2H_6 \longrightarrow CH_4 + C_2H_5\cdot$$

③ 乙基自由基分解成乙烯和氢自由基：

$$C_2H_5\cdot \longrightarrow C_2H_4 + H\cdot$$

④ 氢自由基再与乙烷反应生成氢（分子）和乙基自由基：

$$H\cdot + C_2H_6 \longrightarrow H_2 + C_2H_5\cdot$$

⑤ 乙基自由基分解产生乙烯和氢自由基：

$$C_2H_5\cdot \longrightarrow C_2H_4 + H\cdot$$

氢自由基（H·）又可以与乙烷反应并由此不断进行下去，这是我们希望进行的主反应，也就是一次反应。同时还会发生以下的二次反应：

$$H\cdot + H\cdot \longrightarrow H_2$$

$$H\cdot + CH_3\cdot \longrightarrow CH_4$$

$$H\cdot + C_2H_5\cdot \longrightarrow C_2H_6$$

$$C_2H_5\cdot + C_2H_5\cdot \longrightarrow C_4H_{10}$$

$$C_2H_6 + CH_3\cdot \longrightarrow C_3H_8 + H\cdot$$

$$CH_3\cdot CH_3\cdot \longrightarrow C_2H_6$$

$$H\cdot + C_2H_4 \longrightarrow C_2H_3\cdot + H_2$$

$$C_2H_3\cdot \longrightarrow C_2H_2 + H\cdot$$

$$2H\cdot + C_2H_2 \longrightarrow CH_4 + C$$

……

对于烃类热裂解机理，有许多种假设。目前以上述自由基链式反应机理来定性地描述烃类裂解的过程较常用。

三、烃类裂解反应特点

乙烯生产不仅原料复杂，裂解反应及反应产物也相当复杂，不仅包括脱氢、断链、异构化、脱氢环化、脱烷基、聚合、缩合、结焦等烃类反应过程，同一种反应物还会发生不同的反应，而且反应的生成物也会继续反应，既有平行反应又有连串反应。图 3-7 列出了烃类热裂解过程中的主要产物及其变化关系，反应生成物多达数十种甚至上百种。

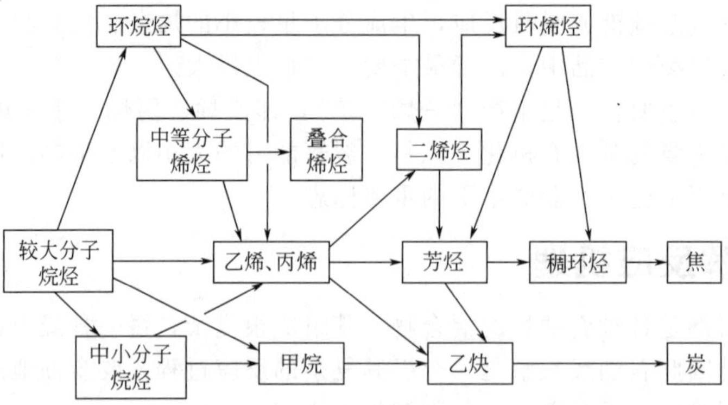

图 3-7　烃类裂解过程中一些产物变化示意图

通常把生成乙烯、丙烯等目的产物的反应称为一次反应。一次反应生成的乙烯、丙烯等低级烯烃进一步发生反应生成多种产物，甚至最后生成焦或炭的反应称为二次反应。一次反应是生产的目的，而二次反应既造成烯烃的损失、浪费原料，又会生炭或结焦，使设备或管道堵塞，影响正常生产，所以是不希望发生的。无论在选取工艺条件还是进行设计，都要尽力促进一次反应，抑制二次反应。因此，在具体操作中要迅速将原料加热到反应温度，经极短时间高温反应后，又很快地把裂解气降温以终止反应。

二次反应使裂解生成的乙烯、丙烯消失，是生成分子量较大的液体产物以至结焦生炭的反应，大致可以分成三类：①一次反应生成的烯烃进一步裂解；②烯烃加氢及脱氢反应，生成烷烃、双烯烃及炔烃；③缩合反应，即由两个或更多的分子缩合成为较大的稳定化合物，如环二烯烃、芳烃、沥青、焦炭等。

四、烃类裂解反应

1. 烷烃裂解反应

烷烃裂解反应中脱氢反应和断链反应都是强吸热反应，断链反应是不可逆反应，而脱氢反应是可逆反应，受化学平衡限制。提高温度，可以提高脱氢反应的平衡转化率。

(1) 断链反应　断链反应是 C—C 链断裂反应，反应后产物有两个，一个是烷烃，一个是烯烃，其碳原子数都比原料烷烃减少。其通式为：$C_{m+n}H_{2(m+n)+2} \longrightarrow C_nH_{2n} + C_mH_{2m+2}$。

例如：

$$C_3H_8 \longrightarrow C_2H_4 + CH_4$$

$$C_4H_{10} \longrightarrow C_3H_6 + CH_4$$

$$C_4H_{10} \longrightarrow C_2H_4 + C_2H_6$$

(2) 脱氢反应　脱氢反应是 C—H 链断裂的反应，生成的产物是碳原子数与原料烷烃相同的烯烃和氢气。其通式为：$C_nH_{2n+2} \longrightarrow C_nH_{2n} + H_2$。

例如：

$$C_2H_6 \longrightarrow C_2H_4 + H_2$$

$$C_3H_8 \longrightarrow C_3H_6 + H_2$$

$$C_4H_{10} \longrightarrow C_4H_8 + H_2$$

C_5 以上的正构烷烃可发生环化脱氢反应生成环烷烃。如正己烷脱氢生成环己烷。

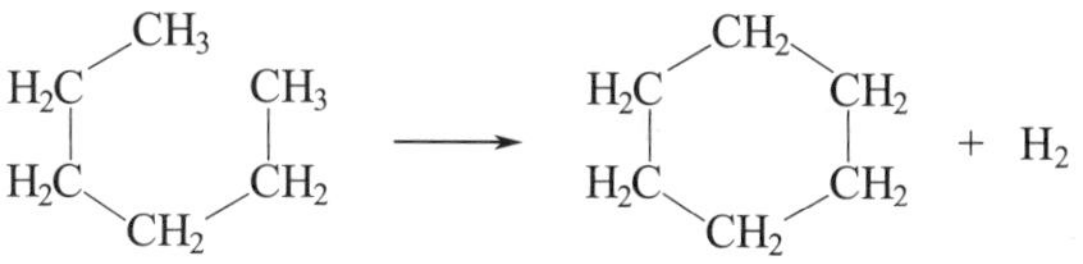

烷烃脱氢和断链的难易，可以从分子结构中碳氢键和碳碳键的键能数值的大小来判断，烷烃的键能数据见表 3-1。

表 3-1 烷烃的键能数据

碳氢键	键能/(kJ/mol)	碳碳键	键能/(kJ/mol)
$H_3C—H$	426.8	$CH_3—CH_3$	346
$CH_3CH_2—H$	405.8	$CH_3—CH_2—CH_3$	343.1
$CH_3CH_2CH_2—H$	397.5	$CH_3CH_2—CH_2CH_3$	338.9
$CH_3—CH(CH_3)H$	384.9	$CH_3CH_2CH_2—CH_3$	341.8
$CH_3CH_2CH_2CH_2—H$	393.2	$H_3C—C(CH_3)_3$	314.6
$CH_3CH_2CH(CH_3)H$	376.6	$CH_3CH_2CH_2—CH_2CH_2CH_3$	325.1
$CH_3—C(CH_3)_2H$	364	$CH_3CH(CH_3)—CH(CH_3)CH_3$	310.9

烷烃裂解反应规律是：

① 同碳原子数的烷烃，C—H 键能大于 C—C 键能，断链反应比脱氢反应容易。

② 烷烃分子的碳链越长，越容易发生断链反应，分子量大的烷烃比分子量小的容易裂解，所需的裂解温度也就比较低。

③ 烷烃的脱氢能力与其结构有关，叔氢最易脱去，仲氢次之，伯氢最难。

④ 带支链的 C—C 键或 C—H 键，较直链的键能小，因此有支链的烷烃容易发生裂解反应。乙烷不发生断链反应，只发生脱氢反应。

⑤ 裂解是一个吸热反应，脱氢比断链需供给更多的热量。脱氢为一可逆反应，为使脱氢反应达到较高的平衡转化率，必须采用较高的温度。低分子烷烃的 C—C 键在分子两端断裂比在分子链中央断裂容易，较大分子量的烷烃则在中央断裂的可能性比在两端断裂的大。

2. 环烷烃的断链（开环）反应

环烷烃热裂解时，可以发生 C—C 链的断裂（开环）与脱氢反应，生成乙烯、丁烯、丁二烯和芳烃等烃类。环烷烃的热稳定性比相应的烷烃好。

以环己烷为例，断链反应如下。

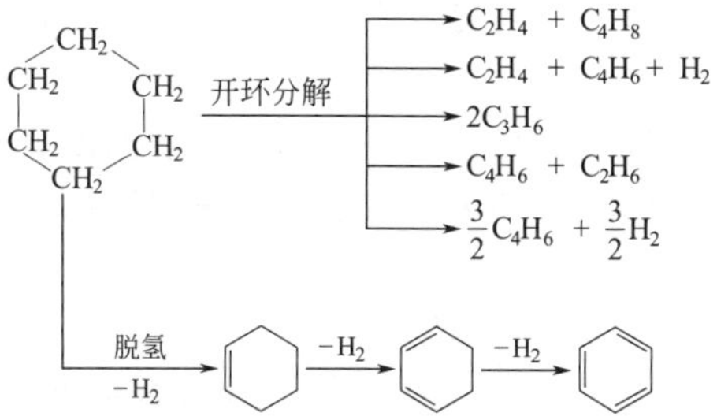

乙基环戊烷侧链断裂反应：

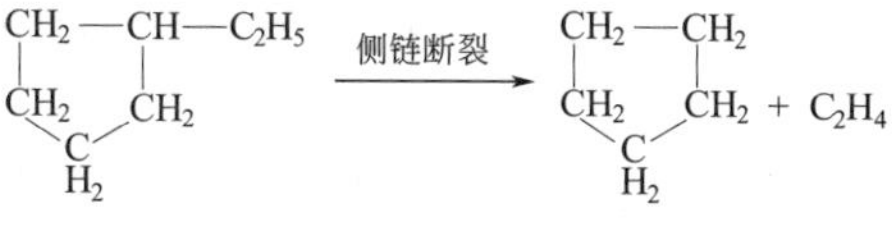

环烷烃的裂解反应规律是：①侧链烷基比环烷烃容易裂解，长侧链中央的 C—C 键先断裂，含有侧链的环烷烃裂解比无侧链的环烷烃裂解的烯烃收率高；②环烷烃脱氢反应生成芳烃，比开环反应生成烯烃容易；③低碳数的环比多碳数的环难以裂解。

裂解原料中的环烷烃含量增加，乙烯收率下降，而丁二烯和芳烃的收率有所提高。环烷烃的脱氢反应生成的是芳烃，芳烃缩合最后生成焦炭，所以不能生成低级烯烃，即不属于一次反应。

3. 芳烃的断侧链反应

芳烃由于芳环的稳定性，不易发生裂开芳环的反应，断裂和脱氢反应主要发生于烷基芳烃的侧链，以及芳烃缩合生成多环芳烃，进一步成焦的反应。含芳烃多的原料油不仅烯烃收率低，而且结焦严重，不是理想的裂解原料。

芳香烃发生的两类反应：一类是芳烃脱氢缩合直至结焦，另一类是烷基芳烃的侧链发生断链的反应和脱氢反应。

（1）芳烃脱氢缩合直至结焦反应　继续脱氢缩合生成焦油直至结焦。

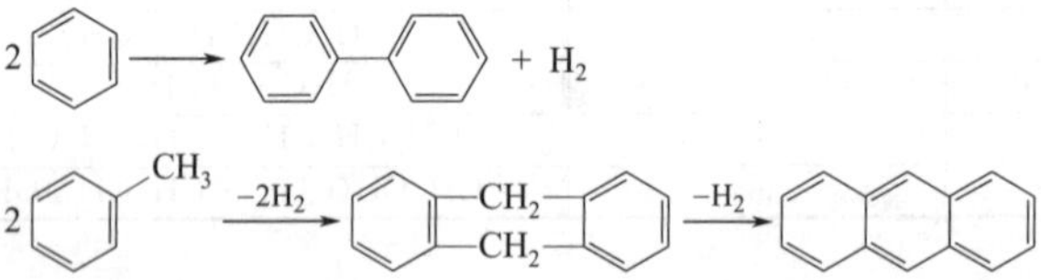

（2）烷基芳烃断链反应和脱氢反应　烷基芳烃的侧链发生断裂反应生成苯、甲苯、二甲苯。

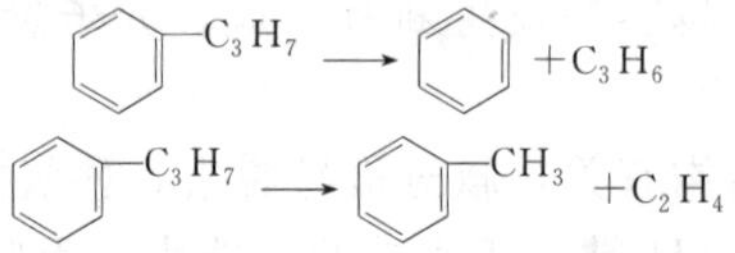

烷基芳烃脱氢生成烯基芳烃，如：乙苯脱氢生成苯乙烯。

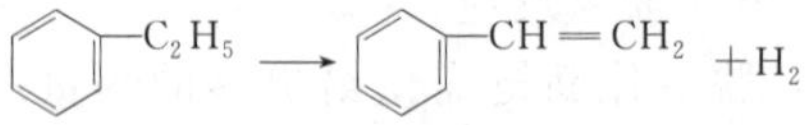

4. 烯烃的断链反应

天然石油中不含烯烃，但石油加工所得的各种油品中则可能含有烯烃，它们在热裂解时也会发生断链和脱氢反应，生成低级烯烃和二烯烃。

$$C_nH_{2n} \longrightarrow C_mH_{2m} + C_{m'}H_{2m'} \quad (m+m'=n)$$

或

$$C_nH_{2n} \longrightarrow C_nH_{2n-2} + H_2$$

它们除继续发生断链及脱氢外，还可发生聚合、环化、缩合、加氢和脱氢等反应，结果生成焦油或结焦。

烯烃脱氢反应所需温度比烷烃更高，在通常的热裂解温度下，反应速率很低，因此生成的炔烃较少。此外，低分子量的烷烃和烯烃在通常的热裂解温度下还会发生裂解，生成碳和氢气。

各种烃类热裂解反应规律可简单地归纳为：

① 正构烷烃裂解易得乙烯、丙烯等低级烯烃，分子量越小，烯烃总收率越高；

② 异构烷烃裂解时烯烃收率比同碳数正构烷烃低，随着分子量增大，这种差别减小；

③ 环烷烃热裂解易得芳烃，含环烷烃较多的裂解原料，裂解产物中丁二烯、芳烃的收率较高，乙烯收率则较低；

④ 芳烃不易裂解为烯烃，主要发生侧链断裂脱氢和脱氢缩合反应；

⑤ 烯烃热裂解易得低级烯烃，少量脱氢生成二烯烃，后者能进一步反应生成芳烃和焦；

⑥ 在高温下，烷烃和烯烃还会发生分解反应生成少量炭。

各种烃类热裂解的易难顺序可表示为：

正构烷烃＞异构烷烃＞环烷烃（$C_6>C_5$）＞芳烃

5. 结焦与生炭反应

（1）结焦反应　烃的结焦反应，要经过生成芳烃的中间阶段，芳烃在高温下发生脱氢缩合反应而形成多环芳烃，它们继续发生多阶段的脱氢缩合反应生成稠环芳烃。高沸点稠环芳烃是馏分油裂解结焦的主要母体，裂解焦油中含大量稠环芳烃，裂解生成的焦油越多，裂解过程中结焦越严重。

$$\text{烯烃}\xrightarrow{-H_2}\text{芳烃}\xrightarrow{-H_2}\text{多环芳烃}\xrightarrow{-H_2}\text{稠环芳烃}\xrightarrow{-H_2}\text{焦}$$

除烯烃外，环烷烃脱氢生成的芳烃和原料中含有的芳烃都可以脱氢发生结焦反应。

（2）生炭反应　裂解过程中生成的乙烯在900～1000℃或更高的温度下经过乙炔阶段而生炭。如乙烯脱氢先生成乙炔，再由乙炔脱氢生成炭。

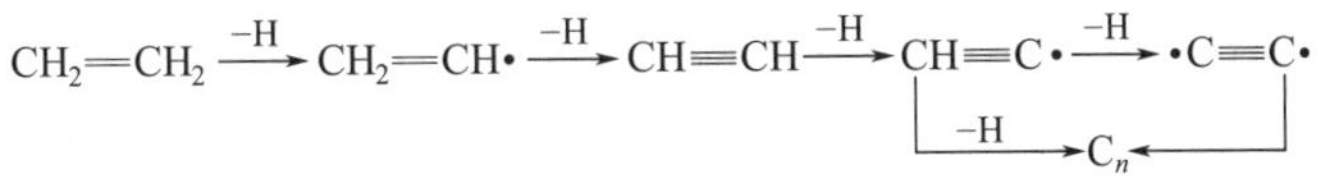

结焦与生炭过程二者机理不同，结焦是在较低温度下（＜927℃）通过芳烃缩合而成，生炭是在较高温度下（＞927℃）通过生成乙炔的中间阶段，脱氢为稠合的碳原子，并且乙炔生成的炭不是断键生成单个碳原子，而是脱氢稠合成几百个碳原子。炭几乎不含氢，焦含有0.1%～0.3%微量氢。

五、乙烯生产工艺路线

石油烃裂解制烯烃技术最早开始于20世纪20年代，1941年美国建成了全球第一套蒸汽裂解装置，开创了以乙烯装置为龙头的石油化工历史。近百年来，乙烯生产技术不断发展，出现了多种生产乙烯的方法，乙烯装置的规模也在不断提升，目前，单套乙烯装置规模已经达到150万吨/年。随着全球石化产业的发展和市场对乙烯及衍生产品需求的增长，一些非蒸汽裂解制乙烯技术逐渐兴起，例如甲醇制烯烃、原油直接制乙烯、催化裂化制烯烃、合成气直接制乙烯等。

近年来，全球炼化行业从燃料型向化工型转型，“成品油转化工品”的大趋势越来越明显。通过对传统工艺集成创新或直接革新将炼化一体化项目升级至原油制化学品项目。埃克森美孚公司和沙特阿美公司的技术具有代表性，通过降低乙烯成本来提升化工业务的竞争力，例如埃克森美孚在中国广东惠州新建原油直接制乙烯装置。将低碳烯烃作为目标产物的技术研究增多，形成了一些利用催化裂化工艺生产乙烯的新技术，包括催化裂解（DCC）技术、催化热裂解（CPP）技术、重油直接裂解制乙烯（HCC）技术等。

目前，我国乙烯生产路线主要以石脑油裂解为主，约占72.7%，乙烷裂解制乙烯（含混合烷烃裂解）、重油催化热裂解制烯烃、原油直接裂解制烯烃、乙醇脱水制乙烯等技术均已实现工业化，乙烯原料呈现出轻质化、多元化、一体化发展趋势。2021年我国首次利用自主技术建成的乙烷制乙烯项目在中石油兰州石化和独山子石化分别投产。

全球油气资源分布不均，在能源转型、“净零”碳排放大趋势下，原料及市场变化推动乙烯工艺技术多元化发展。不同原料，不同的生产工艺，产品质量、产品链不同。

石脑油裂解工艺通过一体化装置实现产业链布局多元化，为下游发展精细化工和高附加值产品提供基础支撑，主要优势是副产物丰富，但是不同原料品质将影响后续裂解产品收率和质量。我国乙烯生产多是以石脑油为原料进行裂解，一般情形下生产100万吨乙烯需要330万吨的石脑油原料，同时副产近50万吨丙烯、18万吨丁二烯、20万吨纯苯、其他芳烃混合物、异丁烯、丁烯、C_5、C_9、乙烯焦油等。

乙烷裂解制乙烯工艺主要优势是装置能耗较低、投资规模较小、产品收率高，但是产能扩张依赖乙烷原料，目前全球乙烷资源主要来源于美国，乙烷资源的获取程度决定产能扩张规模及经济效益。我国煤炭资源丰富，利用煤炭作为乙烯生产原料可以部分替代石油裂解，从而缓解油气供需不足的压力。但其工艺涉及的反应条件及产品分离条件比较严苛，因此煤制烯烃工艺的碳排放量高，能耗较大，成本较高。优选乙烯原料是降低乙烯生产成本的关键，同时对提高我国乙烯工业竞争力具有重要意义。

此外丙烷脱氢制乙烯、丙烯（即 PDH 项目），目标产品收率更高，还能副产高纯氢气，是降低石油依赖及能耗的重要途径之一。由于丙烷进口来源相对多元、盈利性较好等因素，国内 PDH 的投资规模一直呈现爆发式增长，已成为丙烯扩产的主要工艺路线。

乙烷裂解工艺，是最直接的乙烯生产工艺，乙烯收率最高，副产最少，100 万吨乙烷，大约能生产 78 万吨乙烯。丙烷脱氢制丙烯装置投入 100 万吨丙烯，大约能生产 42 万吨乙烯和 17 万吨丙烯。乙烯丙烯产业链延伸带来的收益也是不容忽视的。

知识 2 分析烃类热裂解的操作影响因素

在烃类裂解工艺过程中，影响裂解过程的主要因素有裂解温度、停留时间和压力及稀释蒸汽的用量。高裂解温度、短停留时间、低烃分压有利于提高乙烯收率、抑制结焦生炭反应、延长运转周期。因此对于给定的原料，管式裂解炉辐射盘管最佳设计，就是在保证合适的裂解深度（转化率）条件下，力求达到高温-短停留时间-低烃分压的最佳组合，以获得理想的产品分布，并保证合理的清焦周期。

一、裂解深度

原料相同，烯烃收率随裂解深度增加而增加至一定值后呈下降趋势，且结焦趋势加重。裂解深度取决于裂解温度和停留时间，提高裂解温度和延长停留时间均可提高裂解深度，但是停留时间越长越容易发生二次反应。为获得最高的乙烯产率，应根据原料性质选择最适宜裂解深度。

从表 3-2 温度-停留时间效应对石脑油关系产物分布情况可以看到，裂解深度取决于裂解温度和停留时间，高温-短停留时间组合可以抑制二次反应，从而提高裂解过程的选择性，改善产品分布及质量，是裂解深度的最佳组合。

表 3-2 温度-停留时间效应对石脑油关系产物分布

出口温度/℃		788～800℃	816～837℃	837～871℃	899～927℃
停留时间/ s		1.2	0.65	0.35	0.1
产物分布（质量分数）/%	CH_4	15.6	16.6	16.8	16.7
	C_2H_4	23.0	25.9	29.3	33.3
	C_3H_6	13.6	12.7	12.2	11.7
	C_4H_6	2.2	3.8	4.2	4.8
	C_{5+}	32.8	29.7	27.8	23.0
CH_4/C_2H_4		0.678	0.641	0.573	0.502
$C_2H_4+C_3H_6+C_4H_6$		38.8%	42.4%	45.7%	49.8%

1. 裂解温度

（1）裂解反应必须在高温下进行 烃类裂解是生成乙烯、丙烯等小分子烃类的反应，主要是断链反应和脱氢反应，这两个反应都是强吸热反应，因此必须在高温下对系统提供足够的热量，使烃分子的 C—C 键、C—H 键断裂，从而生成较小分子的乙烯、丙烯等有用的烯烃，同时从化学平衡的角度考虑对于吸热反应，提高反应温度，反应平衡常数增大，能使化学反应达到较高的平衡转化率，因此裂解反应必须在高温下进行。在一定温度内，提高裂解温度有利于提高一次反应所得乙烯和丙烯的收率。如表 3-3 理论计算 600℃和 1000℃下正戊烷和异戊烷一次反应的产品收率，在一定温度内，提高裂解温度有利于提高一次反应所得乙烯和丙烯的收率，并相对减少乙烯消失的反应。

表 3-3 温度对一次裂解产物分布的影响

裂解产物组分	收率(质量分数)/%			
	正戊烷		异戊烷	
	600℃	1000℃	600℃	1000℃
H_2	1.2	1.1	0.7	1.0
CH_4	12.3	13.1	16.4	14.5
C_2H_4	43.2	46.0	10.1	12.6
C_2H_6	26.0	23.9	15.2	20.3
其他	17.3	15.9	57.6	51.6
总计	100.0	100.0	100.0	100.0

（2）裂解温度的选择要适宜　裂解过程为非等温反应，进炉至出炉存在温度分布，故用炉出口温度定义为裂解温度。一般来说，裂解温度低于 750℃时，生成乙烯的可能性较小，或者说乙烯收率较低；在 750℃以上生成乙烯可能性增大，温度越高，反应的可能性越大，乙烯的收率越高。但当反应温度太高，特别是超过 900℃，甚至达到 1100℃时，对结焦和生炭反应极为有利，同时生成的乙烯又会经历乙炔中间阶段而生成炭，这样原料的转化率虽有增加，产品的收率却大大降低。因此温度升高，烯烃产率提高，但温度过高，烯烃收率会下降，裂解反应适宜温度为 750～900℃。

不同的裂解原料具有不同最适宜的裂解温度，较轻的裂解原料，裂解温度较高，较重的裂解原料，裂解温度较低，乙烷裂解温度最高。选择不同的裂解温度，可调整一次产物分布，若目的产物是乙烯，则裂解温度可适当提高，若要多产丙烯，裂解温度可适当降低。

2. 停留时间

停留时间是指裂解原料由进入裂解辐射管到离开裂解辐射管所经过的时间。即反应原料在反应管中停留的时间。停留时间一般用 τ 来表示，单位为 s。

在某一温度下进行裂解反应，反应物在高温区的停留时间若过短，裂解的一次反应不能充分进行，大部分原料还来不及反应就离开了反应区，原料的转化率很低，乙烯产率也低，也增加了未反应原料的分离、回收的能量消耗，如表 3-4 停留时间对乙烷转化率和乙烯收率的影响。

表 3-4 停留时间对乙烷转化率和乙烯收率的影响

温度/℃	832	832
停留时间/s	0.0278	0.0805
乙烷单程转化率/%	14.8	60.2
按分解乙烷计的乙烯收率/%	89.4	76.5

停留时间若过长，对促进一次反应是有利的，故转化率较高。但二次反应加剧，二次反应更有时间充分进行，一次反应生成的乙烯大部分都发生二次反应而消失，乙烯收率反而下

降。同时由于二次反应的进行，生成更多焦和炭，缩短了裂解炉管的运转周期，既浪费了原料，又影响正常的生产进行。因此，要获得较高的乙烯收率，不仅要求高裂解温度，也需要适宜的停留时间。所以选择合适的停留时间，既可使一次反应充分进行，又能有效地抑制并减少二次反应。

停留时间的选择主要取决于裂解温度，如停留时间在适宜的范围内，乙烯的生成量较大，而乙烯的损失较小，即有一个最高的乙烯收率，称为峰值收率。由图 3-8 可知，提高温度可提高乙烯产品的收率；在一定温度下，乙烯收率先是随着停留时间的增加而快速增加，达到峰值后又降低，这是由于物料停留时间长导致二次反应所致。可见改善裂解反应产品收率的关键在于高温-短停留时间。在一定的反应温度下，如裂解原料较重，则停留时间应短一些，原料较轻则可稍长一些。如图 3-9 温度和停留时间对粗柴油裂解中乙烯和丙烯收率的影响，丙烯达到峰值的温度比乙烯低，可以根据市场需要，通过调节操作条件来改变乙烯和丙烯的产量。

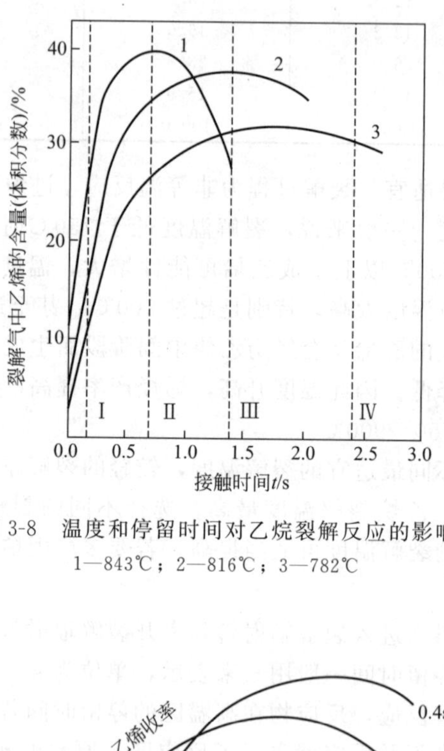

图 3-8 温度和停留时间对乙烷裂解反应的影响

1—843℃；2—816℃；3—782℃

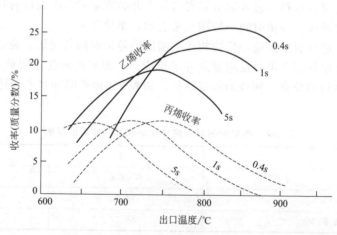

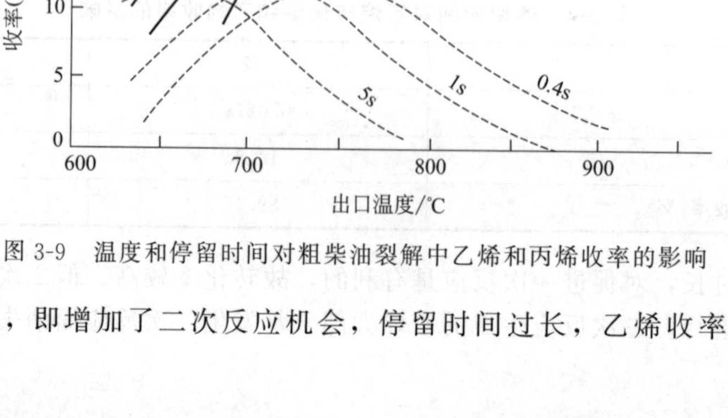

图 3-9 温度和停留时间对粗柴油裂解中乙烯和丙烯收率的影响

增加停留时间，即增加了二次反应机会，停留时间过长，乙烯收率下降。因而必须控制停留时间很短，目前停留时间已从大于1s缩短到0.27～0.45s甚至低于0.1s（如毫秒炉）。

3. 高温、短停留时间的优势

① 有利于正构烷烃生成更多的乙烯，而丙烯以上的单烯烃收率有所下降；

② 有利于异构烷烃生成低分子量的直链烯烃，而支链烯烃的收率下降；

③ 可抑制芳烃生成，减少液体产物和焦的生成；

④ 丙烯/丁二烯、烯烃/副产饱和烃、炔烃/单烯烃、二烯烃/单烯烃的比例均增加。

可根据对产品分布的要求和技术经济来选择适宜的温度和停留时间组合。

二、裂解反应的压力和稀释剂

1. 降低压力有利于提高乙烯平衡转化率

从化学热力学角度分析，不论断链与脱氢，反应产物的体积均增大。例如：

$$C_2H_6 \longrightarrow C_2H_4 + H_2$$

1体积　　1体积　1体积

$$C_3H_8 \longrightarrow C_2H_4 + CH_4$$

1体积　　1体积　1体积

裂解过程中的一次反应，都是气体分子数增加的反应，压力虽然不能改变化学平衡常数的大小，但能改变其平衡组成，故降低压力有利于提高乙烯平衡转化率。对缩合、聚合等二次反应，都是分子数减少的反应。因此降低压力可以促进生成乙烯的一次反应和抑制发生聚合的二次反应，从而减轻结焦的程度。另外，从反应动力学分析，降低压力可增大一次反应对于二次反应的相对反应速率，所以降低压力，可以提高乙烯的选择性，抑制二次反应的发生，从而减轻结焦程度。实际操作中，通常采取通入稀释蒸汽的方法以降低烃分压。

2. 稀释蒸汽的降压作用

降低裂解反应的压力，受到炉管阻力的限制，同时负压操作也不安全，不能直接采用抽真空减压操作。这是因为在裂解炉高温下不易密封，一旦空气漏入负压操作系统，空气与烃类气体混合会引起爆炸，同时还会多消耗能源，对后面分离工序的压缩操作不利，增加负荷，增加能耗。所以，添加稀释剂以降低烃分压是一个较好的方法。这样，设备仍可在常压或正压操作，而烃分压则可降低。稀释剂理论上讲可用水蒸气、氢气或任一种惰性气体，但目前较为成熟的裂解方法，均采用水蒸气作稀释剂，其原因如下。

① 降低烃分压的作用明显：水的摩尔质量小，同样质量的水蒸气其分压较大，稀释蒸汽可降低炉管内的烃分压，在总压相同时，烃分压可降低较多。

② 水蒸气易分离，价廉易得，而且水蒸气可循环利用，有利于环保。

③ 稳定裂解温度：水蒸气热容量较大，当操作供热不平稳时，它可以起到稳定温度的作用，还可以保护炉管防止过热。

④ 保护炉管：水蒸气抑制原料中硫对裂解管的腐蚀；水蒸气对金属表面起一定的氧化作用，使金属表面的铁、镍形成氧化物薄膜，高温蒸汽可减缓炉管内金属Fe、Ni对烃分解生炭反应的催化，抑制结焦速率，起到钝化作用。

⑤ 脱除结炭：水蒸气在高温下能与裂解管中沉淀的焦炭发生如下反应

$$C+H_2O \longrightarrow H_2+CO$$

使固体焦炭生成气体随裂解气离开，延长了炉管运转周期。

3. 水蒸气的加入量

裂解原料不同，水蒸气的加入量也不同，裂解原料对水蒸气加入量的影响见表3-5。一般地说，轻质原料所需稀释蒸汽量可以低一些，随着裂解原料变重，所需稀释水蒸气量要增加，以减少结焦现象的发生。加入水蒸气的量，不是越多越好，增加稀释水蒸气量，将增大裂解炉的热负荷，增加燃料的消耗量，增加水蒸气的冷凝量，从而增加能量消耗，同时会降低裂解炉和后部系统设备的生产能力。

表3-5　裂解原料对水蒸气加入量的影响

裂解原料	原料含氢量/%(质量分数)	结焦难易程度	稀释比/[kg水蒸气/(kg烃)]
乙烷	20	较不易	0.25～0.4
丙烷	18.5	较不易	0.3～0.5
石脑油	14.16	较易	0.5～0.8
轻柴油	约13.6	很易	0.75～1.0
原油	约13.0	极易	3.5～5.0

知识3　烃类热裂解的主要设备

原料烃的裂解采用高的裂解温度、短的停留时间和较低的烃分压，产生的裂解气要迅速离开反应区，并加以急冷，以获得较高的乙烯产率。因为高温裂解气在出口温度条件下会继续进行裂解反应，二次反应增加，乙烯会损失，所以需要将高温裂解气急冷，当温度降到650℃以下时，裂解反应才基本终止。因此烃类热裂解的主要设备包括裂解炉和裂解气急冷设备。

一、管式裂解炉

裂解炉作为生产乙烯的关键设备，在最近几十年来得到了迅速发展，其中管式裂解炉的发展尤为迅速，现在世界乙烯产量的99%以上是用管式裂解炉生产的。

管式裂解炉是乙烯装置的核心，裂解原料在裂解炉管内迅速升温并在高温下进行裂解反应，产生裂解气。裂解炉是反应器与加热炉融为一体的设备，不仅提供反应的高温，还是反应的场所。

1. 裂解炉的工作原理

裂解炉的作用就是通过加热，使裂解原料反应生成含有乙烯、丙烯、混合C_4、甲烷、乙烷等众多组分的裂解气。如图3-10所示，裂解原料首先进入裂解炉的对流室升温，到一定温度后与稀释剂混合继续升温（到600～650℃），然后通过挡板进入裂解炉的辐射室继续升温到反应温度（800～900℃），并发生裂解反应，最后高温裂解气通过急冷换热器降温后，到后续急冷分馏塔。

原料在辐射炉管内流过，管外通过燃料燃烧的高温火焰、产生的烟道气、炉墙辐射加热，将热量经辐射管管壁传给管内物料，裂解反应在管内高温下进行，管内无催化剂，这样的反应也称为石油烃热裂解。同时加入稀释蒸汽降低烃分压，也称为蒸汽裂解技术。

2. 裂解炉的基本结构

裂解炉主要包括辐射段、对流段、炉管和燃料燃烧器四个主要部分。其基本结构见图3-11。

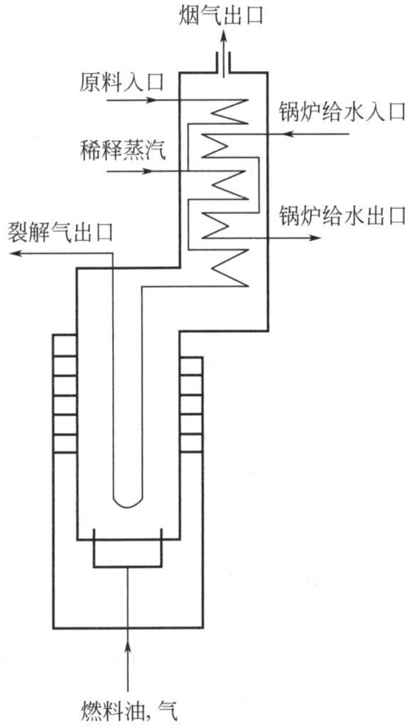

图 3-10　裂解炉工作过程

裂解炉原理展示

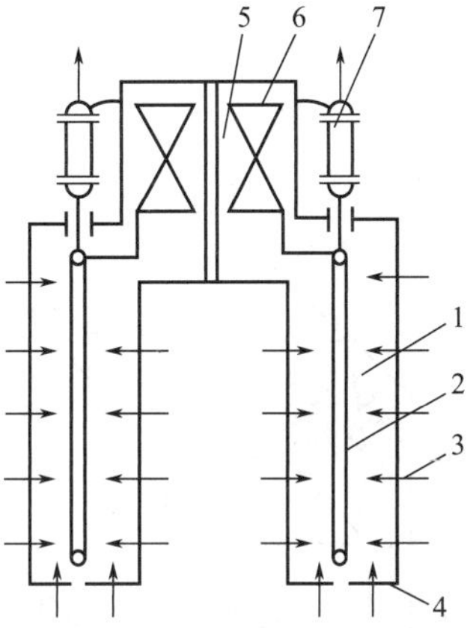

图 3-11　裂解炉基本结构

1—辐射段；2—垂直辐射管；3—侧壁燃烧器；4—底部燃烧器；5—对流段；6—对流管；7—急冷换热器

（1）辐射段（辐射室）　辐射段又称为燃烧室或炉膛，是燃料燃烧和辐射放热的地方，也是裂解反应的场所。辐射段通过火焰或高温烟气进行辐射传热。辐射室直接受火焰冲刷，温度很高，可达600～1600℃，是热交换的主要场所，全炉热负荷的70%～80%是由辐射室担负的，是全炉最重要的部分。辐射段由耐火砖（里层）和隔热砖（外层）砌成。

（2）对流段（对流室）　对流段也称对流室，靠辐射段出来的高温烟气进行以对流传热为主的换热，是高温烟气对流放热的地方，对流室一般担负全炉热负荷的20%～30%。对流室在辐射室的顶上，有炉管、过热蒸汽、注水预热管。对流段比辐射段的体积小得多，目的是强化对流传热、降低烟气温度、提高加热炉的热效率。对流段内设有数组水平放置的换热管用来预热原料、工艺稀释水蒸气、急冷锅炉进水和过热的高压蒸汽等。

（3）炉管　炉管分两种：对流管和辐射管，安置在对流段的称为对流管，安置在辐射段的称为辐射管。对流管内物料被管外的高温烟道气以对流方式进行加热并汽化，达到裂解反应温度后进入辐射管，故对流管又称为预热管。通过燃料燃烧的高温火焰、产生的烟道气、炉墙辐射加热将热量经辐射管管壁传给物料，裂解反应在该管内进行，故辐射管又称为反应管。裂解炉管垂直放置在辐射室中央。为放置炉管，还有一些附件如管架、吊钩等。

在管式炉运行时，裂解原料的流向是先进入对流管，再进入辐射管，反应后的裂解气离开裂解炉经急冷段给予急冷。燃料在燃烧器燃烧后，则先在辐射段生成高温烟道气并向辐射管提供大部分反应所需热量。然后，烟道气再进入对流段，把余热提供给刚进入对流管内的物料，然后经烟道从烟囱排放。烟道气和物料是逆向流动的，这样热量利用更为合理。

（4）燃烧器　在辐射段炉墙或底部的一定部位安装有一定数量的燃烧器，燃烧器又称为烧嘴。燃烧器的作用是完成燃料的燃烧，为热交换提供热量。

燃烧器由燃料喷嘴、配风器、燃烧道三部分组成。燃烧器性能的好坏，直接影响燃烧质量及炉子的热效率。操作时，特别应注意火焰要保持刚直有力，调整火嘴尽可能使炉膛受热均匀，避免火焰舔炉管，并实现低氧燃烧。要保证燃烧质量和热效率，还必须有可靠的燃料供应系统和良好的空气预热系统。

烧嘴因其所安装的位置不同分为底部烧嘴和侧壁烧嘴，设置方式可分为三种：一是全部由底部烧嘴供热（见图 3-12）；二是全部由侧壁烧嘴供热（见图 3-13）；三是由底部和侧壁烧嘴联合供热。按所用燃料不同，又分为气体燃烧器、液体（油）燃烧器和气油联合燃烧器。

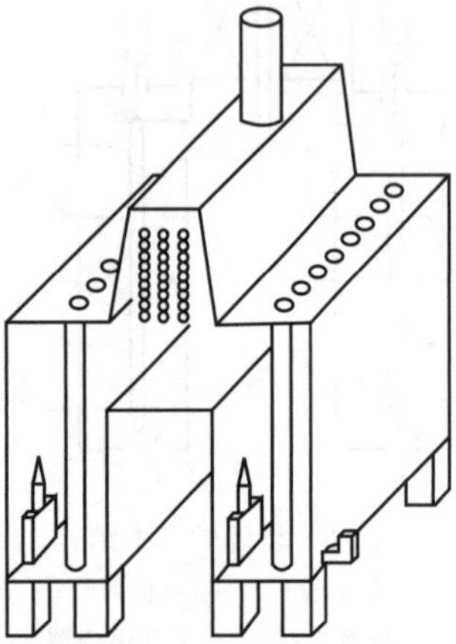

图 3-12　底部烧嘴供热

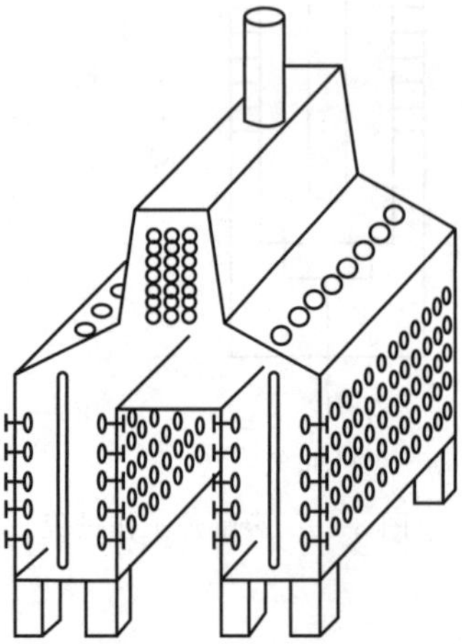

图 3-13　侧壁烧嘴供热

3. 管式裂解炉的炉型

由于裂解炉管构型及布置方式和烧嘴安装位置及燃烧方式的不同，管式裂解炉的炉型有多种，现列举一些有代表性的炉型。

（1）鲁姆斯公司的 SRT 型裂解炉　鲁姆斯（Lummus）公司的 SRT 型裂解炉即短停留时间炉，是国内熟知的装置，这种技术的乙烯装置总生产能力约占世界乙烯生产能力的 45%。我国燕山、齐鲁、扬子、上海四套 30 万吨乙烯装置，盘锦、抚顺、中原等乙烯装置均采用 SRT 型裂解炉。炉子经过不断改进，进一步缩短了停留时间，改善了裂解选择性，提高了乙烯的收率，对不同的裂解原料有较大的灵活性。

如图 3-14 所示，鲁姆斯公司的 SRT 型裂解炉（短停留时间裂解炉）为单排双辐射立管式裂解炉，对流段设置在辐射室上部的一侧，对流段顶部设置烟道和引风机。对流段内设置进料、稀释蒸汽和锅炉给水的预热。从 SRT-Ⅵ型炉开始，对流段还设置高压蒸汽过热，由此取消了高压蒸汽过热炉。在对流段预热原料和稀释蒸汽过程中，一般采用一次注入蒸汽的方式，当裂解重质原料时，也采用二次注汽，采用侧壁烧嘴和底部烧嘴联合的布置方案。底部烧嘴最大供热量可占总热负荷的 70%。SRT-Ⅲ型炉的热效率达 93.5%。

（2）凯洛格的 USRT 炉　超短停留时间裂解炉简称 USRT 炉（见图 3-15），是美国凯洛格（Kellogg）公司在 20 世纪 60 年代开始研究开发的一种炉型。1978 年开发成功，在高裂解温度下，使物料在炉管内的停留时间缩短到 0.05～0.1s（50～100ms），所以也称为毫秒裂解炉。因裂解管是一程，没有弯头，阻力降小，烃分压低，因此乙烯收率比其他炉型高。

毫秒炉为立管式裂解炉，其辐射盘管为单程直管。对流段在辐射室上侧，原料和稀释蒸汽在对流段预热至横跨温度后，通过横跨管和猪尾管由裂解炉底部送入辐射管，物料由下向上流动，由辐射室顶部出辐射管而进入第一急冷器。裂解轻烃时，常设三级急冷器；裂解馏分油时，只设两级急冷器。对流段还预热锅炉给水并过热高压蒸汽。热效率为93%。

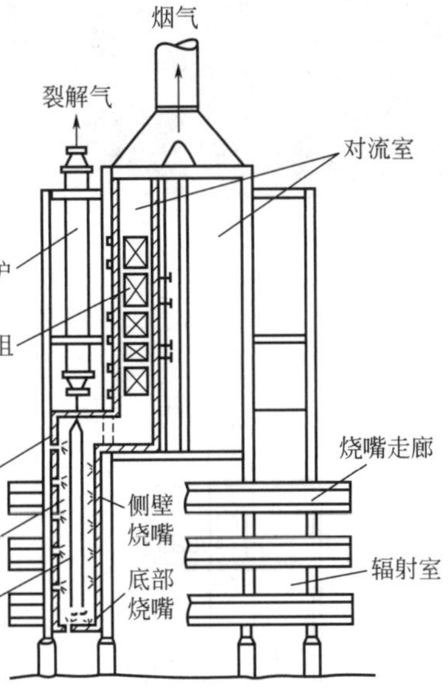

图 3-14　SRT 型管式裂解炉结构示意图

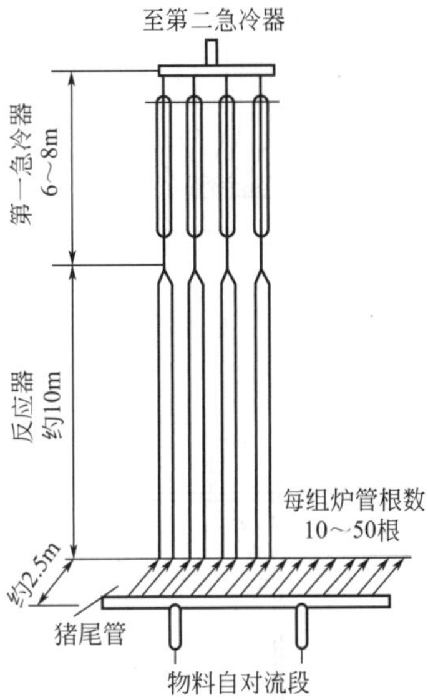

图 3-15　USRT 炉的基本结构

毫秒炉采用多根并行的单程小直径炉管，炉管管长只有约12m，管径25～38mm，每根炉管处理量小，需要用特殊结构（如文氏管、猪尾管等）保证流量分配均匀。由于管径较小，所需炉管数量多，致使裂解炉结构复杂，投资相对较高。由于炉管小，因此对结焦敏感，较短时间就要清焦一次。

美国凯洛格公司2001年与其他公司合并成为新的KBR公司，兰州石化年产70万吨乙烯装置裂解炉采用的是KBR和ExxonMobil（埃克森美孚）共同开发的SC-1型管式裂解炉，其炉管构型如图3-16所示。该裂解炉属单流程、双排管、双面辐射、单炉膛构型，管内径为25～38mm，直管长度为10～13m，单台炉生产能力可以达到13万吨/年，是目前单台裂解能力最大的裂解炉。该炉裂解原料范围广、占地面积小、水蒸气在线清焦、炉子的运行周期较长，可实现最大选择性和转化率，是世界最先进的炉型之一。

（3）斯通-伟伯斯特（S. W.）公司的USC型裂解炉　S. W. 的USC型裂解炉（超选择性裂解炉）为单排双辐射立管式裂解炉，辐射盘管为W型或U型盘管。由于采用的炉管管径较小，因而单台裂解炉盘管组数较多（16～48组）。每2组或4组辐射盘管配一台USX型（套管式）一级废热锅炉，多台USX废热锅炉出口裂解气再汇总送入一台二级废热锅炉。近期开始采用双程套管式废热锅炉（SLE），将两级废热锅炉合并为一级。图3-17、图3-18为采用U型炉管的USC型裂解炉外观、结构剖面图，图3-19所示为某馏分油裂解炉采用的盘管，该裂解炉可适用石脑油和轻柴油裂解原料，并可以供馏分油和乙烷、丙烷进行共裂解。

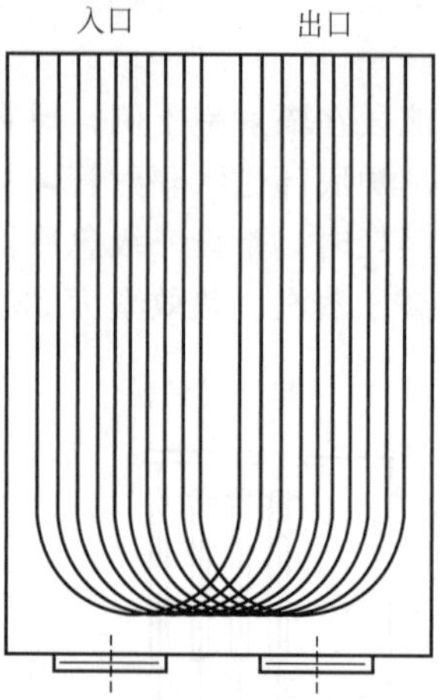

图 3-16　SC-1 型裂解炉炉管结构

图 3-17　S. W. 公司的 USC 型裂解炉外观图

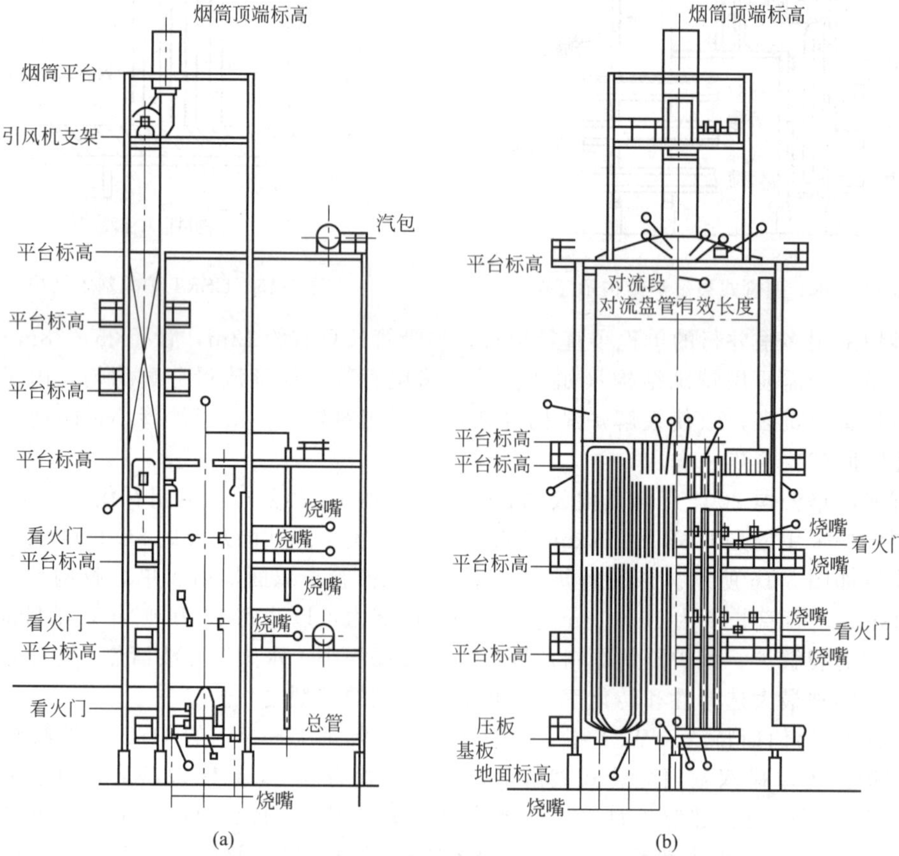

图 3-18　U 型炉管的 USC 型裂解炉结构剖面图

USC 型裂解炉对流段设置在辐射室上部一侧，对流段顶部设置烟道和引风机。对流段内设有原料和稀释蒸汽预热、锅炉给水预热及高压蒸汽过热等热量回收段。大多数 USC 型裂解炉为一个对流段对应一个辐射室，也有两个辐射室共用一个对流段的情况。

当装置燃料全部为气体燃料时，USC 型裂解炉多采用侧壁无焰烧嘴；如装置需要使用部分液体燃料时，则采用侧壁烧嘴和底部烧嘴联合布置的方案。底部烧嘴可烧气也可烧油，其供热量可占总热负荷的 60%～70%。

由于 USC 型裂解炉辐射盘管为小管径短管长炉管，单管处理能力低，每台裂解炉盘管数较多。为保证对流段进料能均匀地分配到每根辐射盘管，在辐射盘管入口设置了文丘里喷管。

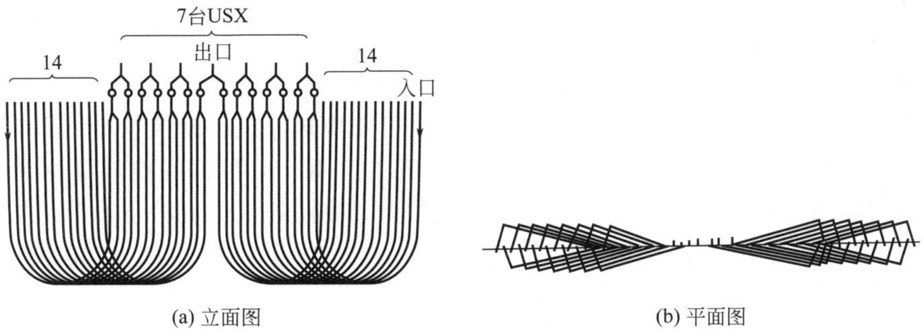

图 3-19 USC 裂解炉 U 型盘管排列

短的停留时间和低的烃分压使裂解反应具有良好的选择性。中国大庆石油化工总厂、广州石化总厂以及世界上很多石油化工厂都采用它来生产乙烯及其联产品。

广州石化乙烯装置设置 6 台超选择性、高转化率的 USC 裂解炉。每台裂解炉设置 28 根 U 型辐射盘管，进口段炉管材料为 HK40（25Cr-20Ni），最大允许管壁设计温度为 1052℃，管内径 51mm，管径壁厚 5mm，炉管有效长 12.163m。出口段管材料为 HP40（25Cr-35Ni），最大允许管壁设计温度为 1115℃，管内径 63.5mm，管壁厚 8mm，炉管有效长度为 12.163m。每根辐射管进口设置文丘里管，以保证原料在所有炉管分配均匀，因文丘里管部分气体流速超过临界流速，每根炉管的流量不受下游压力的影响。U 型炉管的进口和出口均设置在辐射室的顶部。进口管和出口管之间用大变管相接，以吸收热应力。

每根辐射管出口通过短的接管，连接至安装在辐射段顶部的急冷锅炉 SLE 中的一根双套管型的换热器内管。一台裂解炉设置 2 台 SLE，故共 12 台急冷锅炉，在 SLE 型锅炉里回收裂解气中高位能热量，产生超高压蒸汽（12.0MPa），裂解气冷却至小于 565℃。在对流段顶部设置高压汽包，锅炉给水在 SLE 型急冷锅炉和高压汽包之间形成热虹吸循环。SLE 型急冷锅炉为双套管型的换热器，裂解气走内管，锅炉给水和产生的超高压蒸汽走内管和外管之间的环隙。

裂解炉设置侧壁烧嘴和底部烧嘴，侧壁烧嘴烧燃料气，底部烧嘴为油气联合烧嘴，可烧燃料气和燃料油，全部所需要的裂解炉热负荷中 80% 由底部烧嘴提供。底部烧嘴可是全部烧气，亦可以部分烧油，烧油量提供的热最大负荷为底部烧嘴总热负荷的 62%。烧嘴为自然吸风型烧嘴，烧油时用蒸汽雾化，过剩空气量 15%。底部油气联合烧嘴共 16 台，侧壁烧嘴 2 层，共 32 台烧嘴。在裂解炉里燃烧的燃料油品种为：C_9～200℃馏分油、裂解轻质燃料油、开车燃料油。燃料气品种为：乙烯装置产生的燃料气、丁二烯抽提装置产生的尾气、开工液化气。燃料在辐射段炉膛燃烧，出辐射段炉膛烟气温度约为 1050℃，至对流段回收烟气热量后，烟气离开对流段时温度为 146℃。引风机设置在对流段的顶部，正常状态下吸风量 48798kg/h，静压 148.6mm 水柱。烟气经引风机升至烟囱，排至大气。

二、裂解气急冷设备

裂解炉出口的高温裂解气在出口高温条件下将继续进行裂解反应，由于停留时间的增长，二次反应增加，烯烃损失随之增多。为此，需要将裂解炉出口高温裂解气尽快冷却，通过急冷以终止其裂解反应。当裂解气温度降至650℃以下时裂解反应基本终止。

1. 急冷的分类

急冷有间接急冷和直接急冷之分。

（1）间接急冷　裂解炉出来的高温裂解气温度在800～900℃左右，在急冷的降温过程中要释放出大量热，是一个可加利用的热源，为此可用换热器进行间接急冷，回收这部分热量发生蒸汽，以提高裂解炉的热效率，降低产品成本。用于此目的的换热器称为急冷换热器。急冷换热器与汽包所构成的发生蒸汽的系统称为急冷锅炉，也有将急冷换热器称为急冷锅炉或废热锅炉的。使用急冷锅炉有两个主要目的：一是终止裂解反应；二是锅炉给水吸收裂解气热量变成蒸汽，回收废热。

（2）直接急冷　直接急冷的方法是在高温裂解气中直接喷入冷却介质，冷却介质被高温裂解气加热而部分汽化，由此吸收裂解气的热量，使高温裂解气迅速冷却。根据冷却介质的不同，直接急冷可分为水直接急冷和油直接急冷。

（3）急冷方式的比较　直接急冷设备费用相对较少，操作简单，系统阻力小。由于是冷却介质直接与裂解气接触，传热效果较好。但形成大量含油污水，油水分离困难，且难以利用回收的热量。而间接急冷对能量利用较合理，可回收裂解气被急冷时所释放的热量，经济性较好，且无污水产生，故工业上多用间接急冷。

2. 急冷锅炉

从生产乙烯的管式裂解炉出来的裂解气温度超过700℃，为了防止高温下乙烯、丙烯等目的产品发生二次反应引起结焦、烯烃收率下降及生成经济价值不高的副产物，需要在极短的时间内把裂解气急冷下来。

急冷锅炉，既能把高温气体在极短时间内冷却到终止二次反应的温度以下，又能回收高温裂解气中的热能产生高压蒸汽，是乙烯装置中工艺性非常强的关键设备之一。

急冷锅炉由急冷换热器与汽包所构成的水蒸气发生系统组成（见图3-20），急冷换热器常称作在线换热器（transfer-line exchanger，常以TLE或TLX表示）。温度高达800℃高温裂解气进入急冷换热器管内，要在极短的时间（一般在0.1s以下）下降到350～600℃，管外走高压热水，压力为11～12MPa，在此产生高压水蒸气，出口温度为320～326℃。因此急冷换热器具有热强度高、操作条件极为苛刻、管内外必须同时承受较高的温度差和压力差的特点，同时在运行过程中还有结焦问题。急冷换热器为双套管型的换热器，裂解气走内管，锅炉给水和产生的超高压蒸汽走内管和外管之间的环隙。

在裂解炉顶部平台上，每台炉子设置一个汽包，废热锅炉通过上升管和下降管与汽包相连，这个高度是由自然循环压头来决定的。汽包也叫高压蒸汽罐，因其工作压力为12.4MP，所以它属于高压容器。锅炉给水在急冷换热器和高压汽包之间形

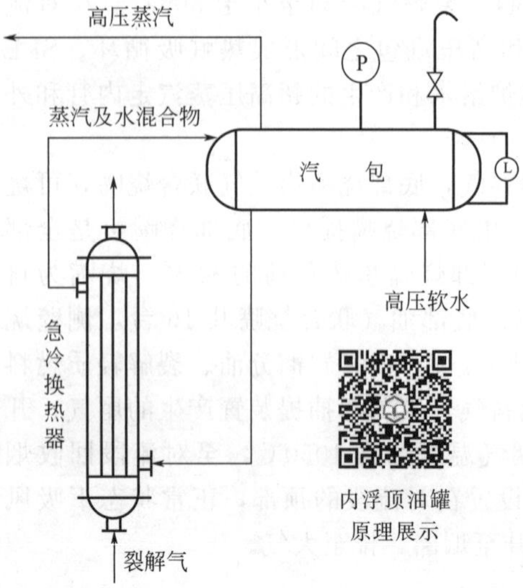

内浮顶油罐原理展示

图3-20　急冷锅炉结构图

成热虹吸循环。

3. 油急冷塔

裂解气经过急冷换热器后，先进入油急冷塔和水冷塔进行油洗和水洗。油洗的作用有两个：一是通过急冷油将裂解气继续冷却，并回收其热量；二是使裂解气中的重质油和轻质油冷凝洗涤下来回收，然后送去水洗。

4. 水急冷塔

水急冷塔的作用也有两个：一是通过水将裂解气继续降温到40℃左右，二是将裂解气中所含的稀释蒸汽冷凝下来，并将油洗时没有冷凝下来的一部分轻质油也冷凝下来，同时也可回收部分热量。

油急冷塔和水冷塔的急冷方式都属于直接急冷，用急冷剂与裂解气直接接触，急冷剂用油或水。

三、管式炉裂解技术的发展

为了实现"高温、短停留时间、低烃分压"的目标，提高烃类裂解的选择性，几乎所有构型的新炉型均采用了缩短管长的办法，如SRT-I型炉发展到SRT-Ⅵ型炉，管长由8程73m缩至2程25m；USC型炉由W型四程45m改为U型两程21m。而毫秒炉采用单程炉管，管长缩短为12m左右，停留时间降至0.1s以下。

缩短管长同时也降低了炉管中物料的压降，压降从原来的0.15MPa左右降到0.04MPa或更低，由于烃分压下降，选择性提高。

但缩短管长也带来了传热面积不足的缺点。为解决这个问题一方面可寻求耐更高温的炉管材料，增加炉管表面的热强度。例如，炉管材料从HK-40（耐温1040℃）发展到HP-40（耐温1150℃）和28Cr48Ni钢（耐温1200℃）。另一方面可缩小管径以增加比表面积（单位体积炉管的表面积）来提高传热面积，使壁温下降。SRT-Ⅱ、Ⅲ、Ⅳ炉管由于在入口处采用了多根小直径管，因而比表面积由SRT-Ⅰ型炉管的$34m^2/m^3$提高到$40m^2/m^3$左右，而毫秒炉炉管由于内径只有25mm，因而比表面积可高达$160m^2/m^3$，为一般分支变径管的3.2～4.0倍。比表面积增大为提高供热量、缩短停留时间创造了条件。

管式炉裂解技术的发展见表3-6，经过改进，乙烯收率均有明显提高。

表3-6 管式炉裂解技术的发展（20世纪）

年代	60年代	70年代	80年代和90年代末
特点	中等深度	高深度，高选择性	高深度，高选择性，大生产能力
裂解温度/℃	760～780	800～860	800～920
停留时间/s	0.8～1.2	0.25～0.60	0.03～0.15
乙烯生产能力/(kt/a)	10～15	25～35	0～120
乙烯收率(全沸程石脑油单程收率)/%	18～24	23～30	24～34
辐射段炉管平均热强度/[MJ/(m^2·h)]	167.5	210～293	293～356
炉膛热强度/[MJ/(m^3·h)]	167.5～335	210～628	628～1050
炉膛温度/℃	950～1000	1000～1100	1100～1200
炉管金属允许温度/℃	950	1000～1100	1100～1200
炉管配置	卧式	立式	立式
炉管形状	等径管	等径管，变径管	等径管，变径管，椭圆管
炉管材料	Cr18Ni8	Cr25Ni20	Cr25Ni20，Cr25Ni35NbW，28Cr48Ni5W，35Cr45Ni
处理原料	石脑油	石脑油，柴油	石脑油，柴油，减压柴油，加氢尾油

四、裂解炉和急冷锅炉的清焦

烃类裂解过程中除生成各种烃类产物外，同时有少量炭生成（特别是不可避免发生的二次反应），这种炭是数百个碳原子稠合形成的，其中碳含量在95%以上，还有少量的氢。通常把这种炭称为焦，焦结聚于管壁的过程称为结焦。

结焦过程使裂解炉和急冷锅炉的管壁形成焦层，焦层的形成不仅影响传热效果，其热阻还使炉管管壁的温度不断上升影响炉管寿命；焦层的形成也增加了炉管的阻力降，影响裂解反应的正常进行；炉管中焦炭剥落或脱落，堵塞裂解炉管或废热锅炉进口；当急冷锅炉出现结焦时，除阻力较大外，还会引起急冷锅炉出口裂解气温度上升，导致减少副产高压蒸汽的回收，并加大急冷油系统的负荷。因此，必须对裂解炉和急冷锅炉定期进行清焦。

当出现以下任何一种情况，都应进行清焦。

① 裂解炉辐射盘管管壁温度超过设计规定。炉管材质为HK-40时，其管壁温度限制在1050℃左右；炉管材质为HP-40时，管壁温度限制在1120～1150℃左右。

② 裂解炉辐射段入口压力增加值超过设计值。一般限定其值低于60～70kPa。

③ 裂解炉计划停车或紧急停车。

④ 急冷锅炉出口温度超过设计允许值或急冷锅炉进出口压差超过设计允许值。废热锅炉出口温度的机械设计极限值不允许超过525℃。

⑤ 当裂解炉由于事故情况如停电、停止进料或联锁停车时，应进行清焦。如果操作一段时间后已被冷却下来，而不进行清焦就重新开车操作，所结的焦通常会剥落而堵塞炉管或废热锅炉，这些疏松的焦炭在裂解炉重新加热并按正常程序清焦之前必须除去。可设置一个临时管道完成此工作。如果裂解炉投油操作不久就停车，产生结焦的可能性很小时，就没有必要清焦。

裂解炉辐射管的焦垢可采用蒸汽清焦法、蒸汽-空气清焦法或空气烧焦法进行清理。这些清焦方法的原理是利用蒸汽或空气中的氧与焦反应气化而达到清焦的目的。实际清焦过程中，裂解炉辐射盘管中的焦垢相当部分是剥落为碎焦块，经吹扫而得以清理。

蒸汽-空气烧焦法是在裂解炉停止烃进料后，加入空气，对炉出口干气分析，逐步加大空气量，当出口干气的（$CO+CO_2$）含量低于0.2%～0.5%（体积分数）后清焦结束。

通入空气和水蒸气烧焦的化学反应为：

$$C+O_2 \longrightarrow CO_2$$

$$C+H_2O \longrightarrow CO+H_2$$

$$CO+H_2O \longrightarrow CO_2+H_2$$

由于氧化（燃烧）反应是强放热反应，故需加入水蒸气以稀释空气中的氧的浓度，以减慢燃烧速率。烧焦期间，不断检查出口尾气的二氧化碳含量。在烧焦过程中裂解管出口温度必须严格控制，不能超过750℃，以防烧坏炉管。

空气烧焦法除在蒸汽-空气烧焦法的基础上提高烧焦空气量和炉出口温度外，逐步将稀释蒸汽量降为零，主要烧焦过程为纯空气烧焦。此法不仅可以进一步改善裂解炉辐射管清焦效果，而且可使急冷换热器在保持锅炉给水的操作条件下获得明显的在线清焦效果。采用这种空气清焦方法，可以使急冷换热器水力清焦或机械清焦的周期延长到半年以上。近几年，越来越多的乙烯厂在采用空气烧焦法。

在裂解炉清焦时，急冷锅炉炉管的焦垢可被部分清除。其清焦的程度取决于急冷锅炉的结构和裂解炉的清焦方法。当裂解炉采用蒸汽清焦或低空气量的蒸汽-空气清焦方法，而急冷锅炉是采用非在线清焦急冷锅炉时，在裂解炉清焦期间急冷锅炉炉管的焦层清理效果甚微。此时，一般须在裂解炉 1～2 次清焦周期内对急冷锅炉进行水力清焦或机械清焦。如果采用在线清焦急冷锅炉，可以在裂解炉 3 个清焦周期以上进行急冷锅炉水力清焦或机械清焦。目前，多采用的大空气量的空气烧焦法，除改善了裂解炉辐射管的清焦效果外，急冷锅炉焦垢也可同时在线清焦，这样，可将急冷锅炉的水力清焦或机械清焦的周期延长到半年以上。

五、优化裂解炉操作，达到节能降耗目的

裂解系统作为乙烯装置的核心，其能耗大约占整个装置能耗的 70%～80%。裂解系统能耗的多少决定了装置的能耗水平。通过优化裂解炉操作的方法，达到节能降耗的目的。

（1）优化裂解炉的运行　降低裂解炉的裂解深度，强化裂解炉的优化操作管理，实时关注裂解原料变化，并进行分析及调整，实现最优产品分布。

（2）优化裂解原料　严控原料品质，根据入厂原料日报分析，及时调整注硫量。轻、重石脑油分别送进不同的裂解炉，分储分炼投用。

（3）优化裂解炉辐射管结构　辐射管是决定裂解选择性、提高烯烃收率、提高对裂解原料适应性的关键。改进辐射管的结构，成为管式裂解炉技术发展中最核心的部分。

扬子石化乙烯装置 SRT-Ⅲ型裂解炉，在运行过程中出现辐射管严重弯曲变形（见图 3-21），炉管的使用寿命缩短，管内结焦速率加快，影响了裂解炉的长周期运行和装置的安全稳定生产，影响了乙烯收率。需要优化炉管结构和优化炉管系统支吊架布置。

(a) 实物图(一)　　(b) 实物图(二)

图 3-21　SRT-Ⅲ型裂解炉运行期间辐射段炉管弯曲实物图

（4）优化工艺操作及现场管理，提高裂解炉的热效率

① 裂解炉正常运行过程中，加强检查炉膛内火嘴燃烧状况是否良好，根据火嘴燃烧情况调整风门的开度。若是火嘴烧坏或堵塞，要及时更换和清理疏通，防止炉管因局部过热造成炉管结焦和保温变形。

② 控制烟气氧含量。

③ 关注炉子密闭性，降低热量损失。日常操作中要检查观火孔、点火孔是否关闭或者损坏，一定要及时处理，减少冷空气漏入。

（5）优化烧焦方案，缩短烧焦时间　裂解炉烧焦是完全耗能工况。通过调整稀释蒸汽和

空气的配比，及时分析烧焦气中 CO、CO_2 含量，并在纯空气烧焦阶段切换侧壁火嘴，使炉子充分受热，这可有效减少烧焦时间。

另外，烧焦时间过长和过短都是不好的。烧焦时，炉子温度高，对流段温度比正常运行温度高，辐射段易出现超过炉管最高允许值的热点，若烧焦时间过长，必然会对炉管造成损害，缩短其使用寿命，增加维护费用。若烧焦时间短，烧焦不彻底，会造成下次清焦周期短，影响生产。

知识 4　烃类热裂解的工艺流程

裂解工艺流程包括原料加热及反应系统、急冷锅炉及高压水蒸气系统、油急冷及燃料油系统、水急冷和稀释水蒸气系统。图 3-22 所示为管式裂解炉典型工艺流程。

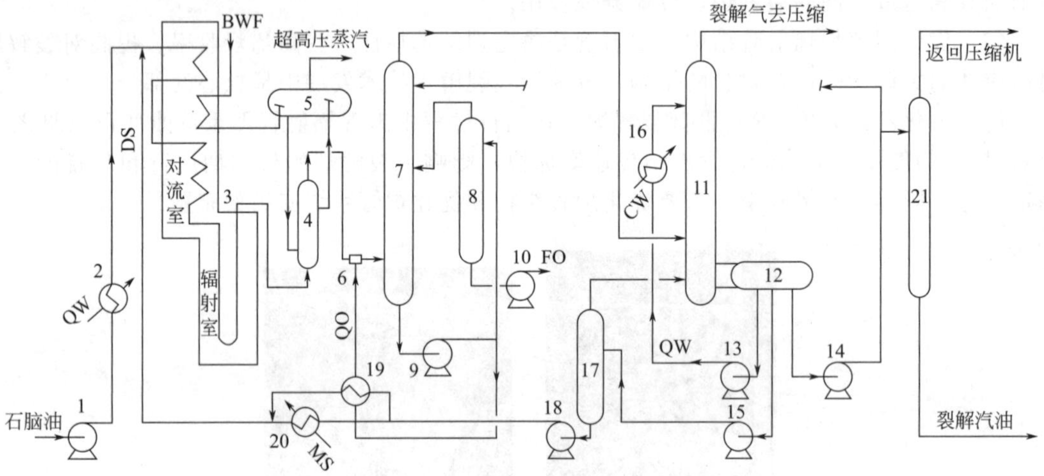

图 3-22　管式裂解炉典型工艺流程图

BWF—锅炉给水；QW—急冷水；QO—急冷油；FO—燃料油；CW—冷却水；MS—中压蒸汽；
1—原料油泵；2—原料预热器；3—裂解炉；4—急冷换热器；5—汽包；
6—急冷器；7—汽油分馏塔（油冷塔）；8—燃料油汽提塔；9—急冷油泵；10—燃料油泵；
11—水洗塔；12—油水分离器；13—急冷水泵；14—裂解汽油回流泵；15—工艺水泵；
16—急冷水冷却器；17—工艺水汽提塔；18—工艺水泵；19，20—稀释蒸汽发生器；21—汽油汽提塔

一、原料加热及反应系统

由原料罐区来的石脑油等原料换热后，与 DS（180℃，0.55MPa）按相应的油汽比混合进入裂解炉对流段加热后进入辐射段。物料在辐射段炉管内迅速升温进行裂解反应（以控制辐射炉管出口温度 COT 的方式控制裂解深度，COT 大约为 800～900℃）。裂解气出口温度 COT 通过调节每组炉管的烃进料量来控制，要求高于裂解气的露点（裂解气中重组分的露点），若低于露点温度，则裂解气中的较重组分有一部分会冷凝，凝结的油雾黏附在急冷换热器管壁上形成流动缓慢的油膜，既影响传热，又容易发生二次反应。

应根据炉子总的烃进料量来确定调节侧壁燃料气总管压力：底部烧气时，燃料气在压力控制下进入炉子的底部烧嘴。底部烧油时，燃料油在流量控制下进入炉子的底部烧嘴。按设计条件，底部烧嘴能提供整台炉子 30%～40%的热负荷。

二、急冷锅炉及高压水蒸气系统

从裂解辐射炉管出来的裂解气进入急冷换热器，与326℃的高压锅炉给水换热迅速冷却以终止二次反应。管式换热器间接换热是使裂解气骤冷的重要设备。它使裂解气在极短的时间（0.01～0.1s）内，温度由约800℃下降到560℃左右。急冷换热器与汽包相连的热虹吸系统，在12.4MPa的压力条件下产生超高压蒸汽（SS）。锅炉给水（BFW）由对流段预热后进入锅炉蒸汽汽包。

三、油急冷及燃料油系统

从急冷换热器出来的裂解气，进入急冷器。在急冷器内，用循环急冷油直接喷淋，裂解气与急冷油直接接触冷却至250℃以下，然后汇合送入油冷塔（也叫汽油分馏塔）。在油冷塔，裂解气进一步被冷却，裂解燃料油从油冷塔底抽出，被泵送到燃料油汽提塔，用汽提蒸汽将裂解燃料油汽提，提高急冷油中馏程在260～340℃馏分的浓度，有助于降低急冷油黏度。塔底的燃料油通过燃料油泵送入燃料油罐。

四、水急冷和稀释水蒸气系统

油冷塔顶的裂解气，通过和水冷塔中的循环急冷水直接接触进行冷却和部分冷凝，温度冷却至28℃，水冷塔的塔顶裂解气被送到裂解气压缩工段。

急冷水和稀释水蒸气系统的生产目的是用水将裂解气继续降温到40℃左右，将裂解气中所含的稀释蒸汽冷凝下来，并将油洗时没有冷凝下来的一部分轻质油也冷凝下来，同时也可回收部分热量。稀释蒸汽发生器接收工艺水，发生稀释蒸汽送往裂解炉管，作为裂解炉进料的稀释蒸汽，降低原料裂解中烃分压。

知识5 裂解炉的安全操作及常见故障处理方法

一、裂解炉的安全操作及运行维护

1. 裂解炉的安全操作

严格遵守操作规程及有关要求，禁止在超温、超压、超负荷或过低负荷下运行，裂解炉的安全操作与工艺、设备紧密相连，一般裂解炉的火灾、爆炸原因有以下几点：

① 燃料的压力降低，造成火嘴熄灭，在压力恢复后，未经分析合格即点火；

② 燃料调节阀失灵，燃料过多，使燃烧不完全；

③ 大幅度改变燃料性能，烧嘴不能适应燃料，造成燃烧不完全；

④ 助燃空气流量急剧变化；

⑤ 燃烧空气系统不良，燃烧用空气不足；

⑥ 被加热流体的温度计测量不准，造成燃料过多而使燃烧不完全，炉管过热导致炉管破裂；

⑦ 炉管局部超温产生过热，导致炉管破裂；

⑧ 炉管寿命太短，因蠕变、渗碳、腐蚀等原因造成炉管破裂；

⑨ 炉管内流量降低，使炉管过热产生破裂；

⑩ 炉管内严重结焦，使炉管过热破裂；

⑪ 燃料带液，造成炉膛正压，向外喷火；

⑫ DS 带水造成炉管断裂；

⑬ 在炉管内有焦的情况下，紧急停炉，因焦和炉管的膨胀系数相差较大，会使炉管破裂。

2. 裂解炉的运行维护

① 严格遵守操作规程及有关要求，禁止在超温、超压、超负荷或过低负荷下运行。如遇特殊情况需要，须经有关职能部门审定签字，并报请主管领导批准。

② 避免单个火嘴火焰过长、过大、冒烟、舔管，尽量保持多火嘴齐火苗。

③ 在保证燃烧完全、炉膛明亮、无混浊的条件下，加强三门一板（油门、气门、风门和烟道挡板）的调节，将过剩空气降到最低，维持高效率运行。

④ 严密监视辐射段炉管的温度、压力、流量等指示，遇有异常情况必须查明工艺或设备原因，及时调整消除。

⑤ 在火焰区停用的烧嘴应稍开蒸汽加以保护。

⑥ 定期拆装、清理烧嘴。

⑦ 对热电偶、氧含量分析仪、负压计等监测设施，应定期校验和维护清理、检查，发现问题及时处理。加强对联锁报警系统的维护管理，使之灵敏可靠。

⑧ 仪表控制系统（包括计算机）应定期检查，保证处于完好状态。

二、常见故障及处理方法

常见故障及处理方法见表 3-7。

表 3-7　常见故障及处理方法

序号	故障现象	故障原因	处理方法
1	炉管断裂	(1)渗碳	(1)更换炉管
		(2)热冲击	(2)更换炉管
		(3)蠕变	(3)定期检测裂纹和更换炉管
		(4)超温	(4)定期检查、测温，及时调整炉膛温度分布
		(5)水锤	(5)避免水锤
		(6)冷脆	(6)避免 DS 带水
2	吊耳断裂	(1)高温蠕变	(1)更换
		(2)受力不均匀	(2)调整、更换
		(3)炉管重量超过设计值	(3)调整弹簧吊架，保证受力均匀
3	弯头断裂穿孔	(1)机械冲蚀	(1)更换炉管
		(2)热冲击	(2)更换炉管
		(3)热疲劳	(3)调整炉膛温度分布，减少热应力
		(4)炉管弯曲失去导向功能	(4)更换导向管
4	炉管弯曲	(1)炉管受热不均匀	(1)调节燃烧模型
		(2)炉管悬吊系统调节不当	(2)调整弹簧吊架或重锤
		(3)导向管卡涩	(3)检查调整导向孔填塞材料及间隙，或更换导向管
		(4)炉管管壁过薄	(4)更换弯曲的炉管

续表

序号	故障现象	故障原因	处理方法
5	炉膛正压	(1)引风机能力不够	(1)检查修理或更换引风机
		(2)对流段炉管泄漏	(2)检查更换对流段炉管
		(3)烟道挡板卡涩失灵	(3)检查修复烟道挡板
		(4)过剩空气量太大	(4)调整燃烧状态减少过剩空气量
		(5)吹灰器泄漏	(5)检查修理吹灰器
6	烧嘴燃烧不正常	(1)烧嘴结焦堵塞	(1)检查清理
		(2)雾化蒸汽配比不足	(2)调整雾化蒸汽配比
		(3)设计结构不合理	(3)改进设计结构
		(4)选材不合理	(4)改进材料
		(5)安装尺寸不合理	(5)检查调整安装尺寸
		(6)风门开度不对	(6)调整风门开度
		(7)燃料气带液	(7)注意排液
7	锅炉给水管爆裂	(1)锅炉给水阀无限位或限位失灵	(1)检查调整锅炉给水阀限位
		(2)汽包液位计失灵,造成供水中断	(2)检查修理汽包液位计
		(3)锅炉给水阀阀位与控制信号不符	(3)校准阀位
		(4)操作失灵	(4)加强操作管理
8	废热锅炉内管泄漏	(1)腐蚀	(1)加强锅炉给水水质管理
		(2)机械损伤	(2)加强运行管理避免运行时间过长,文明清焦
		(3)焊接缺陷	(3)修理或更换内管
		(4)应力过高	(4)更换内管,定期检测内管腐蚀情况
9	耐火衬里损坏	(1)局部超温	(1)局部修复或更换
		(2)锚固件脱落或变形	(2)更换锚固件
		(3)裂纹扩展	(3)裂纹修补
		(4)耐火材料热稳定性不好	(4)改用热稳定性好的材料
		(5)烧嘴燃烧不好	(5)调整烧嘴雾化蒸汽和进风量
		(6)升降温速率过快	(6)严格控制升降温速率

知识6 裂解反应岗位工作要求

裂解反应岗位工作要求包括工艺操作、设备使用与维护、事故判断与处理、绘图与计算，工艺操作包括开车准备、开车操作、正常操作、停车操作。裂解反应岗位工作要求见表 3-8。

表 3-8　裂解反应岗位工作要求

职业功能	工作内容	技能要求	相关知识
工艺操作	（一） 开车准备	1. 能引水、汽、风等介质进装置 2. 能改开车流程 3. 能做好系统隔离操作 4. 能配合仪表工对联锁、控制阀阀位进行确认 5. 能识读分析单内容 6. 能对机组进行油洗、建立油循环 7. 能投用换热设备，开、停、切换重要机泵 8. 能完成室内集散性控制系统（DCS）开车准备 9. 能独立完成吹扫、气密、置换工作 10. 能完成裂解炉、急冷系统吹扫、气密流程设定 11. 能将盘油、急冷油、急冷水引进系统内 12. 能完成蒸汽热炉的开车 13. 能建立虹吸系统 14. 能完成液化气、重质燃料油的接收 15. 能完成向高压汽包充水，投用排污系统 16. 能投用引风机	1. 装置工艺流程 2. 开车前准备注意事项及方案 3. 系统隔离注意事项 4. 一般工艺、设备联锁知识 5. 公用工程知识 6. 装置吹扫、气密、试压知识 7. 链烷烃裂解反应 8. 烯烃聚合反应 9. 环烷烃脱烷基与开环裂解反应 10. 烷基芳烃脱烷基反应 11. 芳烃缩合反应的原理 12. 虹吸系统投用方法 13. 稀释蒸汽发生系统的投用方法 14. 裂解原料的特性参数含义：族组成（PONA 值）、烃组成、氢含量、碳氢比、氢饱和度、沸点、馏程关联指数、特性因数（K）
	（二） 开车操作	1. 能完成裂解炉的投料 2. 能完成急冷水、急冷油塔的开车 3. 能将燃料气引入系统 4. 能建立虹吸系统 5. 能对急冷水的 pH 值进行调整 6. 能对裂解炉出口温度、炉膛负压、过剩空气量进行调整 7. 能对高压汽包进行连续排污和间歇排污	1. 启动风机步骤 2. 投用急冷水、急冷油的步骤 3. 裂解炉炉管材质与操作条件的关系 4. 高压汽包排污的作用
	（三） 正常操作	1. 能配制与添加助剂、添加剂 2. 能根据分析结果调节工艺参数 3. 能运用常规仪表、集散型控制系统（DCS）操作站对工艺参数进行常规调节	1. 常规仪表知识 2. 助剂、添加剂的性质与作用 3. 分析项目、取样点、频率控制值
	（四） 停车操作	1. 能根据停车程序停止进料 2. 能运行大型机泵 3. 能完成处理退料、倒空、水洗、置换等工艺处理 4. 能完成处理停料后的操作调整	1. 停车方案有关注意事项 2. 三废排放流程及处理注意事项 3. 物料倒空置换的相关知识 4. 环境保护的有关知识规定

续表

职业功能	工作内容	技能要求	相关知识
设备使用与维护	(一)使用设备	1. 能开、停、切换常用机泵等设备 2. 能使用测速、测振、测温等仪器 3. 能对仪表参数整定提出修改建议 4. 能投用塔、罐、反应器、加热炉等设备 5. 能完成大型机组润滑油泵的切换操作 6. 能完成裂解炉的切换工作 7. 能完成换热器的开、停及切换工作 8. 能操作燃料气系统 9. 能投用及切除废热锅炉	1. 机泵的操作方法 2. 设备操作流程 3. 测速、测振、测温等仪器使用方法 4. 基本的机械密封知识 5. 大型机组润滑油泵切换注意事项 6. 裂解炉切换要点 7. 废热锅炉的结构和操作要点 8. 燃料气系统操作要点
	(二)维护设备	1. 能完成设备日常检查,确认设备油路畅通、润滑充分、无渗漏点、紧固牢靠、防护有效 2. 能及时发现设备运行过程中出现的油乳化异常杂音等问题 3. 能做好设备的清洁、润滑工作 4. 能完成设备的防冻防凝工作 5. 能参与设备大检修工作,配合有关工作人员做好施工验收、调试工作 6. 能完成设备(管线)堵漏、换垫片、换装填料、抽堵盲板、更换过滤器(网)及清理等检修工作 7. 能配合有关工种进行检修工作和设备常见故障的排除 8. 能完成机组检修前后氮气置换操作	1. 设备完好标准 2. 设备密封知识 3. 设备泄漏、润滑、冷却知识 4. 设备运行周期 5. 润滑油、脂的使用知识及管理 6. 设备检修有关知识
事故判断与处理	(一)判断事故	1. 能对阀门、机泵、加热炉等进行常规的维护保养 2. 能判断反应器、罐、换热设备等压力容器的泄漏事故 3. 能判断冲塔、淹塔、冻塔等常见故障 4. 能判断一般性着火事故的原因 5. 能判断一般产品质量事故 6. 能通过看、听、摸、闻判断现场设备、管线的泄漏及电机、机泵轴承温度等异常情况	1. 换热设备等压力容器的结构及使用条件 2. 阀门、机泵常见故障判断方法 3. 仪表、电气联锁知识 4. 设备故障判断知识 5. 产品主要控制指标
	(二)处理事故	1. 能处理工艺和设备故障 2. 能配合仪表、电气人员处理常见仪表电气故障 3. 能根据操作参数变化趋势,判断异常情况并能对现场发生情况进行处理 4. 能处理装置一般性着火事故 5. 能处理机泵、管道、法兰、阀门的泄漏事故 6. 能处理一般产品质量事故 7. 能处理设备的超温、超压、超电流等异常现象 8. 对事故隐患提出整改意见 9. 能处理 CO_2、H_2S 等中毒事故 10. 能处理冲塔、淹塔、冻塔等事故 11. 能完成紧急停车操作 12. 能按指令处理装置停原料、水、电、风、蒸汽、燃料等突发事故,能处理以下事故(故障): ①急冷油稠度高 ②急冷水乳化 ③急冷水带油 ④汽油带水 ⑤稀释蒸汽带油、带水 ⑥炉膛压力波动 ⑦燃料气系统波动 ⑧急冷油泵、盘油泵抽空等事故	1. CO_2、H_2S 中毒机理及救护知识 2. 仪表、电气一般知识 3. 常见事故应急预案及紧急停车方案 4. 急冷油稠度调整方法 5. 急冷水乳化、带油处理方法 6. 汽油带水处理方法 7. 稀释蒸汽带油、带水处理方法 8. 急冷油泵、盘油泵紧急处理方法

续表

职业功能	工作内容	技能要求	相关知识
绘图与计算	(一) 绘图	1. 能绘制装置工艺流程图 2. 能识读工艺配管图和简单设备结构图	1. 设备简图知识 2. 化工识图基本知识 3. 设备简图知识
	(二) 计算	1. 能完成班组经济核算 2. 能完成简单物料平衡计算 3. 能计算物料转化率、收率、产率、汽烃比、氢烃比、压缩比、回流比、催化剂和助剂加入量等	1. 班组经济核算方法 2. 物料平衡计算方法 3. 转化率、收率、产率、汽烃比、氢烃比、压缩比、回流比计算方法及单位换算 4. 催化剂、助剂配比计算方法及单位换算

素质拓展

乙烯裂解装置降本增效、节能降耗效果显著

2022年一季度，中国石化广州分公司化工一部裂解装置职工多措并举，实现装置节能减耗、降本增效。1月乙烯生产计划完成率为101.6%，在中国石化集团公司排名第一；获得综合指标节能率和乙烯装置竞赛现金操作费用2颗红星。2月装置平稳率为99.32%，在中国石化集团公司乙烯装置运行专项竞赛中排名第一！

1. 降本增效有措施

原料石脑油价格上涨，3月，裂解装置进一步优化原料结构，将丙丁烷作为裂解原料。在当前“1台石脑油+3台轻石脑油+2台加氢尾油”6台炉投料模式的基础上，通过投用丙丁烷，减少石脑油的使用，首次实现“0台石脑油+3.5台轻石脑油+2台加氢尾油+0.5台丙丁烷共裂”的投料模式，丙丁烷投料量达到5t/h。在投用丙丁烷、退出石脑油过程中，裂解装置先后解决了裂解炉运行不稳定、超高压蒸汽产量降低、裂解气压缩机轴位移偏高、丙烯精馏塔循环丙烷量过大等难题。一季度，乙烯收率、丙烯收率、双烯收率均实现三连升！

2. 平稳运行有技巧

平稳生产就是最大的创效。乙烯裂解装置以精细操作为抓手，以每周系统报警数量为评估依据，压实责任，狠抓关键参数平稳控制，着力提高内操盯表和外操巡检质量。加强员工培训考核，在裂解、压缩工序针对五炉运行方案及应急预案对在岗人员进行提问，将精准培训落到实处。加强生产运行精管理，做到生产变更操作有指令、有规程、有确认、有监督。2月装置平稳率为99.32%，在集团公司乙烯装置运行专项竞赛中排名第一！

3. 节能降耗有思路

为降低燃料气用量，装置在全力稳定在线裂解炉运行的同时，将热备用炉改为冷备用，降低燃料气消耗；动态调整空气预热器投用，充分利用装置低温余热，优化裂解炉燃烧状况；在确保装置超高压蒸汽产量满足生产需求的情况下，精细调控各炉裂解深度，减少甲烷、氢气富余量，平衡装置燃料气；加强巡检维护，认真监控烧嘴燃烧情况，及时更换堵塞烧嘴，确保裂解炉辐射段热场分布均匀。一季度，燃料气单耗实现三连降。

在降低蒸汽用量方面，装置人员通过优化稀释蒸汽发生塔操作压力，尽量减少中压蒸汽补入量；精细调控裂解气压缩机、丙烯机透平凝汽阀开度，减少凝液量，增加产气量。一季度，蒸汽单耗同比降低14.5%。

职业知识

乙烯裂解班长岗位工作标准及职责

岗位名称	裂解班长	所属部门	化工一部
直接上级岗位名称	裂解工艺员、裂解设备员、裂解安全员、行政管理、经济管理		
直接下级岗位名称	裂解内操、裂解外操		
岗位属性	技能操作	岗位定员人数	6
工作形式	倒班(5-3倒)	岗位特殊性	高温、噪声

岗位工作概述：

裂解班长要求已取得裂解内操及外操岗位任职资格，并熟悉本岗位的一岗一责制，服从主管、工艺员的领导，配合值班长的各项工作，负责裂解工序的生产平稳，完成上级下达的各项生产任务。负责本班的全面工作，包括班组的考勤工作等。

全面负责裂解工序的生产，包括裂解炉、裂解进料系统、急冷系统的安全运行，根据原料及上下游装置情况，在值班长的指导下，有权对生产进行适当调整。

负责班组的HSE(健康、安全与环境)、质量、消防、ERP(企业资源规划)和内控管理

岗位工作内容与职责

编号	工作内容	权责	时限
1	配合值班长的各项工作；完成主管、工艺员和值班长布置的各项工作	负责	日常性
2	具体负责班组工艺质量各项指标的完成，如产品不合格联系复查，并及时进行相应处理。发现异常及时处理，确保生产安全平稳	负责	日常性
3	负责组织班员进行生产重大操作，如裂解炉切换等，并及时通知值班长。根据生产需要指导内操对工艺参数进行调节，指导外操进行现场操作	负责	日常性
4	按照全时程巡检制度要求对本工序的生产装置进行巡检，发现问题及时处理或汇报	负责	日常性
5	负责组织班员进行装置开停工方案的实施	负责	阶段性
6	负责班组人员的考勤、班组工作的安排和交接班会以及本班工艺纪律和劳动纪律的执行	负责	日常性
7	贯彻执行上级HSE的指令和要求，全面负责裂解(班组)的安全生产；教育职工遵章守纪，制止违章行为	负责	日常性
8	全面负责裂解工序的生产，包括裂解炉、进料系统、急冷系统的安全运行，根据原料及上下游装置情况，在值班长的指导下，有权对生产进行适当调整	负责	阶段性
9	负责裂解岗位生产设备、环保设施、安全装备、消防设施、防护器材和急救器具的检查维护工作；使其保持完好和正常运行。督促教育职工合理使用劳动防护用品、用具，正确使用灭火器材	负责	临时性

岗位工作关系

内部联系	生产调度部、检验中心、信息仪控中心、动力事业部、公用工程部
外部联系	

岗位工作标准

编号	工作业绩考核指标和标准
1	认真执行工艺纪律和重要参数核对制度，做到工艺操作不超工艺指标。若不按工艺操作规程操作，造成工艺参数大幅度波动，如裂解炉COT波动超过5℃，经查实是操作原因的；因操作原因造成裂解炉发生SD1或SD2的联锁，视事故影响程度按《化工一部经济责任制考核》进行考核
2	认真、按时做好班前预检、交接班以及各项记录。若不按规定预检、不按规定站队交接班、不按规定记录的，按《化工一部经济责任制考核》进行考核
3	认真执行巡回检查制度，“定人、定时、定路线、定内容”，巡检工具齐全好用(新老三件宝)，按照巡检路线对装置设备进行巡检、挂牌，及时做好设备缺陷登记和消缺工作，发现现场漏点并及时登记挂牌。巡检中出现有漏项的，按《化工一部经济责任制考核》进行考核
4	设备维护实行定机、定期保养制度，并按分公司全面规范化生产维护(TNPM)管理要求，做好现场精细管理。如备用泵要定期盘车、切换，盘车标志应规范、清晰，并有相应的记录；带自启动联锁的机泵必须投用联锁；确保机泵的冷却系统、机封冲洗系统、油路系统畅通，注意监测裂解炉的引风机轴承振动或轴承温度趋势上升等。若设备维护保养执行不好，视事故影响程度按《化工一部经济责任制考核》进行考核
5	严格执行消防管理制度规定，消防器材设施的使用做到“四懂”“三会”，会使用消防、气防器材和设施。未执行的，按《化工一部经济责任制考核》进行考核

续表

<table>
<tr><th colspan="7">岗位工作标准</th></tr>
<tr><td>编号</td><td colspan="6">工作业绩考核指标和标准</td></tr>
<tr><td>6</td><td colspan="6">认真组织开展班组HSE活动，有细则、有计划、有落实、有考核。按要求开展事故预案演练，做好记录。未执行的，按《化工一部经济责任制考核》进行考核</td></tr>
<tr><td>7</td><td colspan="6">严格执行设备润滑管理制度，做到“五定”“三级过滤”；润滑油库房地面瓷盘应无积油；润滑油应有分类标志；机泵油位标识及油质应符合要求；加油做好记录；认真保管好润滑油库房钥匙；设备应保持油视镜、油杯干净。对违反设备润滑管理制度的，按《化工一部经济责任制考核》进行考核</td></tr>
<tr><td>8</td><td colspan="6">按时参加每月一考、技能考核、特殊工种取证、系统操作上岗等考试。做好班组管理手册中的岗位培训记录；按要求完成每日一题出、答、评题。未完成或完成不好的，按《化工一部经济责任制考核》进行考核</td></tr>
<tr><td>9</td><td colspan="6">当班期间生产出现异常时，执行汇报制度，及时汇报生产情况；及时向调度汇报较大生产调整情况及调度指令执行情况；出现生产事故及时上报。隐瞒生产事故（包括质量和设备事故、操作波动）不报及推迟不报的，按《化工一部经济责任制考核》进行考核</td></tr>
<tr><td>10</td><td colspan="6">裂解装置属分公司的关键生产装置。严格执行关键生产装置、重点部位管理制度。未执行的，按《化工一部经济责任制考核》进行考核</td></tr>
<tr><th colspan="7">岗位任职资格</th></tr>
<tr><td>学历要求</td><td colspan="2">中技以上文化程度</td><td colspan="2">专业要求</td><td colspan="2">高级工</td></tr>
<tr><td>知识技能要求</td><td colspan="6">(1)独立操作能力：熟练掌握本岗位操作技能，具备独立操作能力。
(2)应急应变能力：掌握应急预案，具备处理生产过程中出现突发异常或突发事故的能力。
(3)安全防护能力：有安全防护意识，会正确使用劳动安全防护用品，会正确使用基本消防器材。
(4)沟通能力：具有良好的语言能力和人际交往能力，能准确、清晰地表达自己的想法</td></tr>
<tr><td>年龄性别要求</td><td>性别</td><td>不限</td><td>年龄</td><td></td><td>其他</td><td></td></tr>
<tr><td>实践经验要求</td><td colspan="6">具有两年以上石油化工生产操作经历，其中在内操岗位上工作一年以上</td></tr>
<tr><td>培训要求</td><td colspan="6">裂解反应中级工试题掌握100%，裂解反应高级工试题掌握60%以上。
能画出本装置岗位流程图。
掌握本岗位的仪表控制和工艺联锁调节。
具备以下基本知识。
化学基础知识：无机化学基本知识、有机化学基本知识。
化工基础知识：流体力学知识、传热学知识、传质知识。
化工机械与设备，包括以下几方面内容：①设备工作原理，②设备保养基本知识，③设备安全使用常识，④常用阀门、法兰、管道及垫片的种类、规格和适用范围。
识图知识：三视图、工艺流程图和设备结构简图。
电工基本知识：电工原理基本知识和安全用电常识。
仪表基本知识：①仪表基本概念，②常用温度、压力、流量、液位测量仪表及基本概念，③计量知识，④常规仪表、集散控制系统(DCS)使用知识。
安全及环保知识：①安全生产、环保、工业卫生法律和法规，②安全技术规程，③环保基本知识，④消防、气防知识，⑤健康、安全与环境(HSE)管理体系基础知识。
质量管理知识：质量管理的标准知识、质量管理体系基本知识。
记录填写知识：运行记录、交接记录、设备保养记录、其他相关记录。
相关法律、法规知识</td></tr>
<tr><td>职业技术资格要求</td><td colspan="6">裂解反应高级工以上</td></tr>
<tr><td colspan="7">备注：</td></tr>
</table>

复习思考题

一、选择题

1. 下列选项中，（　　）工艺采用了USC型炉。

A. 鲁姆斯　　B. 斯通-韦伯斯特　　C. 凯洛格　　D. 三菱油化

2. 引起裂解炉出口温度波动的原因有（　　）。

A. 裂解原料压力波动　B. 火嘴燃烧不好　　C. 燃料压力不稳　　D. 炉膛负压不稳

3. 下列不能引起裂解炉出口温度波动的因素是（　　）。

A. 原料油压力波动　　B. 稀释蒸汽流量不稳　C. 裂解炉型不同　　D. 燃料压力不稳

4. 裂解炉紧急停车时，为了保护炉管不被损坏，应该保证（　　）的供给。

A. 原料　　B. 燃料　　C. 稀释蒸汽　　D. 高压蒸汽

5. 管式裂解炉使用规定中要求：出现（　　）情况时，必须对废热锅炉进行烧焦或清焦。

A. 废热锅炉出口温度超过设计值　　B. 废热锅炉出口压力超过设计值

C. 废热锅炉内管堵塞　　D. 废热锅炉内管阻力降超过设计值

6. 对于蒸汽-空气在线清焦技术的优缺点表述不正确的是（　　）。

A. 由于在线清焦，降低了开工率

B. 由于在线清焦，提高了开工率，增加了乙烯与蒸汽产量

C. 减少了裂解炉的升降温过程，延长了裂解炉管的使用年限

D. 可以由计算机控制自动清焦，也可以采用手动清焦

7. 裂解炉汽包锅炉给水供给故障时，下列处理不正确的是（　　）。

A. 迅速切断裂解炉原料和燃料　　B. 迅速打开锅炉给水供水阀和旁通阀

C. 关闭废热锅炉和汽包的各种排污阀　　D. 裂解炉紧急停车

8. 常压下乙烯的沸点是（　　）。

A. －47.7℃　　B. －61.8℃　　C. －82℃　　D. －103.9℃

9. 下列不属于乙烯装置生产特点的是（　　）。

A. 生产过程复杂，工艺条件多变　　B. 易燃、易爆、有毒、有害

C. 高温高压、低温低压　　D. 连续性不强

二、问答题

1. 什么叫烃类裂解？生产的目的是什么？

2. 什么叫一次反应、二次反应？为什么在生产中要促进一次反应、抑制二次反应？

3. 不同烃类热裂解的反应规律是怎样的？

4. 在烃类裂解工艺过程中，影响裂解过程的主要因素有哪些？

5. 管式裂解炉的工作原理是什么？

6. 裂解炉的基本结构有哪些？

7. 为什么要在裂解原料气中添加稀释剂来降低烃分压？常用的稀释剂是什么？其加入原则是什么？

8. 急冷包括几部分？目的是什么？

9. “油洗”及“水洗”的作用有哪些？

10. 简述烃类热裂解的工艺流程。

项目 4　裂解气净化处理

技能目标

1. 懂得脱除裂解气里酸性气体、炔烃、一氧化碳、水分的方法。
2. 熟悉裂解气预处理流程。

知识目标

1. 掌握裂解气组成。
2. 掌握裂解气酸性气体的脱除方法。
3. 掌握裂解气干燥方法。
4. 掌握裂解气炔烃脱除的方法。
5. 掌握甲烷化脱除一氧化碳的方法。

素质目标

1. 通过学习裂解气净化技术、工艺流程，养成遵守安全及环保职业道德和规范操作的职业素养，践行绿色低碳、清洁燃料生产，推动化工行业高质量发展。

2. 通过学习青年突击队在装置换剂检修、隐患排查等工作，以奋斗与奉献诠释石化青年的担当的案例，培养爱党爱国爱石化的情怀，树立勤奋努力、敬业奉献的职业素养。

技能训练

任务 1　酸性气体含量变化时碱系统的调整（现场模拟）

试题名称		酸性气体含量变化时碱系统的调整(现场模拟)			考核时间:15min			
序号	考核内容	考核要点	配分	评分标准	检测结果	扣分	得分	备注
1	准备工作	穿戴劳保用品	3	未穿戴整齐扣 3 分				
		工具、用具准备	2	工具选择不正确扣 2 分				

续表

序号	考核内容	考核要点	配分	评分标准	检测结果	扣分	得分	备注
2	理论认识	掌握酸性气体对装置的危害，至少答出五点危害。掌握碱洗的主要反应	25	未掌握酸性气体对装置的5点危害，少答一处扣5分				
				未掌握碱洗的主要反应，答漏一处扣5分				
3	系统调整	调整补碱量，调整碱循环量，调整补水量，调整黄油、废碱排放量	40	未调整补碱量扣10分				
				未调整碱循环量扣10分				
				未调整补水量扣10分				
				未调整黄油、废碱排放量扣10分				
4	分析检验	掌握碱洗控制指标，碱洗塔塔釜废碱浓度合格，碱洗塔出口气体酸性气体分析合格	25	未掌握碱洗塔塔釜废碱浓度合格标准扣10分				
				未掌握碱洗塔出口气体酸性气体合格标准扣15分				
5	工具	使用工具	2	工具使用不正确扣2分				
		维护工具	3	工具乱摆乱放扣3分				
6	安全及其他	遵守国家法规或企业规定	—	违规碱洗一次总分扣5分；严重违规停止操作			—	
		在规定时间内完成操作		每超时1min总分扣5分，超时3min停止操作			—	
合计			100					
否定项说明：若出现导致乙烯产品不合格等情况，该题为零分								

评分人：　　　　年　月　日　　　核分人：　　　　　　　　　年　月　日

任务 2　裂解气干燥器分子筛的装填操作（现场模拟）

试题名称		裂解气干燥器分子筛的装填操作（现场模拟）			考核时间：15min			
序号	考核内容	考核要点	配分	评分标准	检测结果	扣分	得分	备注
1	准备工作	穿戴劳保用品	3	未穿戴整齐扣3分				
		工具、用具准备	2	工具选择不正确扣2分				
2	装填准备工作	1. 检查罐内氧含量，确认符合进罐条件 2. 检查所装分子筛容积 3. 检查分子筛品质和品牌是否符合要求 4. 进罐对两种分子筛装填高度划线 5. 装填催化剂所需的工具是否合乎要求	30	未检查罐内氧气浓度扣10分				
				未核对所装填分子筛的容积扣5分				
				未核对两种分子筛的品种扣5分				
				未进罐对两种干燥剂要装填的高度进行划线扣10分				
				未检查装填所需工具扣5分				

续表

序号	考核内容	考核要点	配分	评分标准	检测结果	扣分	得分	备注
3	装填过程	1. 正确安装罐底部的格栅、金属丝网 2. 按装填要求正确装填干燥剂和瓷球	30	未检查格栅金属丝网的位置和状况扣5分				
				未使用规定的工具装填扣5分				
				未使用防护工具扣5分				
				未使用踏脚板扣5分				
				未均匀装填扣5分				
				未注意倾倒高度扣5分				
4	完成装填	1. 查、记录所装干燥剂和瓷球容积 2. 查上部金属丝网、格栅位置和状况 3. 确认无不当后封闭人孔	20	未记录所装容量扣5分				
				未检查上部金属丝网、格栅位置和状况扣5分				
				未检查有无工具遗留在罐内扣5分				

工艺知识

知识1　裂解气组成分析

一、裂解气组成

烃类经过裂解反应制得了裂解气，裂解气的组成是很复杂的，含有许多低级烃类，主要是甲烷、乙烯、乙烷、丙烯、丙烷与C_4、C_5，还有氢和少量乙炔、丙炔、一氧化碳、二氧化碳、硫化氢及惰性气体等杂质。表4-1为轻柴油裂解气组成表，其各组分含量随原料裂解的深度而改变。

表4-1　轻柴油裂解气组成表

成分	摩尔分数/%	成分	摩尔分数/%
H_2	13.1828	C_5	0.5147
CO	0.1751	C_6～C_8 非芳烃	0.6941
CH_4	21.2489	苯	2.1398
C_2H_2	0.3688	甲苯	0.9296
C_2H_4	29.0363	二甲苯＋乙苯	0.3578
C_2H_6	7.7953	苯乙烯	0.2192
丙二烯＋丙炔	0.5419	C_9～200℃馏分	0.2397
C_3H_6	11.4757	CO_2	0.0578
C_3H_8	0.3558	硫化物	0.272
1,3-丁二烯	2.4194	H_2O	5.04
异丁烯	2.7085		
正丁烷	0.0754		

裂解气的这些杂质可能是从原料中带来的，也可能是在裂解反应过程生成的，还有可能是裂解气处理过程引入的。这些杂质的含量虽不大，但对裂解气深冷分离过程是有害的。而且这些杂质不脱除，进入乙烯、丙烯产品，会使产品达不到规定的标准。尤其是生产聚合级乙烯、丙烯，其杂质含量的控制是很严格的，为了达到产品所要求的规格，必须脱除这些杂质，对裂解气进行净化。

二、乙烯产品质量规格要求

聚合用的乙烯和丙烯的质量要求则很严，生产聚乙烯、聚丙烯要求乙烯、丙烯纯度在 99.9%或 99.5%以上，其中有机杂质不允许超过 $5\times10^{-6}\sim10\times10^{-6}$。乙烯、丙烯聚合级规格表见表 4-2、表 4-3。

表 4-2　乙烯聚合级规格表

组分	单位	A	B	C
$C_2^{=}$①	%(摩尔分数)	≥99.9	≥99.9	99.9
C_1	$\times10^{-6}$(摩尔分数)	1000	500	<1000
C_2	$\times10^{-6}$(摩尔分数)	1000	500	—
C_3	$\times10^{-6}$(摩尔分数)	<250	—	<50
$C_3^{=}$①	$\times10^{-6}$(摩尔分数)	<10	<10	2
S	$\times10^{-6}$(质量分数)	<10	<4	<1
H_2O	$\times10^{-6}$(质量分数)	<10	<10	<1
O_2	$\times10^{-6}$(质量分数)	<5	—	
CO	$\times10^{-6}$(摩尔分数)	<10	—	
CO_2	$\times10^{-6}$(摩尔分数)	<10	<100	

①上角“=”表示烯烃。

表 4-3　丙烯聚合级规格表

组分	单位	A	B	C
丙烯	%(摩尔分数)	≥99.9	≥99.9	98
乙烯	$\times10^{-6}$	<50	<5000	—
丁二烯	$\times10^{-6}$	<20	<10	—
丙二烯	$\times10^{-6}$	<5	<20	<10
丙炔	$\times10^{-6}$	—	<10	
乙烷	$\times10^{-6}$	—	<100	—
丙烷	$\times10^{-6}$	<5000	<5000	—
S	$\times10^{-6}$	<1	<10	<5
CO	$\times10^{-6}$	<5	<10	<10
CO_2	$\times10^{-6}$	<5	<1000	<20
O_2	$\times10^{-6}$	<1	<5	
H_2	$\times10^{-6}$	—	<10	
H_2O	$\times10^{-6}$	—	<10	

知识 2　裂解气酸性气体的脱除

裂解气中的酸性气体是指 H_2S、CO_2 和少量有机硫化物，如氧硫化碳（COS）、二硫化碳（CS_2）、硫醚（RSR）、硫醇（RSH）、噻吩等。

一、酸性气体的来源

裂解气中的硫化物主要是 H_2S。它一方面来源于裂解原料，另一方面由其中所含的有机硫化物，在高温裂解时与氢反应而成。CO_2 除由二硫化碳和羰基硫化物水解生成外，还有裂解中生成的碳和水反应的生成物。在管式炉裂解的条件下生成 H_2S 的可能性比生成 CO_2 大，但当有空气进入系统时，其裂解气中的 CO_2 含量比 H_2S 高。

① 裂解原料带入的气体硫化物和 CO_2。

② 裂解原料中所含的硫化物（如硫醇、硫醚、噻吩、二硫化物等）在高温下与氢和水蒸气反应生成的 H_2S、CO_2，如：

$$RSH+H_2 \longrightarrow RH+H_2S$$

$$RSR'+2H_2 \longrightarrow RH+R'H+H_2S$$

$$R—S—S—R'+3H_2 \longrightarrow RH+R'H+2H_2S$$

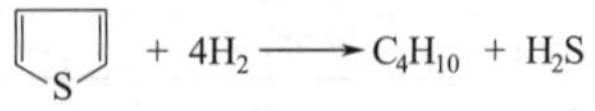

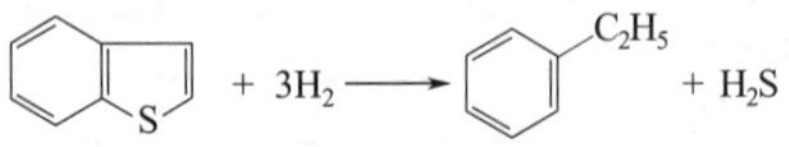

$$CS_2+2H_2 \longrightarrow C+2H_2S$$

$$COS+H_2 \longrightarrow CO+H_2S$$

$$CS_2+2H_2O \longrightarrow CO_2+2H_2S$$

$$COS+H_2O \longrightarrow CO_2+H_2S$$

③ 烃类与裂解炉里的氧反应生成 CO_2。

$$C_nH_m+\left(n+\frac{m}{4}\right)O_2 \longrightarrow nCO_2+\frac{m}{2}H_2O$$

④ 裂解原料烃和炉管中的结炭与水蒸气反应可生成 CO、CO_2。

$$C+H_2O \longrightarrow CO+H_2$$

$$CH_4+2H_2O \longrightarrow CO_2+4H_2$$

二、酸性气体的危害

裂解气中含有的酸性气体对裂解气分离装置以及乙烯和丙烯后续加工装置都会有很大危害。酸性气体会降低乙烯、丙烯纯度；CO_2 和硫化物会影响烯烃聚合催化剂的活性；H_2S 能腐蚀设备管道，使脱水分子筛中毒、脱炔的钯催化剂中毒；CO_2 在低温下结成干冰而堵塞设备和管道，影响正常生产；在生产聚乙烯等时酸性气体积累造成聚合速率降低、聚乙烯的分子量降低，破坏低压聚合催化剂的活性等。

三、酸性气体脱除方法

工业上常用化学吸收的方法来洗涤裂解气，可同时除去硫化氢和二氧化碳等酸性气体。吸收一般在吸收塔内进行，塔内气体向上，吸收剂从上向下喷淋，气液两相进行逆向接触，如图 4-1 所示。

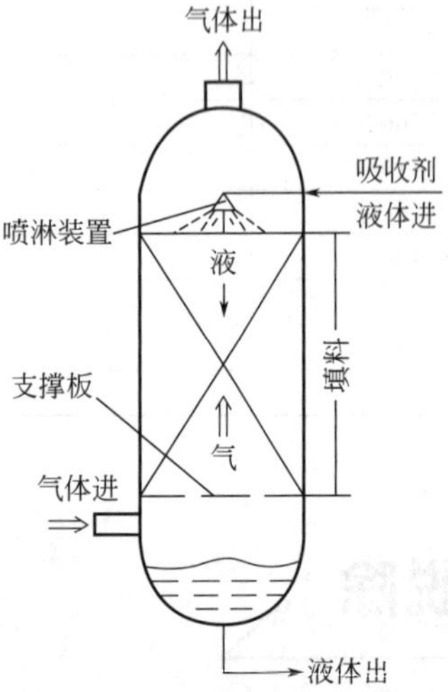

图 4-1　填料吸收塔

1. 吸收剂的选择要求

① 对硫化氢和二氧化碳的溶解度大，反应性能强，而对于裂解气中的乙烯、丙烯的溶解度要小，不发生反应；

② 在操作条件下蒸气压低，稳定性强，这样吸收剂损失小，也避免产品被污染；

③ 黏度小，可节省循环输送的动力费用；

④ 腐蚀性小，设备可用一般钢材；

⑤ 来源丰富，价格便宜。

2. 吸收剂选择

工业上一般采用的吸收剂有氢氧化钠（NaOH）溶液、乙醇胺溶液、*N*-甲基吡咯烷酮等。目前使用最多的是氢氧化钠溶液的碱洗法和乙醇胺法。工业上根据裂解气中含酸性杂质的多少及其要求的净化程度、酸性杂质是否回收等条件来确定采用哪种脱除方法。一般地说，酸性杂质含量低采用 NaOH 碱洗法中和法；酸性杂质较高则采用醇胺为吸收剂，除去大量酸性杂质后，再用碱洗，即胺-碱法。碱洗后裂解气中 CO_2、H_2S 含量低于 1×10^{-6}。

3. 碱洗法脱除酸性气体

（1）碱洗法脱除酸性气体原理　碱洗法原理是使裂解气中的 H_2S 和 CO_2 等酸性气体，还有硫醇、氧硫化碳等有机硫化物与 NaOH 溶液发生下列反应而除去，以达到净化的目的。

$$CO_2+2NaOH \longrightarrow Na_2CO_3+H_2O$$

$$H_2S+2NaOH \longrightarrow Na_2S+2H_2O$$

$$COS+4NaOH \longrightarrow Na_2S+Na_2CO_3+2H_2O$$

$$RSH+NaOH \longrightarrow RSNa+H_2O$$

$$CS_2+6NaOH \longrightarrow 2Na_2S+Na_2CO_3+3H_2O$$

反应生成的 Na_2CO_3、Na_2S、RSNa 等溶于碱中。由于废碱液中含有硫化物，不能直接用生化处理，可用废碱处理装置处理。

碱洗法可使裂解气中的 H_2S、CO_2 的摩尔分数含量降到 1×10^{-6} 以下。但是，NaOH 吸收剂不可再生。此外，为保证酸性气体的精细净化，碱洗塔釜液中应保持 NaOH 含量约 2%，因此，碱耗量较高。

（2）碱洗法工艺流程　碱洗一般采用多段（两段或三段）过程脱除裂解气中硫化氢和二氧化碳，如图 4-2 所示的两段碱洗工艺流程。裂解气压缩机三段出口裂解气经冷却并分离凝液后，进入碱洗塔，该塔分三段，Ⅰ段水洗塔为泡罩塔板，Ⅱ段和Ⅲ段为碱洗段（填料层），裂解气经两段碱洗后，再经水洗段水洗后进入压缩机四段吸入罐。补充新鲜碱液浓度 18%～20%，Ⅰ段为水洗，保证Ⅱ段循环碱液 NaOH 含量为 5%～7%，部分Ⅱ段循环碱液补充到Ⅲ段循环碱液中，以平衡塔釜排出的废碱，Ⅲ段循环碱液 NaOH 含量为 2%～3%。

裂解气在碱洗过程中，裂解气中的醛类、酚类、含氧化合物及不饱和烃会聚合生成聚合物，与空气接触易形成黄色固体，通常称为黄油。大量的黄油将影响碱洗塔的正常运行和碱洗效果，并消耗大量的碱液，同时，大量黄油易聚合结垢阻塞塔内分布器及填料，造成堵塔现象。

碱洗塔压力高有利于酸性气体的吸收，但操作压力过高，会使裂解气中的重烃的露点升高，使得重烃在碱洗塔中冷凝液增加，从而使“黄油”生成量增多，并要求碱洗设备材质压力等级提高，增加投资费用，所以，碱洗操作一般都在裂解气压缩三段之后。碱洗塔操作压力一般为 1.0～2.0MPa，压力条件 1.0MPa 是碱洗塔位于压缩机三段出口处的，如果碱洗塔位于压缩机的四段出口处，则碱洗塔的操作压力约为 2.0MPa。显然从脱除酸性气体的要

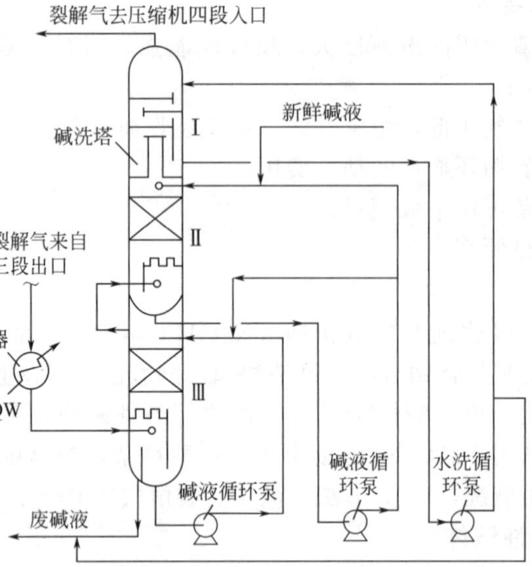

图 4-2　两段碱洗工艺流程

求来看，压力大有利于操作，吸收塔的尺寸小，循环碱液量小。碱洗塔在整个净化分离流程中的位置是可以变动的，要根据具体的条件来确定。

碱液温度一般为 30～40℃，温度太低不利于脱除有机硫，而且 C_4 以上的烃类也会冷凝下来，进入碱液中去。为节省碱液的用量，塔底碱液的浓度可以控制得比较低，以利于碱液与硫化氢和二氧化碳发生化学反应。

如图 4-3 所示，广州石化碱洗塔设置在裂解气压缩机三段出口，压力为 1.450MPa。压缩机三段出口裂解气经冷却分离，将液态烃分离后，进入碱洗塔的底部。碱洗塔直径 ϕ2000mm，塔高 28.9m，分为四段。顶部一段为水洗涤段，以防止裂解气出塔时带碱。底部三段为碱洗段（最底部一段用质量分数 3%的弱碱溶液循环洗涤，中间段用质量分数 5%、上段用质量分数 10%的碱溶液循环洗涤）。每段均配备循环泵，使碱液或水在各段循环。裂解气从下至上顺序通过各洗涤段，脱除酸性气和二氧化碳后从塔顶流出，进一步冷却后，送至裂解气压缩机四段入口。水洗段为规整不锈钢填料，强碱段、中碱段为矩鞍形碳钢填料，弱碱段为波纹填料。底部液相里注入裂解汽油以防止聚合物在塔盘和填料积累形成黄油。

(3) 乙醇胺法脱除酸性气体　用乙醇胺作吸收剂除去裂解气中的 H_2S、CO_2 是一种物理吸收和化学吸收相结合的方法，所用的吸收剂主要是一乙醇胺（MEA）和二乙醇胺（DEA）。

一乙醇胺与 H_2S 反应：

$$2HOC_2H_4NH_2 + H_2S \longrightarrow (HOC_2H_4NH_3)_2S$$

一乙醇胺与 CO_2 反应：

$$2HOC_2H_4NH_2 + CO_2 + H_2O \longrightarrow (HOC_2H_4NH_3)_2CO_3$$

乙醇胺法脱除酸性气体的反应为可逆反应；反应为分子数减少的反应，高压有利于吸收反应进行，低压有利于解吸反应进行；反应为放热反应，低温有利于吸收，高温有利于解吸。一般一乙醇胺吸收 H_2S 的反应在 49℃以上逆向进行，吸收 CO_2 的反应在 71℃以上逆向进行，所以一乙醇胺脱酸性气吸收塔的反应温度应控制在 49℃以下。

醇胺法与碱洗法的特点比较见表 4-4，醇胺法的主要优点是吸收剂可再生循环使用，当

图 4-3　广州石化碱洗塔

酸性气含量高时，从吸收液的消耗和废水处理量来看，醇胺法明显优于碱洗法。

但醇胺法对酸性气杂质的吸收不如碱洗彻底。醇胺虽可再生循环使用，但由于挥发和降解，仍有一定损耗。醇胺水溶液呈碱性，但当有酸性气体存在时，溶液 pH 值急剧下降，从而对碳钢设备产生腐蚀。

表 4-4　醇胺法与碱洗法生产原理特点比较

项目	碱洗法	醇胺法
吸收剂	氢氧化钠(NaOH)	乙醇胺($HOCH_2CH_2NH_2$)
原理	$CO_2+2NaOH \longrightarrow Na_2CO_3+H_2O$ $H_2S+2NaOH \longrightarrow Na_2S+2H_2O$	$2HOCH_2CH_2NH_2+H_2S \rightleftharpoons (HOCH_2CH_2NH_3)_2S$ $2HOCH_2CH_2NH_2+CO_2 \underset{-H_2O}{\overset{+H_2O}{\rightleftharpoons}} (HOCH_2CH_2NH_3)_2CO_3$
优点	对酸性气体吸收彻底	吸收剂可再生循环使用,吸收液消耗少
缺点	碱液不能回收,消耗量较大	1. 醇胺法吸收不如碱洗彻底 2. 醇胺法对设备材质要求高,投资相应增大(醇胺水溶液呈碱性,但当有酸性气体存在时,溶液 pH 值急剧下降,从而对碳钢设备产生腐蚀) 3. 醇胺溶液可吸收丁二烯和其他双烯烃(吸收双烯烃的吸收剂在高温下再生时易生成聚合物,由此既造成系统结垢,又损失了丁二烯)
适用情况	裂解气中酸性气体含量少时	裂解气中酸性气体含量多时

(4) 废碱氧化处理　废碱氧化系统处理来自碱洗塔的废碱液，使其达到排放至污水处理系统要求的化学污水。该系统将废碱中 Na_2S 氧化为 Na_2SO_4，反应分两步进行，反应式为：

$$2Na_2S+3O_2 \longrightarrow 2Na_2SO_3 \quad ①$$
$$2Na_2SO_3+O_2 \longrightarrow 2Na_2SO_4 \quad ②$$

因为 O_2 是过量供给的，所以 Na_2S 被完全氧化为 Na_2SO_4。初始反应所需的温度由直接注入的中压蒸汽提供，而反应热在中间冷却器中用冷却水除去，以保持反应温度不会太高。氧化反应在串联的两台反应器中进行，大部分反应在第一台反应器中进行，在第二台反应器中完全氧化。废碱液中残留的碱在送出装置之前用 98% 的浓硫酸中和至 pH 值为 7 左右。

知识 3　裂解气干燥

一、裂解气水分的来源及危害

裂解气碱洗后水含量为 2000～5000μL/L，而深冷分离要求裂解气的含水量为 5μL/L 左右（露点在－70～－65℃）。裂解气分离是在－100℃以下进行的，在低温下水能冻结成冰，并能与轻质烃类形成固体结晶水合物，这些冰和水合物结在管壁上，轻则增加动力消耗，重则使管道堵塞，影响正常生产。另外，水也可能成为某些催化剂的毒物。因此必须对裂解气进行干燥。

二、裂解气干燥的方法

工业上对裂解气进行深度干燥的方法很多，主要采用固体吸附方法。吸附剂有硅胶、活性氧化铝、分子筛等。目前广泛采用的效果较好的是分子筛吸附剂脱除裂解气中的水分。

1. 分子筛脱水原理

吸附就是用多孔性的固体吸附剂处理物料，使其中所含的一种或几种组分被吸附于固体表面上，以达到分离的操作过程。分子筛是新型高效能的吸附剂，是人工合成的结晶性铝硅酸金属盐的多水化合物，其外观见图 4-4。

图 4-4　3A 分子筛外观

分子筛在使用前，可先将其活化，使之脱去结合水，保留几乎不发生变化的晶体骨架结构，产生大小一致的孔口。孔口内具有较大的空穴，形成由毛细孔联通的孔穴的几何网络，使用时，比孔口直径小的分子可以通过孔口进入内部空穴，吸附在空穴内，然后在一定条件下使吸附的分子脱附出来。而比孔径大的分子则不能进入。这样就可以把分子大小不同的混合物加以分离。因它有筛分分子的能力，所以称为分子筛。

分子筛的主要成分为 SiO_2 和 Al_2O_3。由于它们的摩尔比不同，所得分子筛的孔径大小就不一样。目前，工业上常用分子筛分为三种型号：A 型、X 型和 Y 型。A 型孔径最小，Y 型最大，X 型介于两者之间。

分子筛在温度低时，吸附能力较强，吸附容量较高，随着温度升高吸附能力变弱，吸附容量降低。因此，分子筛在常温或略低于常温下可使裂解气深度干燥。分子筛在吸附水后，可用加热的方法，使分子筛吸附的水分脱附出来，达到再生的目的，为了促进脱附，可用干燥的 N_2 加热至 200～250℃作为分子筛的再生载气，使分子筛中所吸附的水分脱附后带出。

2. 裂解气干燥流程

广州石化裂解装置在裂解气进入分离系统之前用 3A 分子筛干燥脱水，两台干燥器切换使用。

3A 分子筛是一种极性吸附剂，它对极性分子，尤其是水，有很大的吸附力和很强的吸附选择性，而对乙烯、乙烷等非极性烃类或直径大的分子不可能吸附，从而达到脱水干燥的目的。分子筛吸水能力随吸水增多而减弱，最终达到饱和，失去吸附能力。因此，当干燥剂分子筛吸水至一定程度时应进行再生。分子筛吸附水是一个放热过程，所以降低温度有利于放热的吸附过程，高温则有利于吸热的脱附过程。因此，在分子筛吸附了水分以后，用加热的方法可以使水分脱附出来，达到再生的目的，以便重新用来脱水。

如图 4-5 所示，裂解气干燥与分子筛再生包括两个过程：①吸附过程，裂解气自上而下通过吸附器，其中的水分不断被分子筛吸附，一旦吸附床层内的分子筛被水所饱和，就转到再生过程；②再生过程，吸附过程完成后，床层内的分子筛被水所饱和，床层失去了吸附能力，需进行再生。再生时自下而上通入 280℃左右的甲烷、氢气，使吸附器缓慢升温，以除去吸附剂上大部分的水分和烃类，直至床层升温到 230℃左右，以除去残余水分。再生后需要冷却，然后才能用于脱水操作，可以用冷的甲烷、氢馏分由上而下地吹扫分子筛床层。经过加热和吹扫，被分子筛吸附的水分子从分子筛的孔穴中被解吸出来，由甲烷、氢带走，从而恢复原有的吸附能力。

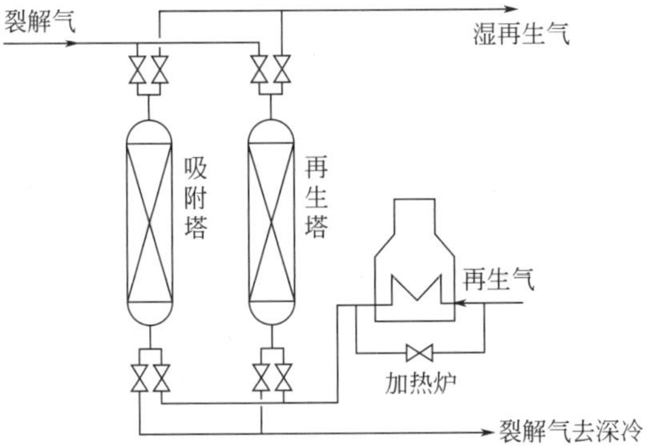

图 4-5 裂解气干燥与分子筛再生

蝶阀原理展示

弹簧式安全阀原理展示

图 4-6 所示的广州石化干燥塔，设置两台干燥器，一台使用，一台再生。裂解气干燥器直径 ϕ2000mm，高 8620mm，内充填 16.3m^3 的 3A 分子筛干燥剂，干燥剂寿命 3 年。干燥剂操作周期 24h，并考虑 4h 保护时间。干燥用再生气来自脱甲烷系统，主要成分为甲烷和氢。裂解气通过裂解气干燥器，脱除裂解气中微量水，使裂解气中水含量降至 1μL/L 以下。

图 4-6 干燥塔在企业的应用

裂解气干燥是为深冷分离作准备的重要步骤，这一过程应放在压缩和脱酸性气体之后，这样可去除大部分水分和重质烃，能减轻干燥剂的负荷和避免重质烃污染干燥剂，亦可除去在脱酸性气体时引进的水分。

知识 4　裂解气脱炔烃

一、炔烃来源及危害

裂解气中常含有2000～5000μL/L的少量炔烃，如乙炔、丙炔、丙二烯等，也称MAPD（MA表示丙炔，PD表示丙二烯），这些炔烃是在乙烯裂解过程中生成的。乙炔主要集中在C_2馏分中，含量一般为2000～7000μL/L，丙炔以及丙二烯主要集中在C_3馏分中，丙炔含量一般为1000～1500μL/L，丙二烯含量一般为600～1000μL/L。

乙烯产品中乙炔含量有严格的技术要求，乙炔的存在影响合成催化剂寿命，会使乙烯聚合过程复杂化，影响聚合物的性能。在聚乙烯生产中，乙炔会降低乙烯的分压，影响聚合的进行，也影响聚合的最终产品质量。若乙炔积累过多还具有爆炸的危险，形成不安全因素。丙炔和丙二烯的存在，将影响丙烯聚合反应的顺利进行。所以裂解气在分离前，必须把少量的炔烃除去，乙烯产品要求乙炔＜1μL/L，丙烯产品要求丙炔小于1μL/L、丙二烯小于50μL/L。

工业上脱炔的主要方法是采用溶剂吸收法和选择催化加氢法，目前用得最多的是选择催化加氢法。

二、催化加氢脱除炔烃

1. 反应原理

催化选择加氢的方法脱除乙炔就是在钯催化剂的作用下，使乙炔加氢生成乙烯，既除去了炔烃又增加了乙烯的产量。

反应如下：

主反应 $C_2H_2+H_2 \longrightarrow C_2H_4+174.3kJ/mol$

丙炔和丙二烯的脱除方法与此类似，反应如下：

主反应 $C_3H_4+H_2 \longrightarrow C_3H_6+Q$

副反应 $C_2H_2+2H_2 \longrightarrow C_2H_6+76.5kcal$

$C_2H_4+H_2 \longrightarrow C_2H_6+34.3kcal$

$nC_2H_2+mH_2 \longrightarrow$ 绿油（油状或低分子聚合物）$+Q$

乙炔也可能聚合生成二聚、三聚等俗称绿油的物质。生成的绿油数量多时，影响催化剂操作周期和使用寿命，严重时可能引起乙烯塔塔板结垢。

$$C_3H_4+2H_2 \longrightarrow C_3H_8$$

$$C_3H_6+H_2 \longrightarrow C_3H_8$$

2. 选择性良好的催化剂

要使乙炔选择性加氢成乙烯，而不进一步变成烷烃，必须采用选择性良好的催化剂，常用的催化剂是载于α-Al_2O_3载体上的钯催化剂，也可以用Ni-Co/α-Al_2O_3催化剂，在这些催化剂上，乙炔的吸附能力比乙烯强，能进行选择性加氢。

3. 前加氢和后加氢脱除乙炔

由于加氢脱乙炔过程在裂解气分离流程中所处的部位不同，有前加氢脱除乙炔和后加氢脱除乙炔两种方法。

设在脱甲烷塔以前进行加氢脱炔的加氢过程叫作前加氢。前加氢的加氢气体是裂解气全馏分，例如氢气、甲烷、C_2 和 C_3 馏分或者氢气、甲烷、C_2 馏分。由此可见加氢馏分中就含有氢气，不需要外来氢气，所以前加氢又叫作自给加氢。

设在脱甲烷塔以后进行加氢脱炔的叫作后加氢。裂解气经过脱除甲烷、氢气后，将 C_2、C_3 馏分用精馏塔分开，然后分别对 C_2 和 C_3 馏分进行加氢脱炔。被加氢的气体中已经不含有氢气组分，需要外部加入氢气。

从能量利用和流程的复杂程度来看，前加氢流程是非常有利的。不用提供额外的氢气，氢气可以自给，但是氢气是过量的，氢气的分压比较高，会降低加氢的选择性，增大乙烯的损失。为了克服上述不利因素，要求前加氢催化剂的活性和选择性应该比较高。后加氢的氢气是按需要加入的，馏分的组分简单、杂质少、选择性高，催化剂使用寿命长，产品的纯度也比较高，但是能量利用不如前加氢流程，流程也比前加氢流程复杂一些。综合前加氢流程和后加氢流程的特点，从产品角度来分析，一般都选择后加氢流程。

4. 炔烃加氢工艺流程

(1) 广州石化乙炔加氢系统 如图 4-7 所示，设置三台 C_2 加氢反应器，两台操作，一台作为再生或备用。反应器直径 1900mm，高 4.9m，每台反应器内充填含钯催化剂 7.8m^3。反应出口物料中乙炔含量小于 5μL/L。

图 4-7 乙炔加氢反应器

湿式空冷器
原理展示

C_2 加氢反应器为绝热反应器，两段反应，出一段 C_2 加氢反应器物料经 C_2 加氢中间冷却器，用循环冷却水冷却后，进入中间绿油分离罐，分离部分绿油，罐底绿油间断排放到储罐，罐顶物料注入一定比例氢气，进入二段加氢反应器。

(2) 广州石化 C_3 加氢系统 C_3 加氢物料与氢气按一定比例混合，进入 C_3 加氢一段反应器，设置两台 C_3 加氢一段反应器，一台操作，另一台作为 C_3 加氢一段和二段共同备用反应器，反应器直径 ϕ700mm，高度 3.7m，内充填 1m^3 LD265 型含钯的催化剂，反应器操作压力 2.2MPa (G)，入口温度 20℃，反应过程为放热过程，出口温度约 55℃，并有部分液体汽化。

如图 4-8 所示，出 C_3 加氢一段反应器的物料进入 C_3 加氢二段反应器，反应器直径 497mm，高 6.5m，内充填 1m^3 LD265 型含钯的催化剂，反应器操作压力 2.78MPa (G)，

图 4-8　C_3 加氢二段反应器

入口温度 38℃，在反应器内约 1000μL/L 的丙炔和丙二烯加氢后，反应器出口温度约为 59℃，丙炔和丙二烯含量低于 1000μL/L，送至丙烯精馏塔。

知识 5　裂解气脱一氧化碳（甲烷化）

一、一氧化碳来源及危害

裂解气中含有的一氧化碳是在裂解炉管内发生水煤气反应形成的。由于一氧化碳吸附能力比乙烯强，可以抑制乙烯在催化剂上的吸附而提高加氢反应的选择性。但是一氧化碳含量过高，会使分离系统的加氢催化剂及下游聚合装置催化剂中毒。所以在加氢的氢气中或原料气中，如果一氧化碳含量过高就应该除去，应保证聚合级乙烯中一氧化碳的含量在 10μL/L 以下。

二、催化加氢脱除一氧化碳（甲烷化）

一氧化碳的除去是在甲烷化反应器中进行的，在镍催化剂作用下，发生甲烷化反应，由于加氢反应产物是甲烷，所以这种方法又称为甲烷化法。

$$3H_2 + CO \xrightarrow{Ni} CH_4 + H_2O$$

反应条件包括：甲烷化反应是体积减小的反应，加压操作对反应的进行有利。甲烷化反应是放热反应，但由于 CO 在裂解气中含量低，反应可在绝热反应器中进行。反应一般用镍系催化剂，它以氧化镍的形式载于耐热的多孔物质上。

三、甲烷化反应工艺流程

从氢气分离来的粗氢气换热至 250～270℃的氢气进入甲烷化反应器，如图 4-9 所示，甲烷化反应器为固定床反应器。反应器直径 ϕ800mm、高 5650mm，内充填 1.78m^3 含镍催化剂。在甲烷化反应器内，氢气中含有的一氧化碳转化成为甲烷，甲烷化反应为放热反应。

图 4-9　甲烷化反应器

素质拓展

以奋斗与奉献诠释石化青年的担当

2023 年中石化中科（广东）炼化有限公司（简称“中科炼化”）炼油二部荣获“广东青年五四奖章”集体奖，是广东优秀青年的最高荣誉，旨在树立政治进步、品德高尚、贡献突出的优秀广东青年典型，反映当代广东青年的精神品格和价值追求。这支善打胜仗的“铁军”队伍，负责加氢裂化、渣油加氢等 7 套炼油装置。装置投产至今，实现安全环保高效生产，生产环保指标处于系统内领先水平。团队中 35 岁以下青年占比超过 60%，是一支年轻有为、朝气蓬勃的队伍。

1. 党建带团建，凝聚青年力量

炼油二部始终坚持以党建带团建，凝聚青年力量。党支部立足工作实际，紧盯薄弱环节、短板弱项，建立健全重大事项、重要系统、重点工作“三抓三不放过”责任落实制度，层层压实责任，团结引领党团员、群众完成好运行部各项工作任务，以高质量党建推动高质量发展。炼油二部青年突击队在装置换剂检修、隐患排查、疫情防控志愿服务中，以奋斗与奉献诠释了石化青年的担当，荣获“中国石化优秀青年突击队”。

2. 充分发挥党员先锋模范作用

党支部以守“安全环保思想”三大阵地为载体平台，压实党员责任，强化使命担当，立标杆树典型。全体员工牢固树立“人人都是安全员”意识。常态化开展青年安全监督活动。2022 年，部门青工累计发现处理现场安全隐患 728 项，避免重大安全隐患。2022 年共有 11 名青工获得“青年安全监督员”称号，有 8 名青年获得“合理化建议积极分子”称号，团队获得公司青年安全知识与技能竞赛第一名。

3. 锤炼“严细实”工作作风

炼油二部厘清自身问题和短板，始终保持“高标准、严要求”的基调，严格落实作业管控“四必”机制，凡作业必有计划、凡作业必有统筹、凡作业必有“会诊”、凡作业必有督察。严格按章作业，规范安全行为，消除安全环保隐患，杜绝各类事故发生。

4. 重队伍，助力青年成长成才

炼油二部把员工教育作为队伍锻造的重要抓手。重点围绕“技能提升”“素质达标”“青年成才”三个核心环节开展工作，创新培养模式，深挖人才潜能，打造“三强”人才队伍助力公司建设一流石化企业。

落实“传帮带”工作。持续开展青年技术论坛，共开展 28 期、制定专业培训课件 42

份，提升团青在工艺、设备、安全意识和应急处置方面的能力。开展“师带徒”培训计划，覆盖率达100%。在全国加氢裂化工种技能大赛中，团支部3名青工代表公司参加，斩获“一银一铜”“优秀团体奖”。

5. 创新学习模式，以学习赋能管理提升

结合企业生产实际，以交流研讨、知识竞答为抓手，推进学习走深走实。引导青年员工对照检查、审视反思，养成传承石油精神、弘扬石化传统的良好风气。

结合专业技术人员特点，提出“三学、三补、两提升”要求，即：学习专业知识、创新技术、经验方法；着力补齐知识短板、能力短板、工作短板，提升专业管理水平和工作执行力。以HSE管理体系要素培训，引导管理人员以体系思维去挖掘问题根本。建立部门“三大员”人才池，扩充专业管理队伍。

职业知识

贮运装置罐区操作工岗位工作标准及职责

岗位名称	贮运装置罐区操作工	所属部门	化工一部
直接上级岗位名称	罐区班长		
直接下级岗位名称			
岗位属性	技能操作	岗位定员人数	25
工作形式	倒班(5-3倒)	岗位特殊性	
岗位工作概述： 在班长的直接指挥下负责罐区生产操作与现场维护。负责区域内物料的安全接收及稳定输送工作。要求按章操作，认真巡检，严格按工艺生产技术规程精心操作，按时记录。执行生产调度指令，做好记录，确保物料及时安全输送			

岗位工作内容与职责			
编号	工作内容	权责	时限
1	负责本班组生产操作及岗位间协调工作	负责	日常性
2	严格遵守劳动纪律及工艺纪律管理	负责	日常性
3	严格执行生产操作规程，精心操作，按时记录	负责	日常性
4	根据班长要求完成当班期间全时程巡检工作	负责	日常性
5	负责本岗位安全质量管理	负责	日常性
6	按时完成操作记录及交接班记录	负责	日常性
7	保持生产作业现场整齐、清洁，实现文明生产	负责	日常性
8	每月参加一次安全培训、岗位业务培训及事故演练活动	负责	阶段性
9	完成上级领导交办的其他相关任务	负责	临时性

岗位工作关系	
内部联系	化工二部、贮运部、动力事业部、检验中心、生调部、运销中心等
外部联系	

岗位工作标准	
编号	工作业绩考核指标和标准
1	精心组织当班期间安全生产，不发生由于责任不到位或协调不力的事件或事故；由于责任或者岗位之间协调不好发生安全质量或停车等事故按经济责任制进行考核扣分
2	按时上下班，不迟到，不早退；认真执行工艺纪律和重要参数核对制度；工艺操作不超工艺指标。不遵守劳动纪律按本部经济责任制中有关条款进行考核扣分
3	精心操作，精心维护，不发生操作责任生产事故；由于误操作造成非计划停车的按后果依本部经济责任制扣分；操作不当造成损失的按本部经济责任制进行考核扣分
4	严格执行巡回检查制度，“定人、定时、定路线、定内容”，按照巡检路线对装置设备设施进行巡检，并做好相关记录；及时做好设备缺陷登记和消缺工作；发现现场漏点并及时登记挂牌。未按时巡检或巡检不落实按本部经济责任制中有关巡检条款进行考核扣分

续表

<table>
<tr><td colspan="6">岗位工作标准</td></tr>
<tr><td>编号</td><td colspan="5">工作业绩考核指标和标准</td></tr>
<tr><td>5</td><td colspan="5">安全事故考核为零;质量合格率为 100%,顾客满意率为 100%;当班期间发生安全质量事故按本部有关安全质量条款进行考核扣分</td></tr>
<tr><td>6</td><td colspan="5">认真、按时做好各项记录,记录清晰,数据真实、准确;未按时记录或记录差错不规范按本部有关工艺记录条款进行考核扣分</td></tr>
<tr><td>7</td><td colspan="5">执行设备现场区域管理责任制,做到一干二净三见四无五不缺;检修现场做到文明施工,施工完毕做到“工完、料尽、场地清”,及时清理现场、拆除棚架等施工设施,完工后两天内(大检修 5 天内)清理现场;未做到现场整洁清洁及文明生产按本部有关现场管理及 TNPM 管理经济责任制进行考核扣分</td></tr>
<tr><td>8</td><td colspan="5">每月至少参加一次安全学习及业务学习,参加事故演习一次并做好记录。未参加或记录不全按本部有关安全学习经济责任制进行考核扣分</td></tr>
<tr><td>9</td><td colspan="5">按时按质落实上级领导及管理部门交办的各项目任务;未按时按要求完成领导交办任务按本部经济责任制进行考核扣分</td></tr>
<tr><td colspan="6">岗位任职资格</td></tr>
<tr><td>学历要求</td><td colspan="2">中技以上文化程度</td><td>专业要求</td><td colspan="2">石油化工生产</td></tr>
<tr><td>知识
技能
要求</td><td colspan="5">(1)独立操作能力:熟练掌握本岗位操作技能,具备独立操作能力
(2)应急应变能力:掌握应急预案,具备处理生产过程中出现突发异常或突发事故的能力
(3)安全防护能力:有安全防护意识,会正确使用劳动安全防护用品,会正确使用基本消防器材
(4)沟通能力:具有良好的语言能力和人际交往能力,能准确、清晰地表达自己的想法</td></tr>
<tr><td>年龄性别要求</td><td>性别</td><td>不限</td><td>年龄</td><td></td><td>其他</td></tr>
<tr><td>实践经验
要求</td><td colspan="5">岗位操作 2 年以上</td></tr>
<tr><td>培训要求</td><td colspan="5">参加培训 1 年以上</td></tr>
<tr><td>职业技术资格
要求</td><td colspan="5">具有石油化工生产操作经历,达到中级工技术水平</td></tr>
<tr><td colspan="6">备注:</td></tr>
</table>

复习思考题

一、单项选择题

1. 裂解气压缩系统中碱洗塔的作用是（ ）。

A. 调节 pH　B. 脱除酸性气体　C. 脱除黄油　D. 脱除芳烃

2. 碱洗过程不能去除（ ）。

A. COS　B. CS_2　C. RSH　D. CO

3. 碱洗塔水洗段的主要作用是（ ）。

A. 洗涤裂解气中二氧化碳　B. 洗涤裂解气中的硫化氢

C. 洗涤裂解气中的苯　D. 洗涤裂解气中夹带的碱液

4. 裂解气碱洗合格指标为（ ）。

A. 硫化氢<5μL/L；二氧化碳<1μL/L　B. 硫化氢<1μL/L；二氧化碳<1μL/L

C. 硫化氢<10μL/L；二氧化碳<20μL/L　D. 硫化氢<20μL/L；二氧化碳<10μL/L

5. 关于温度对碱洗的影响，下列说法正确的是（ ）。

A. 温度高有利于脱除 CO_2　B. H_2S 的脱除必须提高温度

C. 提高温度会降低重烃冷凝量　D. 提高温度会提高重烃冷凝量

6. 下列各项中，不利于碱液洗涤的操作是（ ）。

A. 裂解气在碱洗前进行预热　　B. 适当提高操作压力
C. 不断提高碱液浓度　　D. 提高碱液循环次数

7. 裂解气在碱洗过程中，裂解气中的醛类、酚类、含氧化合物及不饱和烃会聚合生成聚合物，与空气接触易形成黄色固体，通常称为（　　）。

A. 重质汽油　　B. 柴油　　C. 黄色汽油　　D. 黄油

8. 碱洗塔釜中的黄油来自（　　）。

A. 烃类冷凝和聚合　　B. 随裂解气带来的
C. 与碱反应的产物　　D. 硫化氢与碱反应的产物

9. 裂解气干燥器的作用是（　　）。

A. 脱除裂解气中的水分　　B. 脱除裂解气中微量的二氧化碳
C. 吸附裂解气中的乙炔　　D. 脱除裂解气中的重烃

10. C_3 催化加氢反应原理是在催化剂作用下（　　）。

A. MAPD 加氢生成丙烯　　B. MAPD 加氢生成丙烷
C. MAPD 聚合生成绿油　　D. 乙炔加氢

二、多项选择题

1. 裂解气中夹带的酸性气体主要包括（　　）。

A. CO_2　　B. 烯烃　　C. H_2S　　D. CO

2. 碱洗塔碱洗段包括（　　）。

A. 强碱段　　B. 中强碱段　　C. 弱碱段　　D. 水洗段

3. 裂解气碱洗后，硫化氢脱除不合格会造成（　　）。

A. 严重腐蚀设备　　B. 缩短分子筛的寿命
C. C_2 加氢催化剂中毒　　D. 堵塞设备和管道

4. 裂解气碱洗后，二氧化碳脱除不合格会造成（　　）。

A. 低温下形成干冰，冻堵设备和管道　　B. 缩短分子筛的寿命
C. 造成乙烯产品不合格　　D. C_2 加氢催化剂中毒

5. 分子筛用作吸附剂，具有的特点有（　　）。

A. 具有极强的吸附选择性　　B. 具有较强的吸附能力
C. 吸附容量随温度变化　　D. 吸附容量与温度没关系

6. 裂解气中水的来源是（　　）。

A. 裂解原料在裂解时，加入一定量的稀释蒸汽
B. 裂解气在急冷塔中用急冷水洗涤
C. 在脱除酸性气体中的碱洗、水洗处理
D. 甲烷化反应

三、问答题

1. 简述裂解气的组成。
2. 裂解气的酸性气体从哪里来？怎样脱除？
3. 裂解气含水有什么危害？怎样脱除？
4. 简述催化加氢脱除炔烃的原理。
5. 什么叫甲烷化反应？

项目5 裂解气压缩与制冷技术

技能目标

1. 懂得透平压缩机开停机及事故判断处理仿真操作。
2. 理解丙烯压缩制冷单元仿真操作规程。
3. 熟悉裂解气压缩工艺流程。

知识目标

1. 掌握裂解气压缩目的及原理。
2. 掌握裂解气压缩工艺流程。
3. 理解制冷原理、过程及主要设备。
4. 理解离心式压缩机工作原理、性能参数、故障防范处理及基本操作。

素质目标

1. 通过压缩机开车、停车操作训练，学习事故分析判断及应急处理操作，提升紧急应变能力，观察判断、调节控制、发现问题和解决问题能力。领悟乙烯生产技术的科学思维和技术要领，提高安全意识。

2. 从企业优秀员工脚踏实地、任劳任怨的坚守，履行生产一线岗位的担当与责任的案例中，感悟“严、细、实”的工作作风和树立敢于担当、为建设祖国出一份力的情怀。

技能训练

任务1 压缩机单元仿真操作

离心式压缩机干气密封系统原理展示

离心式空气压缩机原理展示

一、任务要求

如图5-1所示，将甲烷进行单级透平压缩，在生产过程中产生的压力为1.2～1.6kg/cm^2（A）、温度为30℃左右的低压甲烷经VD01阀进入甲烷贮罐FA311，罐内压力控制在

300mmH_2O（mmH_2O，压力单位，1mmH_2O=9.8067Pa）。甲烷从贮罐 FA311 出来，进入压缩机 GB301，经过压缩机压缩，出口排出压力为 4.03kg/cm^2（A）、温度为 160℃的中压甲烷，然后经过手动控制阀 VD06 进入燃料系统。

二、工艺说明

透平压缩机是进行气体压缩的常用设备。它以汽轮机（蒸汽透平）为动力，蒸汽在汽轮机内膨胀做功驱动压缩机主轴，主轴带动叶轮高速旋转。为了防止压缩机发生喘振，设计了由压缩机出口至贮罐 FA311 的返回管路，即由压缩机出口经过换热器 EA305 和 PV304B 阀到贮罐的管线。返回的甲烷经冷却器 EA305 冷却。另外贮罐 FA311 有一超压保护控制器 PIC303，当 FA311 中压力超高时，低压甲烷可以经 PIC303 控制放火炬，使罐中压力降低。压缩机 GB301 由蒸汽透平 GT301 同轴驱动。

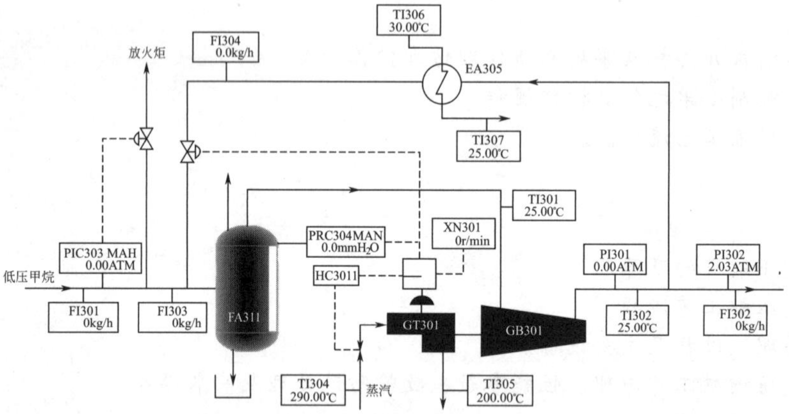

图 5-1 压缩机 DCS 界面

空冷器原理展示

蒸汽透平的供汽为压力 15kg/cm^2（A）的来自管网的中压蒸汽，排汽为压力 3kg/cm^2（A）的降压蒸汽，进入低压蒸汽管网。

三、压缩机操作规程

（一）开车操作规程

1. 开车前准备工作

（1）启动公用工程　按公用工程按钮，公用工程投用。

（2）油路开车　按油路按钮。

（3）盘车

① 按盘车按钮开始盘车。

② 待转速升到 200r/min 时，停盘车（盘车前先打开 PV304B 阀）。

（4）暖机　按暖机按钮。

（5）EA305 冷却水投用　打开换热器冷却水阀门 VD05，开度为 50%。

2. 罐 FA311 充低压甲烷

① 打开 PIC303 调节阀放火炬，开度为 50%。

② 打开 FA311 入口阀 VD11，开度为 50%，微开 VD01。

③ 打开 PV304B 阀，缓慢向系统充压，调整 FA311 顶部安全阀 VD03 和 VD01，使系

统压力维持 300～500mmH_2O。

④ 调节 PIC303 阀门开度，使压力维持在 0.1atm（atm，压力单位，1atm＝101325Pa）。

3. 透平单级压缩机开车

（1）手动升速

① 缓慢打开透平低压蒸汽出口截止阀 VD10，开度递增级差保持在 10％以内；

② 将调速器切换开关切到 HC3011 方向；

③ 手动缓慢打开 HC3011，开始压缩机升速，开度递增级差保持在 10％以内，使透平压缩机转速维持在 250～300r/min。

（2）跳闸实验（视具体情况决定此操作的进行）

① 继续升速至 1000r/min。

② 按动紧急停车按钮进行跳闸实验，实验后压缩机转速 XN311 迅速下降为零。

③ 手关 HC3011，开度为 0.0％，关闭蒸汽出口阀 VD10，开度为 0.0％。

④ 按压缩机复位按钮。

（3）重新手动升速

① 重复步骤（1），缓慢升速至 1000r/min。

② HC3011 开度递增级差保持在 10％以内，升转速至 3350r/min。

③ 进行机械检查。

（4）启动调速系统

① 将调速器切换开关切到 PIC304 方向。

② 缓慢打开 PV304A 阀（即 PIC304 阀门开度大于 50.0％），若阀开得太快会发生喘振。同时可适当打开出口安全阀旁路阀（VD13）调节出口压力，使 PI301 压力维持在 3.03atm，防止喘振发生。

（5）调节操作参数至正常值

① 当 PI301 压力指示值为 3.03atm 时，一边关出口放火炬旁路阀，一边打开 VD06 去燃料系统阀，同时相应关闭 PIC303 放火炬阀。

② 控制入口压力 PIC304 在 300mmH_2O，慢慢升速。

③ 当转速达全速（4480r/min 左右），将 PIC304 切为自动。

④ PIC303 设定为 0.1kg/cm^2（G），投自动。

⑤ 顶部安全阀 VD03 缓慢关闭。

（二）正常操作规程

1. 正常工况下工艺参数

① 贮罐 FA311 压力 PIC304：295mmH_2O。

② 压缩机出口压力 PI301：3.03atm；燃料系统入口压力 PI302：2.03atm。

③ 低压甲烷流量 FI301：3232.0kg/h。

④ 中压甲烷进入燃料系统流量 FI302：3200.0kg/h。

⑤ 压缩机出口中压甲烷温度 TI302：160.0℃。

2. 压缩机防喘振操作

① 启动调速系统后，必须缓慢开启 PV304A 阀，此过程中可适当打开出口安全阀旁路阀调节出口压力，以防喘振发生。

② 当有甲烷进入燃料系统时，应关闭 PIC303 阀。

③ 当压缩机转速达全速时，应关闭出口安全旁路阀。

（三）停车操作规程

本操作规程仅供参考，详细操作以评分系统为准。

1. 正常停车过程

（1）停调速系统

① 缓慢打开 PV304B 阀，降低压缩机转速。

② 打开 PIC303 阀排放火炬。

③ 开启出口安全旁路阀 VD13，同时关闭去燃料系统阀 VD06。

（2）手动降速

① 将 HC3011 开度设置为 100.0%。

② 将调速开关切换到 HC3011 方向。

③ 缓慢关闭 HC3011，同时逐渐关小透平蒸汽出口阀 VD10。

④ 当压缩机转速降为 300～500r/min 时，按紧急停车按钮。

⑤ 关闭透平蒸汽出口阀 VD10。

（3）停 FA311 进料

① 关闭 FA311 入口阀 VD01、VD11。

② 开启 FA311 泄料阀 VD07，泄液。

③ 关换热器冷却水。

2. 紧急停车

① 按动紧急停车按钮。

② 确认 PV304B 阀及 PIC303 置于打开状态。

③ 关闭透平蒸汽入口阀及出口阀。

④ 甲烷气由 PIC303 排放火炬。

⑤ 其余同正常停车。

（四）联锁说明

该单元有一联锁。

1. 联锁源

① 现场手动紧急停车（紧急停车按钮）。

② 压缩机喘振。

2. 联锁动作

① 关闭透平主汽阀及蒸汽出口阀。

② 全开放空阀 PV303。

③ 全开防喘振线上 PV304B 阀。

该联锁有一现场旁路键（BYPASS）。另有一现场复位键（RESET）。

注：联锁发生后，在复位前（RESET），应首先将 HC3011 置零，将蒸汽出口阀 VD10 关闭，同时各控制点应置手动，并设成最低值。

四、事故设置

1. 入口压力过高

主要现象：FA311 罐中压力上升。

处理方法：手动适当打开 PV303 的放火炬阀。

2. 出口压力过高

主要现象：压缩机出口压力上升。

处理方法：开大去燃料系统阀 VD06。

3. 入口管道破裂

主要现象：贮罐 FA311 中压力下降。

处理方法：开大 FA311 入口阀 VD01、VD11。

4. 出口管道破裂

主要现象：压缩机出口压力下降。

处理方法：紧急停车。

5. 入口温度过高

主要现象：TI301 及 TI302 指示值上升。

处理方法：紧急停车。

任务 2 丙烯压缩制冷单元仿真操作

一、任务要求

主要设备包括一个多段离心式压缩机 C-501 以及相连的罐和换热器。段间没有使用中间冷却器，因为每段吸入的丙烯气提供了所需的冷量。

所用冷剂为装置内所生产的聚合级丙烯。制冷过程提供四个标准温度级－40℃、－27℃、－6℃和 13℃，制冷过程是在与这些温度相应的压力下通过丙烯的蒸发来实现的。蒸发后的丙烯经压缩后达到 1.528MPa（G）、79.5℃的状态，在丙烯冷剂冷凝器内用冷却水冷凝。

二、工艺流程

丙烯压缩制冷单元工艺流程见图 5-2。

1. 压缩机制冷循环系统

从压缩机出口来的经 E-505 冷凝后的 36.9℃的丙烯进入丙烯冷剂收集罐 D-505 中，从 D-505 出来的丙烯在换热器 E-511 内通过加热流出的某工艺材料而被过冷。然后冷剂分成两股，第一股为用于四段冷剂用户 E-504 的丙烯液；第二股通过液位 LIC5009 控制进入丙烯制冷压缩机四段吸入罐 D-504。

从四段冷剂用户 E-504 来的蒸汽进入四段吸入罐 D-504，在此进行气液分离。一部分蒸汽物流从吸入罐出来进入换热器 E-512，在此加热冷物流而自身被冷凝下来，然后进入收集罐 D-507，通过液位 LIC5011 送往三段吸入罐 D-503；剩下的部分蒸汽作为四段吸入进入压缩机。从四段吸入罐出来的液体在通过冷却器 E-509 被冷却后分为两股：一股在液位 LIC5007 控制下被送到三段丙烯冷剂用户 E-503；剩下的液体通过液位 LIC5006 控制送到三段吸入罐 D-503。

从三段冷剂用户 E-503 出来的蒸汽进入三段吸入罐 D-503，在此进行气液相分离，从三

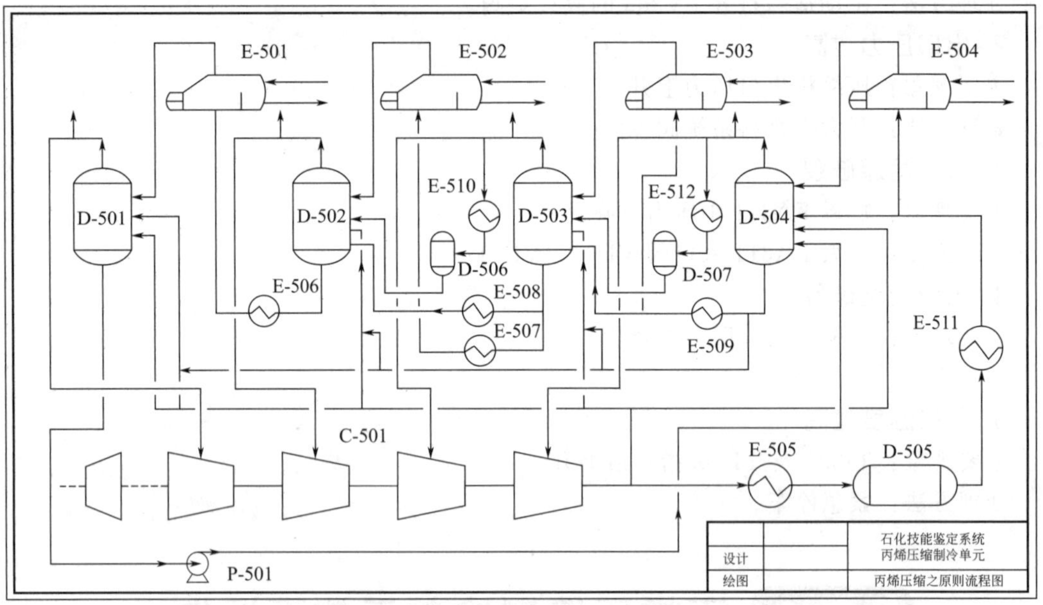

图 5-2　丙烯压缩工艺原则流程图

段吸入罐出来的蒸汽在 0.387MPa（G）和－5.9℃的条件下分为两股，一股在换热器 E-510 内加热冷物流而自身被冷凝下来，进入收集罐 D-506 后进入二段吸入罐 D-502；从三段吸入罐出来的过多蒸汽送往压缩机三段吸入。从三段吸入罐来的丙烯液体分两股：一股被换热器 E-507 冷却后由液位 LIC5005 控制送到二段冷剂用户 E-502；另一部分物流同样也通过换热器 E-508 后由液位 LIC5004 控制送往二段吸入罐 D-502。

从二段冷剂用户 E-502 出来的蒸汽流向二段吸入罐，在此进行气液相分离，从二段吸入罐出来的蒸汽进入压缩机的二段吸入口。从二段吸入罐出来的液体经过换热器 E-506，被冷却后由液位 LIC5003 控制送往一段冷剂用户 E-501。

从一段用户口排出的气相送往一段吸入罐 D-501，气相间断蒸发，四段排出的气相经一分布器进入罐内或送往液体排放总管，气相送往压缩机一段吸入口。

2. 油路系统

46＃透平油自油箱 D-508 出来后分为两部分，由泵 P-503A/B 输出：输出油一部分由压控 PIC5030 控制回流到油箱；另一部分经过油温冷却器 E-514A/B 后进入过滤器 S-501A/B。出口油分为三部分：一部分为透平以及压缩机的润滑油，油直接送往透平及压缩机，然后回到油箱，在这一段管路上设有一个高位槽 D-510，其上有溢流管直接将溢流部分送回油箱；一部分为压缩机的密封油，油通过一个中间设有脱气及连通装置的高位槽的管路送往压缩机，经过压缩机后再经抽气器 S-502A/B 后回到油箱；另一部分为透平机的控制油，进入透平机，然后回到油箱，整个过程为循环系统。

3. 复水系统

透平机动力蒸汽自透平机出来后，进入表面冷凝器 E-515，冷却后由冷凝水泵 P-502A/B 送往换热器 E-516A/B，一部分换热后回到 E-515，另一部分部分送出以控制液位；E-515 中的不凝气由真空泵 L-503A/B 抽出后进入换热器 E-516A/B 与自 E-515 来的冷凝水进行换热，冷凝后回到 E-515。整个过程为循环系统，不凝气排放至大气。

三、冷态开车操作规程

公用工程准备就绪，丙烯冷剂及电都具备使用条件，丙烯置换已经完成。

1. 接气相丙烯充压

① 打通流程。手动全开 4 段、3 段、2 段、1 段最小回流阀，使 D-504、D-505、D-503、D-502、D-501 联通，确认排火炬线全关并投自动，设定合理值、排 LD 线上的阀关闭。

② 现场打开 D-504 气相丙烯充气阀，向系统充压。

③ 待系统中各段压力升至 550～750kPa(G) 左右，关闭 D-504 气相丙烯充气阀，充压完成。

④ 稍后，系统均压，各段压力在 700kPa(G) 左右。

2. 接液态丙烯

待系统充气均压基本完成后，可以接液相丙烯。

① 现场打开 D-504 液态丙烯开工线，向 D-504 充液。

② 待 D-504 液位升至 40%以上后，通过 LIC5006 将液相丙烯引至 D-503，进行充液。

③ 若 D-503 出现 40%左右的液位时，则打开 LIC5004 使 D-502 开始接收液相丙烯。

④ 最终控制充液量至 D-502 和 D-503 液位达 50%左右、D-504 液位达 80%左右后，关闭液态丙烯开工线。

⑤ 确认防喘振阀 FIC5001、FIC5002、FIC5003、FIC5004 全开。

⑥ 检查确认油压、油温、蒸汽压力、温度、真空度、复水器液位、仪表系统正常，联锁系统投用，系统无跳闸、报警信号存在。

⑦ 打开 E505 的冷却水入口阀。

3. 油系统开车

① 给油箱 D-508 注 46#透平油，使其液位在 85%～90%。

② 检查油箱温度 TI5030，若低于 30℃则投用 E-513 使油箱加热至 30℃左右。

③ 按泵的启动程序启动 P-503A，设定 PIC5030 为 3450kPa(G)，P-503B 投入备用状态（打开泵出入口阀）。

④ 投油冷却器 E-514A 冷却水，E-514B 投备用状态（入口阀开，冷却水阀 50%）。

⑤ 确认油泵正常后，打开润滑油到高位槽管路上的所有阀门，给润滑油高位槽 D-510 充油，当有油回流（D501 液位 100%）则关闭充油阀。

⑥ LIC5032 液位控制投自动设定正常值，调节 D-511 液位至 50%。

⑦ 分别将控制油控制 PIC5031、润滑油压力控制 PIC5032 投自动控制，设定值分别为 1450kPa、320kPa 左右。

⑧ 检查 E-513 的加热情况及油冷却器的冷却水量情况，使油冷却器出口温度 TI5032 达到 45.0℃。

4. 复水系统开车

① 向复水器 E-515 供冷却水。

② 打开旁通给 E-515 供表面冷凝液，当液位达到 65%时关闭。

③ 按泵的启动程序启动 P-502A，P-502B 投备用状态（打开泵出入口阀）。

④ 投复水器冷却水。

⑤ 开 PIC5050 分程控制表面冷凝器液位。(全关为排液外送。)

⑥ 真空系统投用

a. 确认蒸汽密封投用（已经投用，无需操作）。

b. 先打开开工喷射泵 P-504 的蒸汽阀，再开不凝气阀。

c. 待真空度达到－30kPa(G) 时，切换至二级、一级喷射泵 P-505A，停开工喷射泵(顺序为依次关闭空气阀、蒸汽阀)，注意真空度。

注：压缩机启动后，若系统内液相丙烯不足，可再次充液补充。

5. 暖机，启动准备

① 启动盘车（盘车按钮）。

② 15～20s 后，停盘车。

③ 压缩机复位（PB5001R）。

④ 将压缩机入出口电磁阀打开（VI1C501、VI2C501、VI3C501、VI4C501、VI5C501）。

⑤ 打开蒸汽隔离阀及消声器，进行暖管，温度达到 254℃以上。

⑥ 当温度达到 254℃后，开透平主汽阀 VI6C501。

⑦ 将联锁系统投用（HS5002）。

⑧ 检查确认油压、油温、蒸汽压力、温度、真空度、复水器液位、仪表系统正常，联锁系统投用，系统无跳闸、报警信号存在。

⑨ 打开 E505 的冷却水入口阀。

⑩ 现场打开 E505 冷却水阀至正常。

⑪ 缓慢开大手轮开度，使转速达到 1000r/min 左右。

⑫ 在 1000r/min 左右转速下，按停车按钮 HS5001，进行联锁实验。

6. 启动压缩机

① 重新启动压缩机

a. 将压缩机调速手轮开度归零。

b. 将压缩机联锁复位（PB5001R）。

c. 重新将电磁阀 VI1C501、VI2C501、VI3C501、VI4C501、VI5C501 复位。

d. 重新复位透平主汽阀。

e. 用手轮将压缩机转速升到 1000r/min 左右。

② 压缩机升速

a. 按升速曲线，通过手轮将压缩机转速连续升到最小可调转速（r/min）：1000—2000—3000—4560。

b. 通过临界转速附近时快速通过。

在升速过程中要随时观察各段入、出口温度压力的变化，并通过 TIC5003、TIC5004 和 TIC5005，注意各罐液位的控制。

c. 控制好 D-501 的温度，并随压力变化而变化，但不能使 D-501 积液过多（不超过 5%）。

注：在压缩机升速及正常运行过程中，注意控制一段吸入罐的温度不大于 20℃；四段吸入罐液位不低于 10%，压缩机各段吸入量不能低于最小流量（正常运行最小流量值如下）。

一段	二段	三段	四段
63.0t/h	18.5t/h	8.0t/h	11.0t/h

7. 无负荷下调整

① 在转速至 4560r/min 处于最小可调转速，将其调节由手轮切换到主控 PIC5002 控制升速（“调速切换”至 PIC）。

② 通过逐步关小各段的最小回流阀开度，建立各段压力，不可过快过猛。

③ 若 D-505 内开始出现液位，则启用 LIC5009，向 D-504 转液。

④ 在以上过程中，随时调节保持各段相应的温度。

⑤ 最终将各段压力调整正常，同时温度接近正常冷级。

⑥ E-501 建立液位（50%），为一段投负荷做准备。

⑦ E-502 建立液位（50%），为二段投负荷做准备。

⑧ E-503 建立液位（50%），为三段投负荷做准备。

⑨ E-504 建立液位（50%），为四段投负荷做准备。

⑩ 根据需要投用冷剂用户，注意随时监视液位，若需要则向丙烯系统补充丙烯。

注：在此阶段，随时注意一段吸入罐液位不高于 5%。

8. 投用户负荷，调整至正常

① 待各级用户换热器控制好液位，将各冷级的热用户负荷投用（各用户负荷自动逐步升到 100%，随着热用户负荷的上升，匹配投用相应的冷负荷）。

② 在各冷级用户负荷上升过程中，随时注意各段的温度压力变化。

③ 通过 PIC5002 提升转速和调节各段最小回流量，在各用户不同的负荷阶段下，控制好各段温度、压力。

④ 注意观察控制各段吸收罐液位和各负荷用户的换热器及 D-506、D-507 液位控制。

⑤ 在控制各冷级温度的情况下，最终将各用户负荷全部投用，转速升至正常（6500r/min），各段最小回流全关。

⑥ 选择合适条件，将各调节回路设定好，并投入自动控制。

注：在投用户负荷期间，注意控制段温度、压力、液位。

工艺知识

知识 1　裂解气压缩

在生产工艺过程中，各裂解炉产生的裂解气经急冷和洗涤净化后，其温度为 40℃左右，压力略高于大气压，而深冷分离工艺要求裂解气压一般为 3.34～3.75MPa。采用裂解气压缩机把低压裂解气加压，使其达到深冷分离所需压力。

一、裂解气压缩目的

离心式压缩机原理展示

裂解气低级烃类沸点很低，如表 5-1 裂解气组分的主要物理常数所示，标准大气压下甲烷的沸点是－161.5℃，乙烯的沸点是－103.8℃，如在常压条件下把它们冷凝下来进行分离，就要冷却到极低的温度。这不仅需要大量的冷量，而且要用很多耐低温钢材制造的设备，在经济上不够合理。

表 5-1 低级烃类的主要物理常数表

名称	分子式	沸点/℃	临界温度/℃	临界压力/MPa
氢	H_2	−252.5	−239.8	1.307
一氧化碳	CO	−191.5	−140.2	3.496
甲烷	CH_4	−161.5	−82.3	4.641
乙烯	C_2H_4	−103.8	9.7	5.132
乙烷	C_2H_6	−88.6	33.0	4.924
乙炔	C_2H_2	−83.6	35.7	6.242
丙烯	C_3H_6	−47.7	91.4	4.600
丙烷	C_3H_8	−42.07	96.8	4.306
异丁烷	i-C_4H_{10}	−11.7	135	3.696
异丁烯	i-C_4H_8	−6.9	144.7	4.002
丁烯	C_4H_8	−6.26	146	4.018
1,3-丁二烯	C_4H_6	−4.4	152	4.356
正丁烷	n-C_4H_{10}	−0.50	152.2	3.780
顺-2-丁烯	C_4H_8	3.7	160	4.204
反-2-丁烯	C_4H_8	0.9	155	4.102

对裂解气进行压缩，一方面可提高深冷分离的操作温度，从而节省低温能量和省去低温材料；另一方面加压会促使裂解气中的水和重质烃冷凝，可以除去相当量的水分和重质烃，从而减少了干燥脱水和精馏分离的负担。

适当提高分离压力，可以使分离温度提高。但是分离温度有最高值，温度不超过某一数值，对气体进行加压，可以使气体液化，而在该温度以上，无论加多大压力都不能使气体液化，这个温度叫气体的临界温度。在临界温度下，使气体液化所必需的最小压力叫临界压力。例如甲烷临界温度－82.3℃，临界压力 4.641MPa；乙烯临界温度 9.7℃，临界压力 5.132MPa。

二、裂解气压缩原理

裂解气压缩原理就是根据物质的冷凝温度随压力的增加而升高的原理，如表 5-2 所示。提高压力，可提高深冷操作的温度，节省低温能量和低温材料。

裂解气分离中温度最低部位是甲烷和氢气的分离，即脱甲烷塔塔顶，它的分离温度与压力的关系由表 5-3 数据可以看出。

表 5-2 不同的压力下裂解气某些组分的冷凝温度 单位：℃

名称	0.1MPa	1.0MPa	1.5MPa	2.0MPa	2.5MPa	3.0MPa
氢气	−263	−244	−239	−238	−237	−235
甲烷	−162	−129	−114	−107	−101	−95
乙烯	−104	−55	−39	−29	−20	−13
乙烷	−88	−33	−18	−7	3	11
丙烯	−47.7	9	29	37.1	43.8	47

表 5-3　裂解气的深冷分离温度与相应的压力

分离压力/MPa	甲烷塔塔顶温度/℃
0.15～0.3	−140
0.6～1	−130
3～4	−96

分离压力高，分离温度也高；反之，分离压力低的时候，分离温度也低。提高压力，可提高深冷操作的温度，但是加压太大也是不利的，这会增加动力消耗，提高对设备材质的强度要求，此外还会降低烃类的相对挥发度，增加分离的困难。因此，在深冷分离中，经济上合理而技术上可行的压力一般要采用为 3～4MPa，分离温度小于−100℃。

三、裂解气的多段压缩

在生产上裂解气的压缩主要是通过裂解气的多段压缩和冷却相结合的方法来实现的，段与段之间设置中间冷却器。

1. 多段压缩

多段压缩中，被压缩机吸入的气体先进行一段压缩，压缩后压力、温度均升高，经冷却，降低气体温度并分离出凝液，再进二段压缩，压缩后气体经冷却分离再进一步压缩，以此类推。每一次压缩称为一段，经过几次压缩才能达到终压，就称为几段压缩。现在大规模生产厂的裂解气体压缩机都是离心式的，一般为 4～5 段。压缩机每分钟转数可达到 3000～16000。裂解气五段压缩工艺举例见表 5-4。多段压缩的优点包括以下几点。

表 5-4　裂解气五段压缩工艺参数

项目	Ⅰ段	Ⅱ段	Ⅲ段	Ⅳ段	Ⅴ段
进口温度/℃	38	34	36	37.2	38
进口压力/MPa	0.13	0.245	0.492	0.998	2.028
出口温度/℃	87.8	85.6	90.6	92.2	92.2
出口压力/MPa	0.26	0.509	1.019	2.108	4.125
压缩比	2	2.08	1.99	2.11	

注：本例是以轻烃、石脑油为原料，乙烯产量 680kt/a。

① 降低出口温度：借助于段间冷却，使出口温度不高于 100℃，抑制随温度升高聚合速率提高的二烯烃的聚合。

② 段间净化分离：段间冷凝除去大部分水，减少干燥剂用量；同时从裂解气中冷凝部分 C_3 及 C_3 以上的重组分，减少进入深冷系统的负荷，相应节约了冷量。

2. 典型的五段压缩工艺流程

如图 5-3 所示，急冷塔来的裂解气被送至裂解气压缩机第一段吸入罐，吸入压力 0.057MPa，温度为 42℃。裂解气进入一段吸入罐分离出所夹带的水及重烃，并在液面到达 45%时将其送到急冷塔。一段吸入罐的气相则进入压缩机第一段，压缩至 0.214MPa、89.8℃，经冷却器被冷却至 41℃进入第二段吸入罐，分离出部分水和重烃后，进入压缩机第二段，压缩至 0.506MPa、85.8℃，经冷却器被冷却至 41℃，进入第三段吸入罐，分离掉部分水和重烃后进入压缩机第三段，压缩至 1.032MPa、84.1℃，经冷却器冷却至 38～42℃后进入三段排出罐，分离掉部分水和重烃。经碱洗罐脱除酸性气体后，裂解气进四段吸入罐，分离掉夹带的水后进入压缩机第四段，压缩至 1.807MPa、86℃，经水冷却后，进入第五段吸入罐，分离掉水及烃类的裂解气进入压缩机第五段，压缩至 3.713MPa、93.1℃，经两台并联的水冷却器冷却至 38～42℃后进入干燥器进料洗涤塔。在塔内，裂解气与来自该塔回流罐的 12～15℃的烃类凝液逆流接触，分离掉苯及重烃类。裂解气经过洗涤后，用丙烯冷却和脱乙烷塔进料换热器将裂解气冷却至 12～15℃后进入回流罐，凝液作苯洗塔回流，气相送至分离单元干燥。

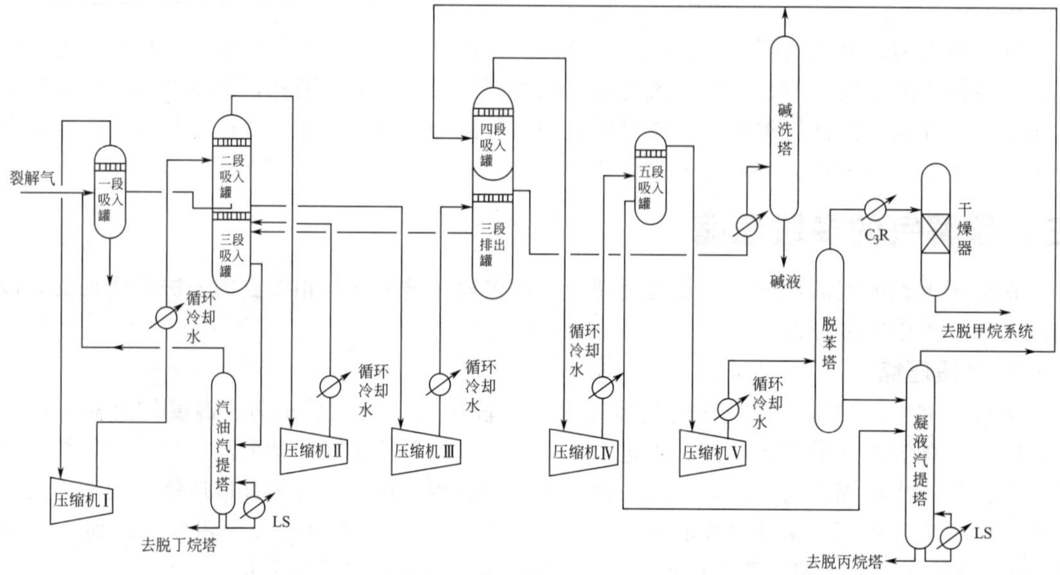

图 5-3　裂解气压缩部分流程图

前三段压缩段间凝液在汽油汽提塔中进行汽提，汽提出 C_4 以下的轻组分的气相返回压缩机一段吸入罐，液相裂解汽油则送入原料罐区。

后两段压缩段间凝液送入凝液汽提塔，塔釜用低压蒸汽 LS 加热，灵敏板温度控制在 56～60℃，将进料凝液中含有的全部 C_2 馏分及部分 C_3 馏分汽提出来，由塔顶压力控制在 0.97MPa 下返回至四段吸入罐，塔釜液被送至脱丙烷塔。

一段吸入罐的压力由压缩机透平的转速控制，而压缩机最小流量则以“三返一”（三段出口返回一段入口）和“五返四”的旁路调节阀控制，以避免压缩机进入喘振区。

知识 2　离心式压缩机

离心式压缩机是一种叶片旋转式压缩机（即透平式压缩机，透平是英译音“turbine”，即旋转的叶轮），是一种气体增压设备，它可用蒸汽透平带动做高速运转。由于其具有效率高、输气量大、可以长时间连续运转、气流稳定均匀、装置紧凑、制造成本较低等优点，又能与蒸汽透平相结合，使乙烯装置中副产的蒸汽得以利用，故广泛用于大型裂解气的深冷分离。例如广州石化乙烯裂解装置从急冷水塔塔顶来的裂解气进入裂解气压缩机，裂解气压缩机为四段离心式压缩，抽汽凝汽式蒸汽透平驱动，总轴功率为 14486kW。四段离心式压缩将裂解气从 28kPa 压缩至 3.583MPa，并使裂解气析出部分裂解汽油和冷凝水。

一、工作原理

透平压缩机以汽轮机（蒸汽透平）为动力，蒸汽在汽轮机内膨胀做功驱动压缩机主轴，主轴带动叶轮高速旋转。

离心式压缩机工作时，叶轮随轴高速旋转，气体由吸气室吸入后，在叶轮的作用下逐级沿叶轮上的流道流动，使气体压力、速度、温度都提高，然后流入扩压器，使其速度降低，压力进一步提高。在弯道、回流器的导向作用下，使气体流入下一级继续被压缩。最后从末级出来的高压气体经出气管输出。

气体在叶轮内的流动过程中，一方面受离心力作用增加了气体本身的压力，另一方面得到了很大的动能。气体离开叶轮进入流通面积逐渐扩大的扩压器，气体流速急剧下降，动能转化为压力能（势能），使气体的压力进一步提高，使气体压缩。

二、基本结构

离心式压缩机主要由吸气室、叶轮、扩压器、弯道、回流器、蜗壳构成。如图 5-4 所示，按流道各组件顺序，压缩机主要部件的名称及作用如下。

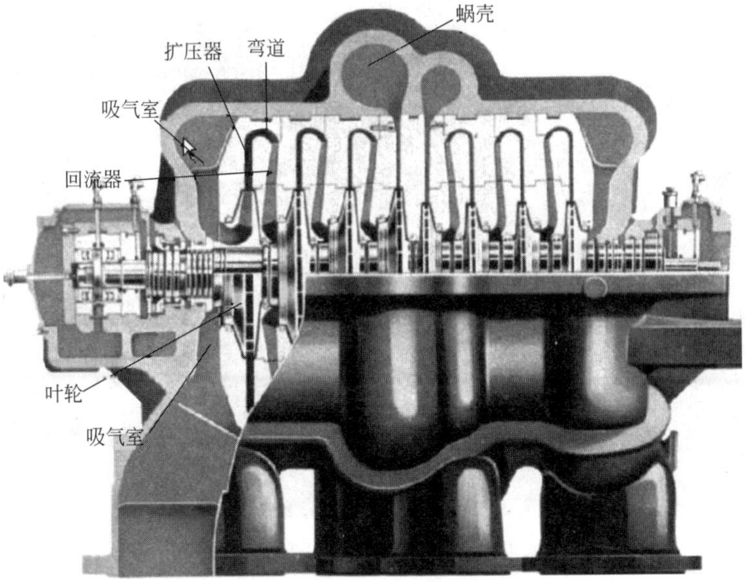

图 5-4　离心式压缩机结构图

① 吸气室：气体入口管道，引导气流进入叶轮中心。

② 叶轮：也叫转子、工作轮。把机械能传给介质。

③ 扩压器：起扩压和导流作用，气流从叶轮中出来，速度高，动能大。气体进入扩压器后，由于流通面积逐渐增大，使速率降低，依据能量守恒与转换定律，部分动能减少而转换为压能，实现增压的目的。

④ 弯道：引导气流转向，由离心方向转为向心方向流动。

⑤ 回流器：靠流道内叶片导流，使气体无冲击地进入下一级叶轮中心。

⑥ 蜗壳（排出口）：泵与压缩机的终端出口都做成蜗壳状，蜗壳沿旋转方向截面面积逐步增大，使气流速度在各截面上均等，这样，流动阻力损失最小。

通常扩压器、弯道、回流器统称为定子或导轮。一级由叶轮、导轮组成，一台压缩机由多级串联而成，一般5～9级，多则十几级。一段组成有一个进口和出口，中间由几级叶轮组成为一段，一台压缩机可能有二段，也可有三段。一个完整圆筒形外壳组成的机体为一个缸，几个缸排在一条轴线上的为一列。图5-5展示的是三缸联动的裂解透平压缩机，其中图5-6是沈鼓集团股份有限公司为上海金山石化70万吨/年乙烯改造工程研制的裂解透平压缩机。

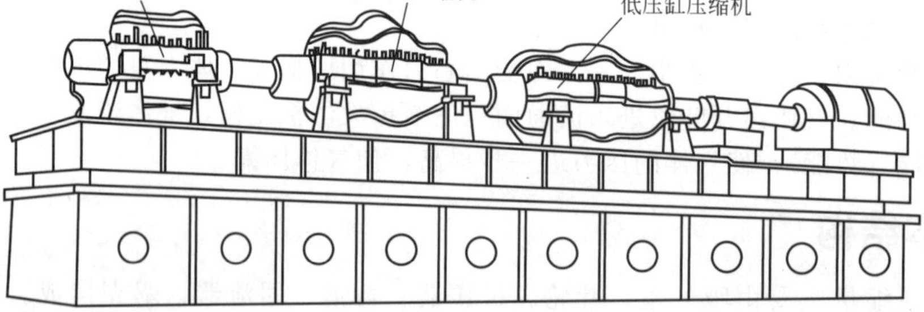

图5-5　裂解气压缩机三缸串联机组

图5-6　沈鼓集团股份有限公司研制的裂解透平压缩机

三、异常现象防范及处理

在压缩机运行过程中，流量不断减少达到最小流量，就会在压缩机流道中出现严重的旋转脱离，流量严重下降，使压缩机出口压力突然下降，由于和压缩机出口相连的管网系统中的压力并没有马上降低，导致气体倒流向压缩机。当出口压力与管网压力相等时，压缩机又能正常工作，但当管网压力不断加大，流量不断减少时，系统又将产生倒流现象，这种周期性的气流振荡称为喘振。

喘振发生时，由于负荷变化，透平也处于不稳定的工作状态。压缩机出口止逆阀忽开忽关产生撞击，气体流量和压力发生周期性的变化，频率低而振幅大，压缩机发动周期性吼声。机体及相关部件产生强烈振动，可造成机器严重损坏、叶轮破碎、轴烧毁等。

喘振是透平式压缩机在流量减少到一定程度时所发生的一种非正常工况下的振动，喘振对于透平式压缩机有着很严重的危害。防范措施包括通过流量返回阀来控制压缩机流量，以及调整压缩机转速。

如图 5-7 所示，为了防止蒸汽透平压缩机发生喘振，设计了由压缩机出口至储罐 FA311 的返回管路，即由压缩机出口经过换热器 EA305 和 PV304B 阀到储罐的管线（A 到 B 线），返回的甲烷经冷却器 EA305 冷却。

汽轮机原理展示

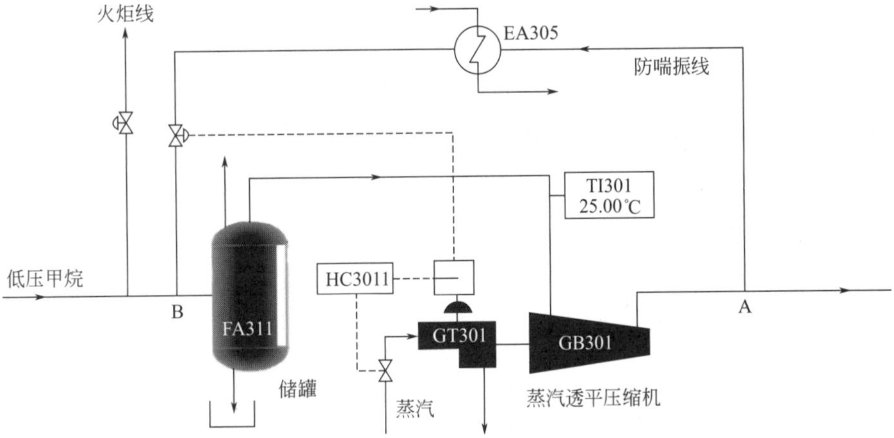

图 5-7　离心式压缩机防喘振路线图

运行操作人员应了解压缩机的工作原理，随时注意机器所在的工况位置，熟悉各种监测系统和调节控制系统的操作，尽量使机器不致进入喘振状态。一旦进入喘振应立即加大流量退出喘振或立即停机。停机后，应经开缸检查，确无隐患，方可再开动机器。

四、离心式压缩机特点

离心式压缩机是以叶轮转子的旋转进行能量转换的机械，叶轮的级数多，通常为 10 级以上。叶轮转速高，一般在 5000r/min 以上，可以产生很高的出口压强。由于气体的体积变化较大，温度升高也较显著，故离心式压缩机常分成几段，每段包括若干级，叶轮直径逐段缩小，叶轮宽度也逐级缩小。段与段间设有中间冷却器将气体冷却，避免气体终温过高，见图 5-8。

离心式压缩机原理展示

图 5-8　离心式压缩机在化工生产中的应用

乙烯裂解装置使用的三台压缩机，裂解气压缩机、乙烯压缩机和丙烯压缩机，一般都是离心式压缩机，驱动机都采用蒸汽透平。

离心式压缩机是一种速度式压缩机，与其他压缩机相比较有如下优点：①排气量大，气体流经离心式压缩机是连续的，其流通截面积较大，且叶轮转速很高，故气流速度很大，因而流量很大；②结构紧凑、尺寸小，它比同气量的活塞式小得多；③运转平稳可靠，连续运转时间长，维护费用低；④不污染被压缩的气体，这对化工生产是很重要的；⑤转速较高，适宜用蒸汽轮机或燃气轮机直接拖动。

缺点：①不适宜气量过小或压缩比过高的场合；②气流速度大，流道内的零部件有较大的摩擦损失；③有喘振现象，对机器的危害极大。

五、离心式压缩机的性能曲线与调节

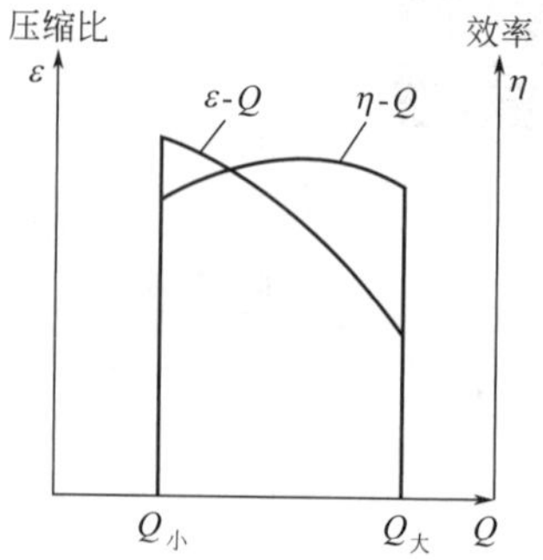

图 5-9　离心式压缩机性能

离心式压缩机的性能曲线与离心泵的特性曲线相似，是由实验测得的。图 5-9 为典型的离心式压缩机性能曲线，它与离心泵的特性曲线很相像，但其最小流量 Q 不等于零，而等于某一定值。离心式压缩机也有一个设计点，实际流量等于设计流量时，效率 η 最高；流量与设计流量偏离越大，则效率越低；一般流量越大，压缩比 ε 越小，即进气压强一定时，流量越大出口压强越小。

当实际流量小于性能曲线所表明的最小流量时，离心式压缩机就会出现一种不稳定工作状态，称为喘振。喘振现象开始时，由于压缩机的出口压强突然下降，不能送气，出口管内压强较高的气体就会倒流入压缩机。发生气体倒流后，压缩机内的气量增大，至气量超过最小流量时，压缩机又按性能曲线所示的规律正常工作，重新把倒流进来的气体压送出去。压缩机恢复送气后，机内气量减少，至气量小于最小流量时，压强又突然下降，压缩机出口处压强较高的气体又重新倒流入压缩机内，重复出现上述的现象。这样，周而复始地进行气体的倒流与排出。在这个过程中，压缩机和排气管系统产生一种低频率高振幅的压强脉动，使叶轮的应力增加，噪声加重，整个机器强烈振动，无法工作。由于离心式压缩机有可能发生喘振现象，它的流量操作范围受到相当严格的限制，不能小于稳定工作范围的最小流量。一般最小流量为设计流量的 70%～85%。压缩机的最小流量随叶轮的转速的减小而降低，也随气体进口压强的降低而降低。

离心式压缩机的调节方法有以下几点。

① 调整出口阀的开度。方法很简便，但使压缩比增大，消耗较多的额外功率，不经济。

② 调整入口阀的开度。方法很简便，实质上是保持压缩比降低出口压强，消耗额外功率较上述方法少，使最小流量降低，稳定工作范围增大。这是常用的调节方法。

③ 改变叶轮的转速。这是最经济的方法。有调速装置或用蒸汽机为动力时应用方便。

六、离心式压缩机的操作

1. 开车前的准备工作

① 检查电器开关、声光信号、联锁装置、轴位计、防喘装置、安全阀以及报警装置等是否灵敏、准确、可靠。

② 检查油箱内有无积水和杂质，油位不低于油箱高度的 2/3；油泵和过滤器是否正常；油路系统阀门开关是否灵活好用。

③ 检查冷却水系统是否畅通，有无渗漏现象。

④ 检查进气系统有无堵塞现象和积水存液，排气系统阀门、安全阀、止回阀是否动作

灵敏可靠。

2. 运行

① 启动主机前，先开油泵使各润滑部位充分有油，检查油压、油量是否正常；检查轴位计是否处于零位和进出阀门是否打开。

② 启动后空车运行 15min 以上，未发现异常，逐渐关闭放空阀进行升压，同时打开送气阀门向外送气。

③ 经常注意气体压强、轴承温度、蒸气压强或电流大小、气体流量、主机转速等，发现问题及时调整。

④ 经常检查压缩机运行声音和振动情况，有异常及时处理。

⑤ 经常查看和调节各段的排气温度和压强，防止过高或过低。

⑥ 严防压缩机抽空和倒转现象发生，以免损坏设备。

3. 停车

停车时要同时关闭进排气阀门。先停主机、油泵和冷却水，如果汽缸和转子温度高时，应每隔 15min 将转子转 180°，直到温度降至 30℃为止，以防转子弯曲。

4. 遇到下列情况时，应作紧急停车处理

① 断电、断油、断蒸气时；

② 油压迅速下降，超过规定极限而联锁装置不工作时；

③ 轴承温度超过报警值仍继续上升时；

④ 电机冒烟有火花时；

⑤ 轴位计指示超过指标，保安装置不工作时；

⑥ 压缩机发生剧烈振动或异常声响时。

往复泵原理展示

知识 3 制 冷

裂解气深冷分离是在远低于环境温度下进行的，如脱甲烷塔系统，必须提供－100℃以下的低温，一些精馏塔的塔顶冷凝及其他用户也需要较低温度。因此工艺上就有一个降温和向低温设备供冷的任务，这个任务就是由制冷系统来承担的。

一、制冷原理

制冷是利用制冷剂在液态汽化时，要从物料吸收热量，使物料温度降低的过程。所吸收的热量，在热值上等于它的汽化潜热。液体的汽化温度（即沸点）是随压力的变化而改变的，压力越低，相应的汽化温度也越低。例如在低压下液氨的沸点很低，当压力为 0.12MPa 时，沸点为－30℃；氨蒸气加压到 1.55MPa 时，其冷凝点是 40℃。

1. 氨蒸气压缩制冷过程

蒸气压缩制冷系统可由四个基本过程组成：蒸发、压缩、冷凝、膨胀。主要利用液态氨在低压下沸点低吸热汽化，氨蒸气在高压下冷凝点高放热液化的特点进行制冷，如图 5-10 所示。

（1）蒸发 液氨压力为 0.12MPa 时，沸点为－30℃，在蒸发器中液氨沸腾蒸发变成氨蒸气，从通入液氨蒸发器的被冷物料中吸取热量，产生制冷效果，使被冷物料冷却到接近－30℃。

（2）压缩　蒸发器中所得的是低温、低压的氨蒸气。为了使其液化，首先通过氨压缩机压缩，使氨蒸气压力升高，加压到 1.55MPa。

往复式压缩机原理展示

（3）冷凝　1.55MPa 高压下的氨蒸气的冷凝点是 40℃，此时，氨蒸气在冷凝器中变为液氨，普通冷水能够将所放出的热量带走。

（4）膨胀　若使液氨在 1.55MPa 压力下汽化，由于沸点为 40℃，不能得到低温，为此，必须把高压下的液氨，通过膨胀阀降压到 0.12MPa，若在此压力下汽化，温度可降到－30℃。由于此过程进行得很快，汽化热量来不及从周围环境吸取，全部取自液氨本身。膨胀后形成了低压，低温的气液混合物进入蒸发器，在此液氨又重新开始下一次低温蒸发吸热。反复进行，形成一个闭合循环操作过程。

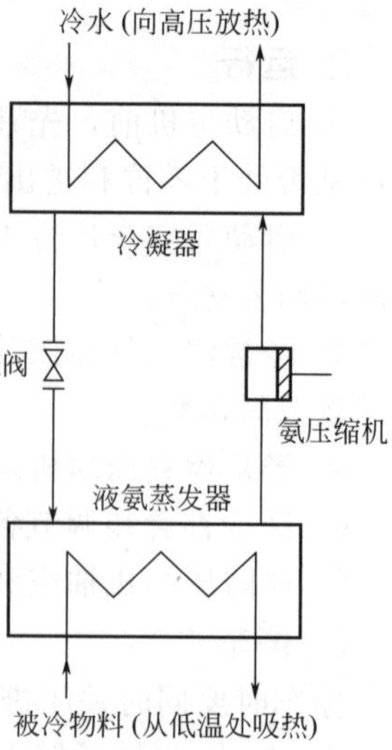

图 5-10　氨蒸气压缩制冷系统示意图

氨通过蒸发、压缩、冷凝、膨胀四个基本过程构成一个循环。这一循环，必须由外界向循环系统输入压缩功才能进行，因此，是消耗了机械能，换得了冷量。

2. 制冷四大设备

制冷系统由制冷剂和四大机件，即蒸发器、压缩机、冷凝器、膨胀阀组成。

① 蒸发器：制冷剂由液态蒸发为气态，吸收冷量用户的热量，达到制冷目的。

② 压缩机：外界对系统做压缩功，提高制冷剂的压力，提高冷凝温度。

③ 冷凝器：制冷剂由气相被冷凝为液态，将热量排给冷却水或其他冷剂。

④ 膨胀阀：高压液态制冷剂在膨胀阀中降压，由于压力降低，相应的沸点就降低。膨胀后的低温制冷剂用于用户，蒸发后气相进行压缩进入下个循环。

3. 制冷剂的选择

氨是上述冷冻循环中完成转移热量的一种工作介质，工业上称为冷冻剂，也称制冷剂。常用的制冷剂见表 5-5，这些制冷剂都是易燃易爆的，在使用过程中，制冷系统不能漏入空气，制冷过程应该在正压下进行。

制冷剂本身物理化学性质决定了制冷温度的范围。如液氨节流降压到 0.098MPa 时进行蒸发，其蒸发温度为－33.4℃，如果降压到 0.011MPa，其蒸发温度为－70℃，但是在负压下操作是不安全的。因此，用氨作冷冻剂，不能获得－100℃的低温。所以要获得－100℃的低温，必须用沸点更低的气体作为制冷剂。

表 5-5　制冷剂的性质表

制冷剂	分子式	沸点/℃	凝固点/℃	蒸发潜热/(kJ/kg)	临界温度/℃	临界压力/MPa	与空气的爆炸极限/%(体积分数)	
							下限	上限
氨	NH_3	－33.4	－77.7	1373	132.4	11.298	15.5	27
丙烷	C_3H_8	－42.07	－187.7	426	96.81	4.257	2.1	9.5
丙烯	C_3H_6	－47.7	－185.25	437.9	91.89	4.600	2.0	11.1
乙烷	C_2H_6	－88.6	－183.3	490	32.27	4.883	3.22	12.45
乙烯	C_2H_4	－103.7	－169.15	482.6	9.5	5.116	3.05	28.6
甲烷	CH_4	－161.5	－182.48	510	－82.5	4.641	5.0	15.0
氢	H_2	－252.8	－259.2	454	－239.9	1.297	4.1	74.2

4. 乙烯、丙烯复叠制冷

原则上，沸点为低温的物质都可用作制冷剂。对乙烯装置而言，装置产品为乙烯、丙烯，已有贮存设施，且乙烯和丙烯已具有良好的热力学特性，因而均选用乙烯、丙烯作为乙烯装置制冷系统的制冷剂。

乙烯常压沸点为－103.7℃，可作为－100℃温度级的制冷剂。丙烯常压下沸点为－47.7℃，可作为－40℃温度级的制冷剂。采用低压脱甲烷分离流程时，需要更低的制冷温度，此时常采用甲烷制冷。甲烷常压沸点为－161.5℃，可作－160～－120℃温度级的制冷剂。

用两种或多种制冷剂进行串联操作，以一种制冷剂所产生的冷效应去冷凝另一沸点较低的制冷剂，该制冷剂所产生的冷效应又去冷凝另一沸点更低的制冷剂，这样依次逐级液化，可达很低的温度，此法称为复叠制冷。

以丙烯为制冷剂构成的蒸汽压缩制冷循环中，其冷凝温度可采用 38～42℃的环境温度(冷却水冷却或空冷)。但是，在维持蒸发压力不低于常压的条件下，其蒸发温度受丙烯沸点的限制而只能达到－45℃左右的低温条件。换言之，丙烯制冷循环难于获得更低的温度。

以乙烯为制冷剂构成的蒸汽压缩制冷循环中，在维持蒸发压力不低于常压条件下，其蒸发温度可降至－102℃左右。换言之，乙烯制冷剂可以获得－102℃温度的低温。但是，在压缩—冷凝—节流—蒸发的蒸汽压缩制冷循环中，由于受乙烯临界点的限制，乙烯制冷剂不可能在环境温度（冷却水温度 38～42℃）下冷凝，其冷凝温度必须低于其临界温度（9.5℃）。为此，乙烯蒸汽压缩制冷长循环中的冷凝器需要使用制冷剂进行冷却。此时，如果采用丙烯制冷循环为乙烯制冷循环的冷凝器提供冷量，则可制取－102℃的低温。图 5-11 所示为－102℃低温冷量的乙烯-丙烯复叠制冷循环。

在此循环中，冷却水向丙烯供冷，并带走丙烯冷凝时放出的热量。经节流降压降温的液态丙烯在复叠换热器中向高压气态乙烯供冷，并带走乙烯冷凝时放出的热量，得到液态乙烯。此液态乙烯经节流阀降压降温，它在换热器中使被冷物料冷至－100℃的低温。复叠换热器实际上既是液态丙烯的蒸发器，又是气态乙烯的冷凝器。

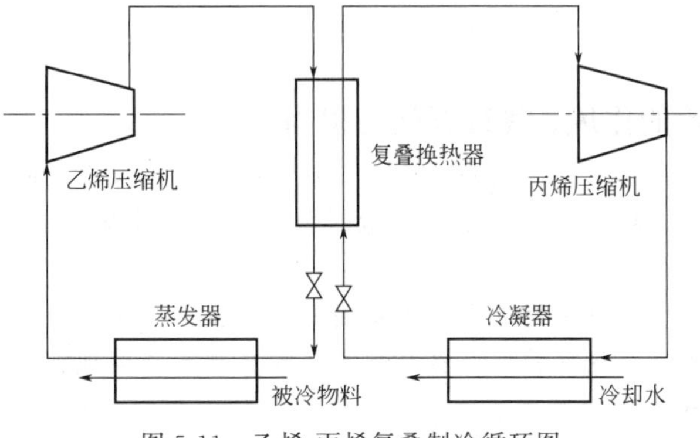

图 5-11 乙烯-丙烯复叠制冷循环图

离心式压缩机
原理展示

二、节流膨胀制冷

所谓节流膨胀制冷，就是气体由较高的压力通过一个节流阀迅速膨胀到较低的压力，由于过程进行得非常快，来不及与外界发生热交换，膨胀所需的热量，必然由自身供给，从而引起温度降低。这一过程可近似地看作绝热过程，节流膨胀所产生的温度变化称为节流效应。

常见气体如甲烷、乙烷等，在常温或低温和中等压力下节流，均可降温。氢气只有在

−100℃以下节流才能降温。若在−80℃以上时节流反而升温，这个温度称为倒转温度。每一种气体都有一个特定的倒转温度。节流前温度越低，压力越高，节流效果越好。而液体在节流膨胀时，只有发生汽化才能产生制冷效应。

在深冷分离过程中，应用−99℃的甲烷或氢气在压力3.10MPa时节流膨胀，压力降至0.063MPa会产生−142～−140℃的低温，主要应用在脱甲烷塔操作中。

三、裂解气制冷系统

裂解气制冷系统通常包括乙烯制冷系统和丙烯制冷系统，现以某石化乙烯装置介绍裂解气制冷系统。

（1）乙烯制冷系统　乙烯制冷系统设置一台乙烯机，提供乙烯装置三级能位级的冷量，分别为：

压力/MPa(G)	温度/℃
0.016	−102.8
0.34	−73.8
0.969	−51.7

乙烯机为三段离心式压缩机，由蒸汽透平驱动，轴功率为2350kW，由一段吸入乙烯气压力控制透平机转速。

（2）丙烯制冷系统　丙烯制冷系统设置一台丙烯机，提供丙烯装置四级能位级的冷量，分别为：

压力/MPa(G)	温度/℃
0.032	−41.3
0.199	−21.6
0.377	−6.7
0.622	7

丙烯机为四段离心式压缩机，由抽汽凝汽式蒸汽透平驱动，轴功率为11921kW。由一段吸入丙烯气压力控制透平转速。

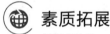

素质拓展

严谨细致的作风，践行责任与担当

中国石化燕山公司炼油厂外操员马志彬不负韶华三十载，坚守平凡成不凡，他的脚步丈量了装置每一个角落，他的目光捕捉着现场每一处细微，他用执着的坚持诠释敬业与奉献，他用严谨细致的作风 践行责任与担当。

始终坚持简单的事情重复做、重复的事情用心做，用敬畏心让细微的隐患无处遁形，用责任心为原油加工第一道生产工序的安全保驾护航，在朴实无华中体现脚踏实地、任劳任怨的坚守，履行生产一线岗位的担当与责任。

阻燃服、工鞋、安全帽、半面罩、耳罩、四合一报警仪、对讲机是马志彬巡检路上标配的装备。步伐矫健、行走如风的马志彬，每次巡检也都至少需要一个半小时，他转遍一层层平台，检查一台台设备，抬起头、踮起脚、俯下身，不放过角角落落，不时听听声音有没有变化，闻闻有没有异味，遇到重要的部位和薄弱点还会多巡一圈、多查一遍。

“巡检，不仅在巡，更在检。”在这看似日复一日、枯燥乏味的巡检中，马志彬始终遵循着这套“望闻问切”巡检诊断法。他表示，“走的次数多了，哪里声音不对、味道不对，一下子就能感觉出来。”2023年10月20日22时，马志彬巡检到了装置常压塔底液位平台。

当他望向旁边的常压汽提塔时，突然发现似乎有液体滴落，他迅速穿过两塔间的过道，顺着手电筒灯光一看，不妙！是油滴！此时，马志彬心中警铃大作，赶忙追着油滴滴落的方向一层一层地往上检查，终于在高约15m处发现了漏点。“班长班长，常三汽提塔气相返塔线保温带油，里面有漏点！”“收到！我马上过去。”当厚厚的保温被拆开后，他们发现气相返塔温度计引出管线有一个又小又隐蔽的砂眼，迅速处置了问题。有同事说：“马师傅像是装置医生，在我印象中，他已经发现过8次漏点了，关键他能发现很细微的漏点，连报警仪都捕捉不到。”

“我去吧！”“我来！”是马志彬师傅经常挂在嘴边的话。装置出现异常情况需要现场确认，或者要去现场操作调整时，他永远都是一边拿起对讲机，一边三步并成两步地冲出去。在班长不在的情况下，他也能勇挑重担，带领班组熟练处理装置紧急事件。班长颜涛提到马志彬总是连连夸赞，“这么多年，和马师傅一起工作很有默契，有活了，和马师傅一起干，遇到难题了，有马师傅兜底，有马师傅在，我很安心。”

像这些小事，在工作中不是什么突出的成绩，但马志彬从不计较这些，一如既往地坚持着“简单的事情重复做、重复的事情用心做”，在平凡的岗位上散发自己的热量，践行着自己守护好装置的初心。

职业知识

裂解气压缩外操岗位工作标准及职责

岗位名称	压缩外操	所属部门	化工一部
直接上级岗位名称	压缩内操		
直接下级岗位名称			
岗位属性	技能操作	岗位定员人数	20
工作形式	倒班(5-3倒)	岗位特殊性	
岗位工作概述： 熟悉本岗位的一岗一责制，接受班长、主操的领导，完成各项工作。根据内操指令进行现场调节，负责现场检查和操作调节及取样工作，配合分析进行取样；按照岗位巡检表的要求对装置进行巡检，对于巡检中发现的无法解决的问题报告主操及班长；按要求做好HSE、消防、ERP和内控管理			

岗位工作内容与职责

编号	工作内容	权责	时限
1	接受班长、主操的领导，完成各项工作	负责	日常性
2	配合主操，完成现场的调节操作，根据主操指令进行现场调节，根据内主操指令进行现场调节	负责	日常性
3	负责现场检查和操作调节及取样工作，配合分析进行取样	负责	日常性
4	按照岗位巡检表的要求对装置进行巡检，对于巡检中发现的无法解决的问题报告主操及班长	负责	日常性
5	注意各塔液位、温度、压力是否异常，并通知主操调节	负责	日常性
6	负责设备维护，负责对本岗位的设备的日常维护	负责	日常性
7	负责本班的设备和区域卫生	负责	日常性
8	精心操作，严格执行压缩外操岗位工艺纪律和操作纪律，做好各项操作记录。交接班必须交接安全生产情况，交班要为接班创造良好的安全生产条件	负责	阶段性
9	正确分析、判断和处理压缩外操岗位各种事故苗头，把事故消灭在萌芽状态。在发生事故时，及时地如实向上级报告，按事故预案正确处理，并保护现场，做好详细记录	负责	临时性

续表

<table>
<tr><td colspan="7">岗位工作关系</td></tr>
<tr><td>内部联系</td><td colspan="6">生产调度部、检验中心、信息仪控中心、动力事业部、公用工程部</td></tr>
<tr><td>外部联系</td><td colspan="6"></td></tr>
<tr><td colspan="7">岗位工作标准</td></tr>
<tr><td>编号</td><td colspan="6">工作业绩考核指标和标准</td></tr>
<tr><td>1</td><td colspan="6">认真执行工艺纪律和重要参数核对制度，做到工艺操作不超工艺指标。若不按工艺操作规程操作，造成工艺参数大幅度波动，视事故影响程度按《化工一部经济责任制考核》进行考核</td></tr>
<tr><td>2</td><td colspan="6">认真、按时做好班前预检、交接班以及各项记录。若不按规定预检、不按规定站队交接班、不按规定记录的，按《化工一部经济责任制考核》进行考核</td></tr>
<tr><td>3</td><td colspan="6">认真执行巡回检查制度，“定人、定时、定路线、定内容”，巡检工具齐全好用（新老三件宝），按照巡检路线对装置设备进行巡检、挂牌，及时做好设备缺陷登记和消缺工作，发现现场漏点并及时登记挂牌。巡检中出现有漏项的，按《化工一部经济责任制考核》进行考核</td></tr>
<tr><td>4</td><td colspan="6">设备维护实行定机、定期保养制度，并按分公司TNPM管理要求，做好现场精细管理。如备用泵要定期盘车、切换，盘车标志应规范、清晰，并有相应的记录；带自启动联锁的机泵必须投用联锁；确保机泵的冷却系统、机封冲洗系统、油路系统畅通，注意监测裂解炉的引风机轴承振动或轴承温度趋势上升等。若设备维护保养执行不好，视事故影响程度按《化工一部经济责任制考核》进行考核</td></tr>
<tr><td>5</td><td colspan="6">严格执行消防管理制度规定，消防器材设施的使用做到“四懂”“三会”，会使用消防、气防器材和设施。未执行的，按《化工一部经济责任制考核》进行考核</td></tr>
<tr><td>6</td><td colspan="6">认真组织开展班组HSE活动，有细则、有计划、有落实、有考核。按要求开展事故预案演练，做好记录。未执行的，按《化工一部经济责任制考核》进行考核</td></tr>
<tr><td>7</td><td colspan="6">严格执行设备润滑管理制度，做到“五定”“三级过滤”；润滑油房地面瓷盘应无积油；润滑油应有分类标志；机泵油位标识及油质应符合要求；加油做好记录；认真保管好润滑油库房钥匙；设备应保持油视镜、油杯干净。对违反设备润滑管理制度的，按《化工一部经济责任制考核》进行考核</td></tr>
<tr><td>8</td><td colspan="6">按时参加每月一考、技能考核、特殊工种取证、系统操作上岗等考试。做好班组管理手册中的岗位培训记录；按要求完成每日一题出、答、评题。未完成或完成不好的，按《化工一部经济责任制考核》进行考核</td></tr>
<tr><td>9</td><td colspan="6">当班期间生产出现异常时，执行汇报制度，及时汇报生产情况；及时向调度汇报较大生产调整情况及调度指令执行情况；出现生产事故及时上报。隐瞒生产事故（包括质量、设备事故、操作波动）不报及推迟不报的，按《化工一部经济责任制考核》进行考核</td></tr>
<tr><td>10</td><td colspan="6">裂解装置属分公司的关键生产装置。严格执行关键生产装置、重点部位管理制度。未执行的，按《化工一部经济责任制考核》进行考核</td></tr>
<tr><td colspan="7">岗位任职资格</td></tr>
<tr><td>学历要求</td><td colspan="3">中技以上文化程度</td><td>专业要求</td><td colspan="2">石油化工生产</td></tr>
<tr><td>知识
技能
要求</td><td colspan="6">(1)独立操作能力：熟练掌握本岗位操作技能，具备独立操作能力。
(2)应急应变能力：掌握应急预案，具备处理生产过程中出现突发异常或突发事故的能力。
(3)安全防护能力：有安全防护意识，会正确使用劳动安全防护用品，会正确使用基本消防器材。
(4)沟通能力：具有良好的语言能力和人际交往能力，能准确、清晰地表达自己的想法</td></tr>
<tr><td>年龄性别要求</td><td>性别</td><td>不限</td><td>年龄</td><td></td><td>其他</td><td></td></tr>
<tr><td>实践经验要求</td><td colspan="6">在外操岗位实习半年以上，上岗考试合格</td></tr>
<tr><td>培训要求</td><td colspan="6">中级工试题掌握100%，高级工试题掌握60%以上。
会本装置所有岗位的操作，掌握本岗位的仪表控制和工艺联锁调节。
具备以下基本知识。
化学基础知识：无机化学基本知识、有机化学基本知识。
化工基础知识：流体力学知识、传热学知识、传质知识。
化工机械与设备，包括以下几方面内容：①设备工作原理，②设备保养基本知识，③设备安全使用常识，④常用阀门、法兰、管道及垫片的种类、规格和适用范围。
识图知识：三视图、工艺流程图和设备结构简图。
电工基本知识：电工原理基本知识和安全用电常识。
仪表基本知识：①仪表基本概念，②常用温度、压力、流量、液位测量仪表及基本概念，③计量知识，④常规仪表、集散控制系统(DCS)使用知识。</td></tr>
</table>

续表

培训要求	安全及环保知识：①安全生产、环保、工业卫生法律、法规，②安全技术规程，③环保基本知识，④消防、气防知识，⑤健康、安全与环境（HSE）管理体系基础知识。 质量管理知识：包括质量管理的标准知识、质量管理体系基本知识。 记录填写知识：包括运行记录、交接记录、设备保养记录、其他相关记录。 相关法律、法规知识
职业技术资格要求	压缩初级工以上
备注：	

复习思考题

一、单项选择题

1. 压缩机是乙烯装置不可缺少的（　　）机械。

A. 液体输送　　B. 气体输送　　C. 固体输送　　D. 气液输送

2. 压缩机在压缩过程中每经过一次冷却就是一段，则 N 段压缩过程应有（　　）冷却。

A. $N-2$ 次　　B. $N-1$ 次　　C. N 次　　D. $N+1$ 次

3. 离心式压缩机的最基本单元是（　　）。

A. 级　　B. 段　　C. 缸　　D. 转子

4. 只有在离心式压缩机的（　　）中气体才能获得压力能。

A. 入口导流器　　B. 隔板　　C. 回流器　　D. 叶轮和扩压器

5. 关于喘振的概念，下列说法不正确的是（　　）。

A. 流量低于最小质量流量引起的　　B. 压缩机流道上会产生严重的旋转脱离

C. 气体产生周期性的振荡　　D. 喘振时管网气体一直向压缩机倒流

6. 对裂解气进行压缩，可以（　　）。

A. 降低动力消耗　　B. 提高烃类的相对挥发度

C. 降低深冷分离的操作温度　　D. 减少干燥脱水的负担

7. 裂解气的压缩过程基本属于（　　）过程，气体压力升高的同时温度随之（　　）。

A. 等温，降低　　B. 等温，升高　　C. 绝热，降低　　D. 绝热，升高

8. （　　）能削弱压缩过程的不可逆程度，使之接近等温压缩过程。

A. 增加段数　　B. 进行段间冷却

C. 增加段数并进行段间冷却　　D. 减少段数并增加段间冷却

9. 裂解气压缩机“三返一”的返回点为（　　）。

A. 二段吸入罐前　　B. 二段吸入罐后

C. 一段吸入罐前　　D. 裂解气进料电磁阀前

10. 当裂解气压缩机的进气量降低，应（　　）以保证压缩机有足够的吸入量。

A. 开大各段出口换热器出口水阀　　B. 开大各段出口换热器进口水阀

C. 开大最小流量返回　　D. 关小去分离的出口阀

11. 裂解气压缩机系统凝液汽提塔塔顶气相返回（　　）。

A. 压缩机四段入口　　B. 三段吸入罐气相出口

C. 四段吸入罐气相入口　　D. 压缩机三段排出罐气相出口

12. 裂解气压缩机结垢主要是因为在较高的温度下（　　）产生聚合。

A. 烯烃　　B. 烷烃　　C. 炔烃　　D. 芳烃

13. 裂解气压缩机喷入洗油的目的是（　　）。

A. 润滑轴承　　B. 降温防爆作用

C. 防止裂解气外窜　　D. 防止重烃高温下在叶轮流道间聚合结焦

14. 压缩机每段吸入罐罐顶都设有捕沫器的目的是（　　）。

A. 使气体中的液体汽化　　B. 除去气体中的不凝气

C. 除去气体中的氧气　　D. 除去气体中的微小液滴

15. 由于流体蒸发时要（　　）热量，因此液体蒸发有（　　）作用。

A. 放出，制冷　　B. 放出，加热　　C. 吸收，加热　　D. 吸收，制冷

16. 关于复叠制冷过程，下列说法正确的是（　　）。

A. 互相提供冷量，无需外界提供　　B. 两种冷剂进行物质交换

C. 由两个简单的制冷循环合并的一个制冷循环　D. 有两个独立的制冷循环

17. 乙烯装置各种冷剂间的关系为（　　）。

A. 冷却水给丙烯制冷提供冷量　　B. 丙烯冷剂给乙烯制冷提供冷量

C. 乙烯冷剂给乙烷制冷提供冷量　　D. 甲烷冷剂给乙烯制冷提供冷量

18. 在复叠式制冷中，换热器既是液态丙烯的（　　），又是气态乙烯的（　　）。

A. 冷凝器；冷凝器　B. 蒸发器；冷凝器　C. 冷凝器；蒸发器　D. 蒸发器；蒸发器

二、多项选择题

1. 离心式压缩机的主要构件有（　　）。

A. 转子　　B. 叶轮　　C. 隔板　　D. 轴承

2. 离心式压缩机转子组件包括（　　）。

A. 叶轮　　B. 平衡盘　　C. 推力盘　　D. 密封动环

3. 离心式压缩机的级的构成元件有（　　）。

A. 弯道　　B. 扩压器　　C. 叶轮　　D. 回流器

4. 关于裂解气压缩的目的，下列叙述正确的有（　　）。

A. 提高分离的深冷分离操作温度　　B. 节约低温能量和低温材料

C. 除去裂解气中的水分和重烃　　D. 减少干燥脱水和精馏分离的负担

5. 裂解气压缩机防止重组分特别是烯烃及双烯烃的聚合，可采用的措施有（　　）。

A. 多段压缩，降低压缩比　　B. 提高压缩机各段出口压力

C. 降低压缩机各段出口温度　　D. 段间设置中间冷却

6. 乙烯装置常用的冷剂有（　　）。

A. 冷却水　　B. 乙烯　　C. 丙烯　　D. 氢气

三、问答题

1. 为什么要对裂解气进行压缩？

2. 简述裂解气压缩原理。

3. 在生产上采用什么方法实现裂解气压缩？

4. 简述多段压缩的优点。

5. 简述典型的五段压缩工艺流程，并绘制工艺流程图。

6. 什么是离心式压缩机，有何优点？

7. 简述透平压缩机工作原理。

8. 简述离心式压缩机基本结构。

9. 什么叫透平压缩机喘振现象，如何防范？

项目 6　裂解气分离技术

技能目标

1. 懂得裂解气分离操作。
2. 熟悉裂解气分离工艺流程。
3. 会判断并处理分离过程中出现的异常现象。

知识目标

1. 理解裂解气的分离原理。
2. 掌握深冷分离流程。
3. 掌握深冷分离六大精馏塔工作任务。
4. 理解脱甲烷系统乙烯回收率影响因素。
5. 理解深冷分离精馏塔的节能措施。

素质目标

1. 通过学习裂解气分离工艺流程及工艺操作，培养规范操作和团队合作等职业素养，建立绿色、低碳、环保、安全、责任关怀等意识，爱岗敬业、勇于创新、精益求精的工匠精神，培养发现问题、分析问题、解决复杂工程问题能力，提高安全防范意识及风险管理能力。

2. 通过乙烯装置持续优化运行实现节能降耗的案例，培养逻辑思辨和科学精神，培养节能增效、环保意识和绿色、安全理念，形成工程思维和工程意识。

技能训练

任务1 裂解气分离工艺流程图的绘制

一、任务要求

1. 进行考核前工作服、工作帽、直尺、橡皮的准备。
2. 主要设备简图。
3. 主要设备名称。
4. 主要物料名称。
5. 主要物料流向。
6. 控制点位号。
7. 完成任务时间（以现场模拟为例）：准备工作 5min、正式操作 20min。

二、评价标准

试题名称		裂解气分离工艺流程图的绘制(笔试)			考核时间:15min			
序号	考核内容	考核要点	配分	评分标准	检测结果	扣分	得分	备注
1	准备工作	穿戴劳保用品	3	未穿戴整齐扣 3 分				
		工具、用具准备	2	工具选择不正确扣 2 分				
2	绘图	主要设备简图	20	缺一个扣 5 分				
				错一个扣 5 分				
		主要设备名称	10	错一个扣 5 分				
				缺一个扣 5 分				
		主要物料名称	20	缺一个扣 2 分				
				错一个扣 2 分				
		主要物料流向	20	缺一个扣 2 分				
				错一个扣 2 分				
		控制点位号	20	缺一个扣 5 分				
				错一个扣 5 分				
3	工具	使用工具	2	工具使用不正确扣 2 分				
		维护工具	3	工具乱摆乱放扣 3 分				
4	安全及其他	遵守国家法规或企业规定	—	违规一次总分扣 5 分；严重违规停止操作			—	
		在规定时间内完成操作		每超时 1min 总分扣 5 分，超时 3min 停止操作			—	
合计			100					
否定项说明：若出现三个设备简图及名称写错等情况，该题为零分								

任务 2　乙烯装置热区分离

一、任务要求

装置为乙烯装置热区分离工段，包括脱丙烷塔系统、MAPD（MA 指代丙炔、PD 指代丙二烯）加氢系统、丙烯精馏系统和脱丁烷塔系统。脱乙烷塔釜的物料作为高压脱丙烷塔的进料，高压脱丙烷塔顶部物料用泵送至丙烯干燥器进行干燥后送至 MAPD 反应器进行加氢反应除去 MAPD，进入丙烯精馏塔进行提纯，侧线采出的合格丙烯送至丙烯球罐储存。丙烯精馏塔釜的丙烷送至裂解炉作为原料。

低压脱丙烷塔接收来自凝液汽提塔塔釜和高压脱丙烷塔塔釜的进料，低压脱丙烷塔顶部物料由泵送至高压脱丙烷塔，低压脱丙烷塔釜物料去脱丁烷塔，在脱丁烷塔内进行混合 C_4 与 C_5 以上重组分的分离，顶部的混合 C_4 物料泵送至下游装置，脱丁烷塔釜的物料送至下游装置作为原料。

二、工艺流程

乙烯装置热区分离工艺流程见图 6-1。

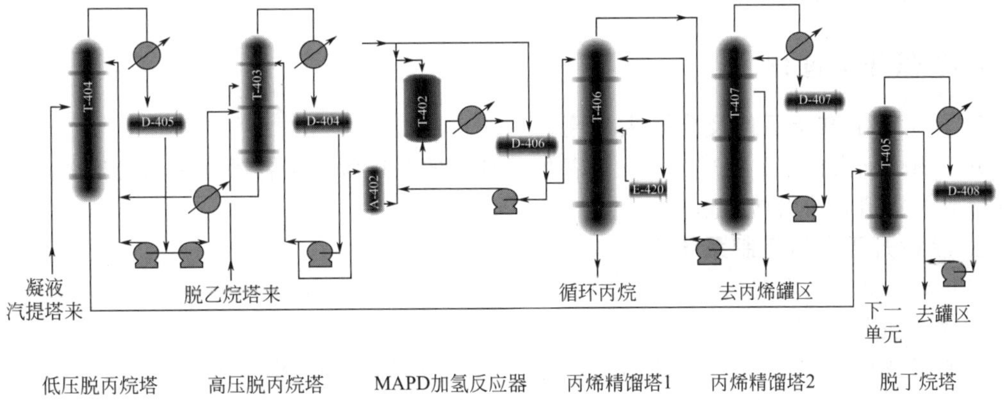

图 6-1　乙烯装置热区分离工艺流程

1. 脱丙烷和脱丁烷系统

装置的脱丙烷系统由高压脱丙烷塔 T-403 和低压脱丙烷塔 T-404 组成。

来自凝液汽提塔底部的物料进入低压脱丙烷塔 T-404 进行 C_3 和 C_4 馏分的分离，塔底 C_4 及 C_{4+} 馏分直接去脱丁烷塔 T-405，T-404 塔顶物料经低压脱丙烷塔顶冷却器 E-414 冷却，并在低压脱丙烷塔冷凝器 E-415 中用−6℃的丙烯冷剂冷凝，冷凝下来的物料进入低压脱丙烷塔回流罐 D-405，一部分用高压脱丙烷塔进料输送泵 P-406A/B 输送，经高压脱丙烷塔进出料换热器 E-412 加热后进入高压脱丙烷塔 T-403。低压脱丙烷塔顶回流罐 D-405 中的另一部分用低压脱丙烷塔回流泵 P-405A/B 送回塔顶作为一部分回流，另一部分回流为来自高压脱丙烷塔 T-403 塔釜的物料。塔釜再沸器 E-416 用低压蒸汽作热源。

来自脱乙烷塔釜的物料和来自低压脱丙烷塔 T-404 塔顶的物料以及预分离塔的塔釜物料，在适当位置进入高压脱丙烷塔 T-403 进行 C_3 和 C_4 馏分的分离，塔顶物流用循环水冷凝后进入高压脱丙烷塔回流罐 D-404，一部分用高压脱丙烷塔回流泵/丙烯干燥器进料泵 P-404A/B 送回塔顶作为回流，塔釜再沸器 E-413 用低压蒸汽作热源。塔釜物料经高压脱丙烷塔进出料换热器 E-412 冷却后去低压脱丙烷塔 T-404 塔顶作回流。塔顶的 C_3 液相馏分利用高压脱丙烷塔回流泵/丙烯干燥器进料泵 P-404A/B 送至丙烯干燥器 A-402。

来自低压脱丙烷塔 T-404 底部的物料直接进入脱丁烷塔 T-405，脱丁烷塔顶回流用循环水冷凝塔顶物流提供回流，塔底再沸器用低压蒸汽作热源。塔顶回流罐中混合的 C_4 产品直接送至丁二烯装置罐区。塔釜产物送至下一工段。

2. MAPD 加氢反应和丙烯精馏系统

来自高压脱丙烷塔 T-403 塔顶的物料用泵 P-404A/B 输送，通过丙烯干燥器 A-402 干燥后，与氢气混合进入 MAPD 转化器 R-402 进行液相加氢反应，加氢转化器出口物料进入罐 D-406 进行气液分离。分离的液相，一部分循环至转化器入口以稀释转化器的进料中的 MAPD 浓度，从而减小反应器进出料的温升，进而降低转化反应过程中丙烯的汽化量，其余液体则进入丙烯精馏系统。

丙烯精馏系统由 1# 丙烯精馏塔 T-406（提馏段）和 2# 丙烯精馏塔 T-407（精馏段）组成，2# 丙烯精馏塔的塔顶回流用循环水冷凝塔顶物料提供，1# 丙烯精馏塔的塔底再沸器用急冷水加热。2# 丙烯精馏塔的塔顶的未凝气体返回裂解气压缩工序，产品聚合级丙烯从 2# 丙烯精馏塔塔顶侧线采出直接送至装置罐区的丙烯球罐储存，1# 丙烯精馏塔塔底的丙烷循环至裂解炉作裂解原料。

三、操作规程

（一）冷态开车过程

1. 开工前的准备工作及全面大检查

开工前全面大检查、处理完毕，设备处于良好的备用状态。各手动阀门处于关闭状态，所有仪表设定值和输出均为 0.0。

2. 装置开工和各控制系统投运

（1）高、低压脱丙烷系统

① 系统充压充液，建立循环

a. 打开阀门 VX1T403、VX1T404，高、低压脱丙烷塔接气相丙烯充压，将高压脱丙烷塔压力充至 0.8～1.0MPa、低压脱丙烷塔压力控制在 0.5～0.6MPa，停止充压。

b. 打开阀门 VX1D404、VX1D405，高、低压脱丙烷塔接液相丙烯，D-405 罐液位达 50%时启动 P-405 泵给 T-404 塔打回流，待塔釜液位达 10%以上时，稍投塔釜再沸器 E-416，塔顶压力由 PV4505 和 PV4506 控制。

c. 启动 P-406 泵向高压脱丙烷塔送料，待塔釜液位达 10%以上时，投用高压脱丙烷塔釜再沸器 E-413，塔顶压力由 PV4501 和 PV4502 控制在 0.6MPa，当 T-403 塔顶回流罐 D-404 液位达 50%时，启动 P-404 给高压脱丙烷塔打回流，当高压脱丙烷塔釜液位达 50%时，停止接液相丙烯，同时在 FV4502 控制下开始向低压脱丙烷塔进料。

d. 对 T-403 和 T-404 两塔系统进行调整，保持全回流运转，控制压力及液位，等待接料。

② 系统进料并调整至正常

a. 调节 FIC4505 开始逐步向低压脱丙烷塔进料，并控制塔顶压力，逐渐增大低压脱丙烷塔再沸量，增大 P-406 出口去高压脱丙烷塔的量。

b. 低压脱丙烷塔进料后，同步打开FIC4501向高压塔进料，高压脱丙烷塔与T-404按比例逐步接受进料，调整高压脱丙烷塔，增大回流量、再沸量、塔顶冷凝器冷凝量及塔釜去低压脱丙烷塔循环量，系统调整，控制高压脱丙烷塔顶温度、压力逐渐至正常。

c. 由P-404向丙烯干燥器进料，丙烯干燥器满液后，打开阀门VI2A402、VX3A402，经MAPD转化器开车旁路向丙烯精馏塔T-406进料。

d. 低压脱丙烷塔T-404塔釜液位达50%时，在LV4504、FV4507串级控制下向脱丁烷塔进料。

(2) 丙烯干燥器

① 当高低压脱丙烷塔系统操作稳定时，用二号丙烯精馏塔顶部汽化物给丙烯干燥器A-402加压，当压力充到1.7MPa时关闭充压线阀。

② 当高压脱丙烷塔接受进料，并且回流罐D-404底部液位达50%时，缓慢地打开VX1A402阀，把高压脱丙烷塔T-403的回流泵P-404出口送出液充入干燥器内，同时打开干燥器顶部排气线阀排气，不断地往干燥器内充入物流，直到干燥器充满液体时，关闭排气阀，全开干燥器进口阀、出口阀，投用干燥器，同时打开MAPD转化器开车旁通线阀向丙烯精馏塔进料。

(3) MAPD转化器系统

① 系统充压、充液，建立循环

a. 首先打开来自T-407顶部的气相充压线，对反应器进行实气置换，置换气通过反应器安全阀旁通放火炬控制。将反应器的压力充至1.7MPa，关充压线阀。

b. 打开阀门VI2R402和压力控制阀门PIC4508，用氢气给D-406罐充压至2.46MPa。

c. 打开反应器充液线阀VX3R402、VI6R402，给反应器充液，同时稍开排气线阀排除反应器顶部气体，反应器充液完毕后，关VI6R402。

d. 开阀VI2D406给D-406罐充液，D-406液位达50%时，开反应器入出口阀门，启动P-407泵给反应器打循环，开反应器入出口阀门后，视情况关闭充液线阀VX4R402。

② 系统进料并调整至正常

a. 全开反应器入出口阀，关开工旁路阀VX4A402，物料全部切进反应器，同时配入氢气，反应器出口温度达40～50℃时，将反应器出口冷却器E-417投用。

b. 投用联锁系统。

c. 控制反应器床层温升，调节各参数在要求范围内，反应器出口MAPD含量控制在0.8%以下。

(4) 丙烯精馏系统

① 系统充压、充液，建立循环

a. 丙烯精馏塔接气相丙烯充压，塔压力控制在0.8～1.0MPa，停止充压。

b. 打开VX1D407，丙烯精馏系统接液相丙烯，当D-407罐液位达50%时，启动P-409泵给T-407塔打回流，T-407塔釜液位达50%时，启动P-408泵给T-406塔送料，T-406塔釜有液位后，逐渐投用塔顶冷凝器、塔釜再沸器E-419、中沸器E-420。

c. 丙烯精馏系统全回流运行，控制压力和液位，停止接液相丙烯，准备接受来自丙烯干燥系统的C_3物料。

② 系统进料并调整至正常。T-406塔接收来自丙烯干燥系统的物料后，调整系统操作，使各参数在工艺要求范围内，打开侧采，当丙烯含量达到99%时切进合格罐；投用尾气冷却器E-422，尾气外放至裂解气压缩工段，循环丙烷外送至裂解炉。

（5）脱丁烷系统

① 脱丁烷塔开始接受来自低压脱丙烷塔 T-404 进料后，投用塔顶冷凝器 E-424。

② D-408 罐液位达 50%时，启动 P-410 泵打回流，逐渐投用塔釜再沸器 E-423，塔顶压力先由 PIC4512 放火炬控制，待塔的温度压力控制正常后，塔顶部回流罐 C_4 产品在串级 LV4513、FV4527 控制下外送 C_4 车间，塔釜液位达 50%时加氢汽油外送，调整各参数在要求范围内。

（二）正常运行

开始时状态：各系统处于正常生产状态，各指标均为正常值。

调整系统：维持各生产质量指标在正常值范围内。

（三）正常停车

1. 系统降低负荷

① 逐步降低 T-404 和 T-403 进料至正常的 70%，调整各塔系统的回流量以及再沸量和冷却量，保持各塔温度、压力在正常状况。

② 逐渐把各塔和回流罐的液位下降至 30%左右。

③ 控制各系统的生产指标在正常值的范围内，准备下一步系统停车。

④ 若 T-407 丙烯不合格（低于 99%），走不合格罐。

2. 系统停车

① 切断到 R-402 的氢气，切断反应器 R-402 的进料，同时打开 MAPD 转化器开车旁通线阀向丙烯精馏塔进料。

② 关闭 FIC4505，关闭 T-404 进料阀门，停再沸器热源后，再逐渐停塔顶冷剂，控制塔压，视情况停 P-405、P-406，并关塔釜去脱丁烷塔的液量。

③ T-403 在 T-404 进料中断后，关闭进料阀门，停再沸器热源和塔顶冷凝器，控制塔压，视情况停 P-404。

④ R-402 系统当氢气停止后，进行循环运行，当床层温度降至合适时，停 P-407 泵，停止循环。

⑤ T-405 中断进料后，C_4、粗汽油停止外送，C_4 外送阀关闭，停再沸器热源和逐渐停塔顶冷凝器，控制塔压，视情况停 P-410。

⑥ 丙烯精馏塔系统进料中断后，T-406、T-407 全回流运行，丙烯停止外送，停再沸器的热源，逐渐停塔顶冷凝器，视情况停 P-408、P-409 保液位，压力由 PIC4511 控制。

3. 系统倒空

① 低压脱丙烷塔系统。FIC4505、FIC4506、PIC4506 关，FIC4509 开，打开 T-404 塔釜、E-412 排液线手阀排液，打开 D-405 排液线手阀排液，液相排净后，关各手阀，开 PIC4505，泄压。

② 高压脱丙烷塔系统。FIC4501、FIC4502、PIC4502 关，FIC4504 开，打开 T-403 塔釜、E-413 排液线手阀排液，打开 D-404、P-404 排液线手阀排液，液相排净后，关各手阀，开 PIC4501，泄压。

③ MAPD 转化器，丙烯干燥器系统。将丙烯干燥器液全部排至丙烯精馏塔，泄液以后，泄压排至火炬。

MAPD 转化器系统隔离，内部阀打开，打开 MAPD 转化器 R-402 手阀，进行倒液，完毕后，泄压。

④ 丙烯精馏系统。开 T-406、T-407、D-407 的排液阀，关闭 FIC4516、E-420 进行倒

液，倒液完毕后，关各手阀，开 PIC4511 泄压到火炬。

⑤ 脱丁烷塔系统。粗汽油外送阀 FIC4525 阀关，C_4 外送界区阀 FIC4527 关，开 D-408 排液线阀倒液，完毕后关排液线阀，开 T-405 塔釜、E-418 倒液线阀。开 PIC4516 泄压到火炬。

(四) 热态开车

开车前的状态：高、低压脱丙烷塔系统以及丙烯精馏塔已建立全回流循环，丙烯干燥器 A-402 已充压，反应器尚未充压充液。

1. MAPD 转化器系统充压充液，建立循环

① 首先打开来自 T-407 顶部的气相充压线，对反应器进行实气置换，置换气通过反应器安全阀旁通放火炬控制。将反应器的压力充至 1.7MPa，关充压线阀。

② 打开阀门 VI2R402 和压力控制阀门 PIC4508，将 D-406 罐充压至 1.7MPa。

③ 打开反应器充液线阀 VX3R402、VI6R402，给反应器充液，同时稍开排气线阀排除反应器顶部气体，反应器充液完毕后，关 VI6R402。

④ 开阀 VI2D406 给 D-406 罐充液，D-406 液位达 50%时，开反应器入出口阀门，启动 P-407 泵给反应器打循环，开反应器入出口阀门后，视情况关闭充液线阀 VX4R402。

2. 各系统进料并调整至正常

① 高、低压脱丙烷系统

a. 调节 FIC4505 开始逐步向低压脱丙烷塔进料，并控制塔顶压力，逐渐增大低压脱丙烷塔再沸量，增大 P-406 出口去高压脱丙烷塔的量。

b. 低压脱丙烷塔进料后，同步打开 FIC4501，高压脱丙烷塔与 T-404 按比例逐步接受进料，调整增大回流量、再沸量、塔顶冷凝器冷凝量及塔釜去低压脱丙烷塔循环量，系统调整，控制高压脱丙烷塔顶温度、压力至正常。

c. 由 P-404 向丙烯干燥器进料，丙烯干燥器满液后，打开阀门 VI2A402、VX3A402，经 MAPD 转化器开车旁路向丙烯精馏塔 T-406 进料。

d. 低压脱丙烷塔 T-404 塔釜液位达 50%时，在 LV4504、FV4507 串级控制下向脱丁烷塔进料。

② 丙烯干燥器。当高压脱丙烷塔接受进料，并且回流罐 D-404 底部液位达 50%时，缓慢地打开 VX1A402 阀，把高压脱丙烷塔 T-403 的回流泵 P-404 出口送出液充入干燥器内，同时打开干燥器顶部排气线阀排气，不断地往干燥器内充入物流，直到干燥器充满液体时，关闭排气阀。全开干燥器进口阀、出口阀，投用干燥器，同时打开 MAPD 转化器开车旁通线阀向丙烯精馏塔进料。

③ MAPD 转化器系统

a. 全开反应器入出口阀，物料全部切进反应器，同时配入氢气，反应器出口温度达 40～50℃时，将反应器出口冷却器 E-417 投用。

b. 投用联锁系统。

c. 控制反应器床层温升，调节各参数在要求范围内，反应器出口 MAPD 含量控制在 0.8%以下。

④ 丙烯精馏系统。T-406 塔接收来自丙烯干燥系统的物料后，调整系统操作，使各参数在工艺要求范围内，打开侧采，当丙烯含量达到 99%时切进合格罐；投用尾气冷却器 E-422，尾气外放至裂解气压缩工段，循环丙烷外送至裂解炉。

⑤ 脱丁烷系统

a. 脱丁烷塔开始接受来自低压脱丙烷塔 T-404 进料后，投用塔顶冷凝器 E-424。

b. D-408罐液位达50%时，启动P-410泵打回流，逐渐投用塔釜再沸器E-423，塔顶压力先由PIC4512放火炬控制，待塔的温度压力控制正常后，塔顶部回流罐C_4产品在串级LV4513、FV4527控制下外送C_4车间，塔釜液位达50%时加氢汽油外送，调整各参数在要求范围内。

(五) 提量10%操作

同步逐渐提高处理量FIC4505、FIC4501（从3%至6%再到10%），保持整个系统操作过程的稳定性。

(六) 降量20%操作

同步逐渐降低处理量FIC4505、FIC4501（从5%至10%至15%再到20%），保持整个系统操作过程的稳定性。

(七) 特定事故

①装置停电；②停冷却水事故处理；③原料中断；④MAPD反应器飞温；⑤丙烯冷剂中断；⑥P-405A泵故障；⑦P-408A泵故障。

固定床反应器原理展示

工艺知识

知识1 裂解气的深冷分离

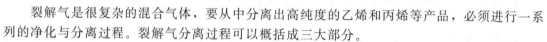

裂解气是很复杂的混合气体，要从中分离出高纯度的乙烯和丙烯等产品，必须进行一系列的净化与分离过程。裂解气分离过程可以概括成三大部分。

① 气体净化系统，包括脱除酸性气体、脱水、脱除乙炔和脱除一氧化碳（即甲烷化，用于净化氢气）。

② 压缩和制冷系统，使裂解气加压降温，为分离创造条件。

③ 精馏分离系统，包括一系列的精馏塔，以便分离出甲烷、乙烯、丙烯、C_4馏分以及C_5馏分。

裂解气经过前面的净化、压缩和制冷过程，除去了杂质，获得大约3.6MPa的高压及−100℃以下的低温，为深冷分离创造了条件。

一、裂解气的分离原理

裂解气的分离和普通蒸馏原理一样，是利用各组分在一定温度和压力下挥发度的不同，多次地在塔中进行部分汽化和部分冷凝，最终在液相中得到较纯的重组分，而在气相中得到较纯的轻组分。

从表5-1低级烃类的主要物理常数表数据可以看出，裂解气低级烃类沸点很低，在临界条件下，甲烷在4.64MPa和−82.3℃时能够液化，C_2以上的组分相对地就比较容易液化。因此，裂解气在除去甲烷、氢以后，其他组分的分离就比较容易。所以分离过程的主要矛盾是如何将裂解气中的甲烷、氢先行分离。因此需要把温度降低到−100℃以下，组分冷凝为液态才能分离。

工业上一般把冷冻温度高于－50℃称为浅度冷冻（简称浅冷）；在－100～－50℃之间称为中度冷冻；把等于或低于－100℃称为深度冷冻（简称深冷）。因为这种分离方法采用了－100℃以下的冷冻系统，故称为深度冷冻分离，简称深冷分离。

二、深冷分离

1. 深冷分离概念

深冷分离是在－100℃左右的低温下，将裂解气中除了氢和甲烷以外的其他烃类全部冷凝下来，然后利用裂解气中各种烃类的相对挥发度不同，在合适的温度和压力下，以精馏的方法将各组分分离开来，以达到分离的目的。实际上，此法为冷凝精馏过程。即，裂解气中各种低级烃类在加压、低温下相对挥发度不同，通过精馏的方法将它们逐一分出。

2. 深冷分离六大精馏塔

（1）脱甲烷塔　将甲烷、氢与 C_2 及比 C_2 更重的组分进行分离的塔，称为脱甲烷塔，简称脱甲塔。

（2）脱乙烷塔　将 C_2 及比 C_2 更轻的组分与 C_3 及比 C_3 更重的组分进行分离的塔，称脱乙烷塔，简称脱乙塔。

（3）脱丙烷塔　将 C_3 及比 C_3 更轻的组分与 C_4 馏分及更重组分进行分离的塔，叫脱丙烷塔，简称脱丙塔。

（4）脱丁烷塔　将 C_4 及比 C_4 更轻的组分与 C_5 馏分及更重组分进行分离的塔，叫脱丁烷塔，简称脱丁塔。从脱丁烷塔顶出来的馏分进入丁二烯抽提单元，塔底馏分进入汽油加氢单元。

（5）乙烯精馏塔　将乙烯与乙烷进行分离的塔，称乙烯精馏塔，简称乙烯塔。

（6）丙烯精馏塔　将丙烯与丙烷进行分离的塔，称丙烯精馏塔，简称丙烯塔。

3. 塔的操作条件与相对挥发度

各塔中的组分的相对挥发度和分离的难易程度见表6-1。从沸点数据可以看出，不同碳原子数的烃类易分，同碳原子数的烃类难分。一般先将不同碳原子数的烃类分开，再分离同一碳原子数的烯烃和烷烃，采取先易后难的分离顺序。

表6-1　塔的操作条件与相对挥发度

分离塔	关键组分①		操作条件			平均相对挥发度
	轻	重	温度/℃		压力/MPa	
			塔顶	塔釜		
脱甲烷塔	C_1^0	$C_2^=$	－96	6	3.4	5.5
脱乙烷塔	C_2^0	$C_3^=$	－12	76	2.85	2.19
脱丙烷塔	C_3^0	$i\text{-}C_4^0$	4	70	0.75	2.76
脱丁烷塔	C_4^0	C_5^0	8.3	75.2	0.18	3.12
乙烯塔	$C_2^=$	C_2^0	－70	－49	0.57	1.72
丙烯塔	$C_3^=$	C_3^0	26	35	1.23	1.09

①上角0表示烷烃，=表示烯烃。

脱甲烷塔、脱乙烷塔和脱丙烷塔关键组分相对挥发度是比较大的，分离比较容易，其中脱甲烷塔各馏分最容易分离。乙烯和乙烷的相对挥发度比较小，比较难于分离。丙烯塔中，丙烯与丙烷的相对挥发度很小，分离最困难，精馏塔需要的塔板数量最多。流程上需要采取先易后难的分离顺序，即先分离各容易分离的不同碳原子数的烃类，然后再进行 C_2 和 C_3 的烷烃与烯烃的分离。

知识2 深冷分离流程

裂解气的深冷分离有三种分离流程：顺序分离流程、前脱乙烷流程、前脱丙烷流程。一套乙烯装置采用哪种流程，主要取决于流程对所需处理裂解气的适应性、能量消耗、运转周期及稳定性、装置投资等几个方面。

三种分离流程均采用先易后难的分离方法，先将不同碳原子数的烃分开，再分同一碳原子数的烯烃和烷烃；三种分离流程均将生产乙烯的乙烯精馏塔和生产丙烯的丙烯精馏塔放在流程最后。

一、顺序分离流程

顺序分离流程按裂解气中各组分碳原子数由小到大的顺序进行分离。先分离出甲烷、氢，其次是脱乙烷及乙烯的精馏，接着是脱丙烷和丙烯的精馏，最后是脱丁烷，塔底得 C_5 馏分，其流程图见图 6-2。

裂解气经过离心式压缩机一、二、三段压缩，压力达到 1MPa，送入碱洗塔，脱去 H_2S、CO_2 等酸性气体。碱洗后的裂解气经过压缩机的四、五段压缩，压力达到 3.7MPa，经冷却到 15℃，去干燥器用 3A 分子筛脱水，使裂解气的露点温度达到−70℃左右。

釜式反应器原理展示

干燥后的裂解气经过一系列冷却冷凝，在前冷箱中分出富氢和四股馏分。分别进入脱甲烷塔的不同塔板。塔顶脱去甲烷馏分，釜液是 C_2 以上馏分。进入脱乙烷塔，塔顶分出 C_2 馏分，塔釜液为 C_3 以上馏分。

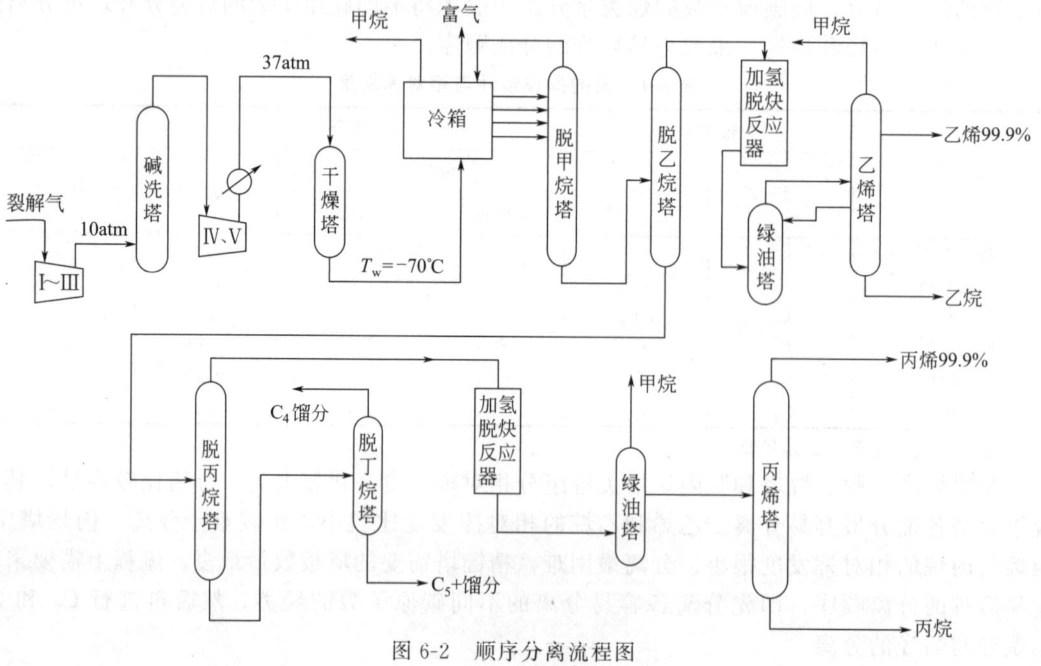

图 6-2 顺序分离流程图

T_w 为裂解气露点温度

由脱乙烷塔来的 C_2 馏分经过换热升温，进行气相加氢脱乙炔，在绿油塔用乙烯塔来的侧线馏分洗去绿油，再经过 3A 分子筛干燥，然后送去乙烯塔。在乙烯塔的上部侧线引出纯度为 99.9%的乙烯产品。塔釜液为乙烷馏分，送回裂解炉作裂解原料，塔顶脱除甲烷、氢（在加氢脱乙炔时带入，也可在乙烯塔前设置第二脱甲烷塔，脱去甲烷、氢后再进乙烯塔分离）。

脱乙烷塔釜液入脱丙烷塔，塔顶分出 C_3 馏分，塔釜液为 C_4 以上馏分，含有二烯烃，易聚合结焦，故塔釜温度不宜超过 100℃，并需加入阻聚剂。为防止结焦堵塞，此塔一般有两个再沸器，以供轮换检修使用。

由脱丙烷塔蒸出的 C_3 馏分经过加氢脱丙炔和丙二烯，然后在绿油塔脱去绿油和加氢时带入的甲烷、氢，在丙烯塔进行精馏，塔顶蒸出纯度为 99.9%的丙烯产品，塔釜液为丙烷馏分。

脱丙烷塔的釜液在脱丁烷塔分成 C_4 馏分和 C_5 以上馏分，C_4 和 C_5 以上馏分送往下步工序进一步分离与利用。

顺序分离流程技术成熟，运转平稳可靠，产品质量好，对各种原料有比较强的适应性，以轻油为裂解原料时，常用顺序分离流程法。

二、前脱乙烷流程

前脱乙烷流程见图 6-3。

裂解气经过净化、压缩后进入脱乙烷塔。脱乙烷塔塔顶出来的是 C_2 以上的轻组分，先加氢再进入脱甲烷塔。

脱甲烷塔塔顶出来的甲烷、氢气在冷箱中进行分离。脱甲烷塔塔底出来的 C_2 馏分，则在乙烯塔中分离成乙烯和乙烷。

脱乙烷塔的塔底液体依次进入脱丙烷塔、脱丁烷塔、丙烯塔等，分离成丙烯、丙烷、C_4 馏分和 C_5 以上馏分。

固定床反应器原理展示

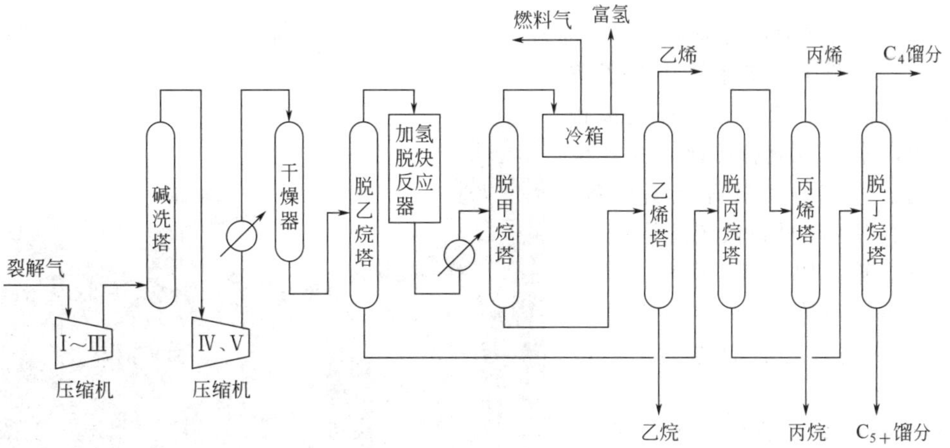

图 6-3　前脱乙烷流程图

前脱乙烷分离流程的特点是：由于脱乙烷塔的操作压力比较高，这样势必造成塔底温度升高，结果可使塔底温度高达 80～100℃以上，在这样高的温度下，不饱和重质烃及丁二烯等容易聚合结焦，这样就影响了操作的连续性。重组分含量越多，这种方法的缺点就越突出。因此前脱乙烷流程不适合于裂解重质油的裂解气分离。

三、前脱丙烷流程

管式反应器原理展示

前脱丙烷流程见图 6-4。

裂解气经过三段压缩和预处理进入脱丙烷塔，塔底产品进行脱丁烷等后续处理。

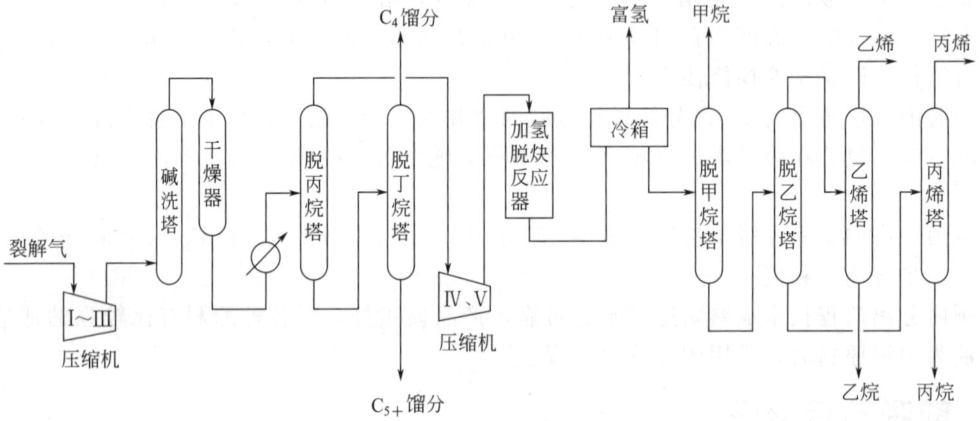

图 6-4 前脱丙烷流程图

脱丙烷塔塔顶出来的 C_3 以下轻组分，进入压缩机四段，然后进行加氢脱炔再送往冷箱。在冷箱中分离出富氢气体，其余馏分依次进入脱甲烷塔、脱乙烷塔、乙烯塔和丙烯塔等，依次分离出甲烷馏分、C_2 馏分、C_3 馏分、乙烯、乙烷、丙烯和丙烷。

前脱丙烷分离流程的特点是：C_4 以上馏分不进行压缩，减少了聚合现象的发生，节省了压缩功，减少了精馏塔和再沸器的结焦现象，适合于裂解重质油的裂解气分离。

四、按加氢脱炔位置及冷箱位置的流程分类

在脱甲烷塔之前进行加氢脱炔的称为“前加氢”。在脱甲烷塔之后进行加氢脱炔的称为“后加氢”。在脱甲烷塔系统中为了防止低温设备散冷，减少其与环境接触的表面积，常把节流膨胀阀、高效板式换热器、气液分离器等低温设备，封闭在一个用绝热材料做成的箱子中，此箱称为冷箱，如图 6-5 所示。冷箱在脱甲烷塔以前的称为“前冷流程”，冷箱在脱甲烷塔之后的称为“后冷流程”。

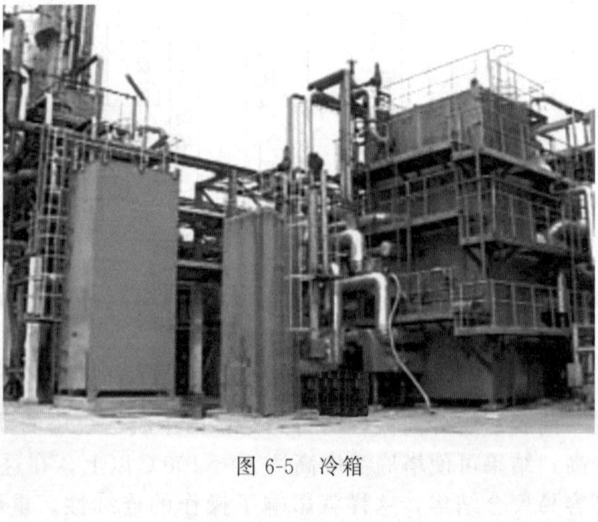

图 6-5 冷箱

根据加氢脱炔的位置及冷箱的位置不同可以将深冷分离流程分成五种，裂解分离流程分类示意图见图 6-6。

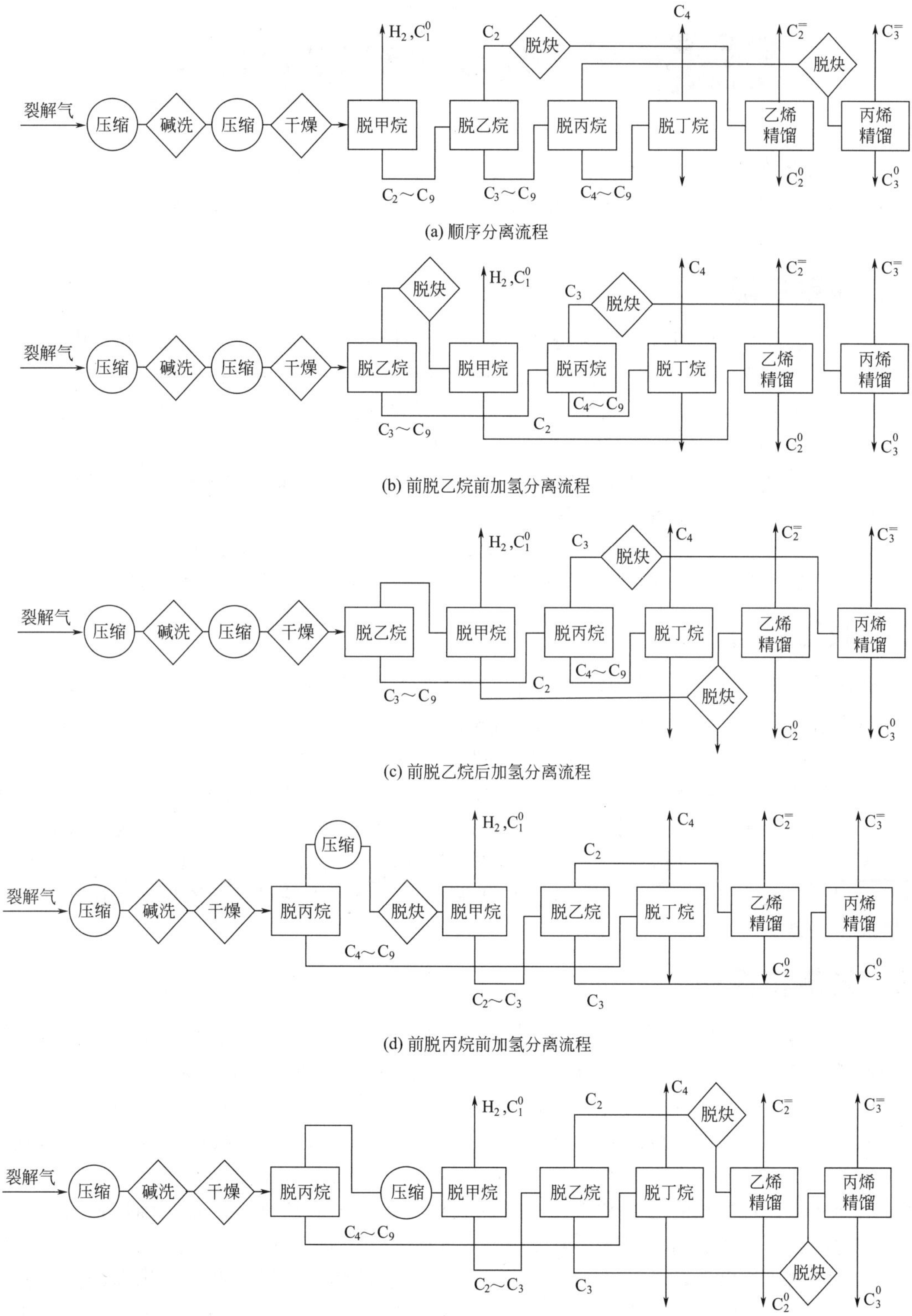

(a) 顺序分离流程

(b) 前脱乙烷前加氢分离流程

(c) 前脱乙烷后加氢分离流程

(d) 前脱丙烷前加氢分离流程

(e) 前脱丙烷后加氢分离流程

图 6-6 裂解分离流程分类示意图

知识3 深冷分离各塔工艺流程

中石化某分公司20万吨/年乙烯装置，以石脑油和轻柴油为裂解原料，采用stone&webster公司USC型管式裂解、压缩、顺序分离等工序，其深冷分离精馏塔主要工艺流程如下。

一、脱甲烷塔

脱甲烷塔目的是将甲烷和乙烯分离，脱甲烷塔径ϕ1200mm，塔高43.55m，内设置62块JD-3型塔底，四股进料从不同塔盘位置进入脱甲烷塔以达到最好的预分离效果。脱甲烷塔操作压力为3050kPa（G），塔底再沸器采用热泵原理，用冷凝丙烯冷剂蒸汽为热源，维持塔底温度9.0℃。塔顶冷凝器用−102℃乙烯冷剂蒸发提供冷量，脱甲烷塔顶气相部分冷凝，维持冷凝温度−98℃。从脱甲烷塔底流出物料经脱甲烷塔底预热器，用丙烯回收该物流的冷量，将脱甲烷塔底物料预热作为脱乙烷塔进料。

脱甲烷塔的塔顶产品是气相产品，主要是甲烷和氢气，它们在塔顶的操作条件（温度、压力）下，是不能全部冷凝下来的，因此脱甲烷塔与一般的精馏塔是不相同的。

二、脱乙烷塔

经丙烯冷剂回收冷量后的脱甲烷塔底料进入脱乙烷塔，脱乙烷塔将C_2馏分与C_3和C_3以上更重组分分离。脱乙烷塔塔径ϕ1800mm，塔高35.950m，内设置54块JD-3塔盘。脱乙烷塔操作压力2.451MPa（G），塔顶部并联脱乙烷塔冷凝器，利用−21.6℃丙烯冷剂，在−13.6℃条件下，使塔顶气相部分冷凝。冷凝的液体经脱乙烷塔回流泵升压后，作为回流返回到脱乙烷塔，不冷凝的气体送至C_2加氢系统。塔底设置两台脱乙烷塔底再沸器（E-1440A/S），一开一备。塔底利用低压蒸汽作为热源，操作温度为73～74℃。塔底主要组成为C_3和比C_3更重的组分，经液位流量串级调节，送至脱丙烷塔。脱乙烷注入阻聚剂以减少塔底丁二烯聚合。

三、乙烯精馏塔

来自乙烯干燥器的C_2馏分，主要成分是乙烯和乙烷，并含有少量甲烷、氢气和丙烯，进入乙烯精馏塔。乙烯精馏塔目的是将乙烯和乙烷及少量杂质通过精馏的方法分离，获得高纯度的聚合级乙烯产品。乙烯塔塔径ϕ2700mm，塔高76.65m，塔内设置136块塔盘。乙烯产品从塔侧线抽出，出料板以上的精馏段，将乙烯中轻组分，如甲烷、氢分离，乙烯塔顶流出物经并联的乙烯精馏塔冷凝器，用−41.3℃丙烯冷剂，将乙烯冷凝，冷凝后物料进入乙烯精馏塔回流罐，将冷凝的乙烯和未被冷凝的气体分离。冷凝乙烯经乙烯精馏塔回流泵加压后，作为回流，返回乙烯精馏塔，未被冷凝的气体，返回到裂解气压缩机三段后冷却器。乙烯从乙烯塔侧线抽出后，送至A罐区乙烯球罐贮存。乙烯精馏塔由两台再沸器用丙烯机四段入口的丙烯气作为热源。从乙烯精馏塔底流出的物料，主要成分为乙烷、少量乙烯和重组分，经过循环乙烷汽化器，送到裂解炉，作为裂解原料。

四、脱丙烷塔

脱丙烷塔设置目的是将 C_3 馏分和 C_4 及比 C_4 更重的馏分分离。脱丙烷塔有两股进料，一股来自脱乙烷塔，另一股来自凝液汽提塔，两股物料进入脱丙烷塔的不同位置。脱丙烷塔（C-1510）操作压力 0.72MPa（G），塔径 ϕ1400mm，塔高 37.12m，内设 63 块塔盘，上面 34 块使用导向浮阀，下面 29 块为筛板塔盘。脱丙烷塔顶气体，主要成分为 C_3 馏分和比 C_3 更轻的组分。经脱丙烷塔冷凝器，用 7℃丙烯冷剂作为冷源，使 C_3 馏分冷凝，冷凝后的液体收集在脱丙烷塔回流罐中，从界区外送到装置的不合格丙烯，也送到该回流罐中，从该回流罐流出的液体一般分两股，经脱丙烷塔回流泵升压后，一股作为脱丙烷塔回流返回至脱丙烷塔顶，另一股经泵升压后送至 C_3 馏分加氢系统。塔底设置三台脱丙烷塔再沸器，一开两备。用低压蒸汽作为热源，脱丙烷塔底物流，含 C_4 和比 C_4 更重的组分，由塔底液位和流量串级控制，送往脱丁烷塔。

为了防止塔底物料中含有的二烯烃、炔烃聚合结焦，脱丙烷塔在低压下操作，塔釜温度 79.2℃，不超过 85℃。并设置两台再沸器，当一台再沸器管内结焦时，可以切出系统清焦，系统不停车。在脱丙烷塔注入阻聚剂，以避免丁二烯在塔内结焦。

五、丙烯精馏塔

从 C_3 加氢系统来的 C_3 物料，主要组分为丙烯和丙烷，并含有少量乙烷、甲烷、氢、C_4 馏分和绿油进入丙烯精馏塔。丙烯精馏塔目的是将丙烯与丙烷和其他少量杂质分离，获得高纯度聚合级丙烯。由于丙烯精馏过程所需塔板数多，采用一座精馏塔，塔高太高，故将丙烯精馏塔分为两个塔——第一丙烯精馏塔和第二丙烯精馏塔。

第一丙烯精馏塔塔径 ϕ3000mm，塔高 46.6m，塔内设置 88 块塔板。设置两台丙烯精馏塔再沸器，由急冷水提供热源，塔底温度 60.3℃，塔底压力 0.2021MPa（G），塔底流出物料主要为丙烷、少量丙烯，由液位和流量串级调节阀调节，送至 C_3 循环汽化器，用急冷水作为加热热源，将 C_3 物流汽化，汽化的 C_3 馏分返回裂解炉，作为裂解原料，未被汽化的物料送至低压汽提塔。第一丙烯精馏塔塔顶流出的气体，送到第二丙烯精馏塔。

第二丙烯塔塔径 ϕ2800mm，塔高 59.0m，塔内设置 112 块塔盘。来自第一丙烯精馏塔塔顶气相物料直接送至第二丙烯精馏塔。第二丙烯精馏塔塔顶气经过第二丙烯精馏塔冷凝器，循环冷却水使丙烯冷凝，收集在第二丙烯精馏回流罐内。用丙烯精馏塔回流泵，将丙烯返回第二丙烯精馏塔，作为丙烯精馏塔回流，不冷凝的气体返回裂解气压缩机四段吸入罐。第二丙烯精馏塔底液，用丙烯精馏塔底泵升压，送到第一丙烯精馏塔塔顶。聚合级丙烯产品从第二丙烯精馏塔侧线抽出送至 A 罐区的丙烯贮罐贮存。

六、脱丁烷塔

来自脱丙烷塔底的物流进入脱丁烷塔，脱丁烷塔将 C_4 馏分与裂解汽油分离。脱丁烷塔操作压力为 0.415MPa（G）。塔顶物料经脱丁烷塔冷凝器、循环冷却水冷却后，收集在脱丁烷塔顶回流罐。该物料主要成分为混合 C_4 馏分。混合 C_4 馏分从回流罐流出，经脱丁烷塔顶回流泵升压后，分成两股物流，一股物流作为脱丁烷塔回流，返回脱丁烷塔，另一股物流为混合 C_4 产品，可以直接送到丁二烯抽提装置，也可以送至设置在装置区外的混合 C_4 贮罐。

脱丁烷塔设置两台再沸器。塔底流出物料成分主要是 C_5 和比 C_5 更重的组分（即裂解未加氢汽油），低压汽提塔底来的裂解未加氢重汽油混合后，在脱丁烷塔底冷却器用循环冷却水冷却至 44℃，裂解未加氢汽油可以直接送至汽油加氢装置，也可以送至油品罐区的裂解未加氢汽油罐贮存。

七、深冷分离精馏塔性能比较

深冷分离精馏塔性能比较见表 6-2。

表 6-2 深冷分离精馏塔性能比较

项目	脱甲塔	脱乙塔	脱丙塔	脱丁塔	乙烯塔	丙烯塔 1	丙烯塔 2
塔径/m	1.2	1.8	1.4	1.2	2.7	3	2.8
塔高/m	43.55	35.95	37.12	26.95	76.65	46.6	59
塔盘/块	62	54	63	50	136	88	112
操作压力/MPa	3.05	2.45	0.72	0.415			

八、企业案例——兰州石化高低压双塔前脱丙烷分离流程

兰州石化装置采用高低压双塔前脱丙烷分离流程，其优点是降低裂解气压缩机功耗的同时，避免了高压脱丙烷塔釜温度过高而产生聚合物堵塞设备的问题。

如图 6-7 所示，净化后的裂解气进入高压脱丙烷塔进行气液分离后，气相经压缩、脱炔后经冷箱进入脱甲烷汽提塔，塔顶分出甲烷和更轻组分；塔底液体经脱炔后去脱乙烷塔。

脱乙烷塔顶气相汇入乙烯压缩机，从塔中部抽出混合 C_2 组分送入乙烯塔。塔顶分离出聚合级乙烯产品出装置；塔釜的乙烷产品，循环返回裂解炉。

脱乙烷塔底混合 C_3 组分进入 C_3 加氢反应器，脱除丙炔、丙二烯后进入丙烯精馏塔分离出聚合级丙烯产品送出装置，塔底丙烷产品送至循环丙烷去炉区。

来自脱丙烷塔釜的料液进入脱丁烷塔后，塔顶气冷却后进入脱丁烷回流罐，作为混合 C_4 产品送出界区，釜液作为裂解汽油送出界外。

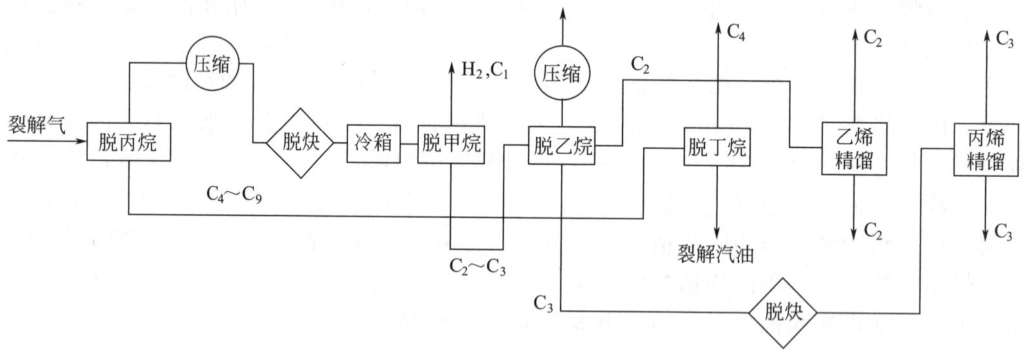

图 6-7 兰州石化高低压双塔前脱丙烷分离流程图

知识 4 脱甲烷系统乙烯回收率影响分析

一、脱甲烷塔生产过程

脱甲烷塔的任务就是将裂解气中氢气、甲烷以及其他惰性气体与 C_2 以上组分进行分

离，脱甲烷塔的关键组分是甲烷和乙烯。

在分离中操作压力最高、温度最低的塔是脱甲烷塔，它是深冷分离中最关键的塔，一方面要求塔顶尾气中乙烯含量尽可能低，以提高乙烯收率，另一方面又要使釜液中的甲烷含量尽可能低，以提高乙烯纯度。

由于脱甲烷塔的操作效果对产品（乙烯、丙烯）回收率、纯度以及经济性的影响最大，所以在分离设计中，对于工艺的安排、设备和材质的选择，都是围绕脱甲烷塔系统考虑的。

工业生产上脱甲烷过程有高压法与低压法之分。由图 6-8 可以看出，甲烷与乙烯的相对挥发度随着操作压力的增高而降低：操作压力高，甲烷与乙烯的相对挥发度就比较低；相反，操作压力比较低，甲烷与乙烯的相对挥发度就比较高。

低压法脱甲烷塔的操作压力比较低，甲烷与乙烯的相对挥发度比较大，低压法分离效果好，乙烯收率高，操作条件为：压力约 18～25atm，塔顶温度－140℃左右，塔底温度－50℃左右。由于操作温度比较低，乙烯回收率比较高，因此对于含氢气和甲烷比较多的裂解气也能分离。低压法适用范围比较宽。但是低压法也有缺点，例如要用到耐低温的钢材、多一套甲烷制冷系统、流程比较复杂等。

高压法的脱甲烷塔塔顶温度为－96℃左右，不必采用甲烷制冷系统，只需要用液态乙烯制冷剂就可以。高压法的优点：由于脱甲烷塔塔顶气体产物（尾气）压力比较高，可借助脱甲烷塔塔顶的高压气体的自身节流膨胀来获得额外的降温，这种降温方法比甲烷冷冻系统要简单一些（流程简单、设备也简单）；另外，提高压力可缩小精馏塔的体积（塔径）。所以从总投资和材质的要求来看，高压法是比较有利的。但高压法的缺点是甲烷与乙烯的相对挥发度比较低，塔板数较多，回流比较大。

二、塔顶尾气乙烯含量的影响因素

影响脱甲烷塔塔顶尾气中乙烯含量的因素很多，如何降低其含量、提高乙烯回收率是问题的关键。由图 6-9 乙烯物料平衡关系数据可以看出，乙烯损失包括四方面，总损失量约占乙烯总量的 3%，影响乙烯回收率高低的关键是尾气中乙烯损失。其中包括：

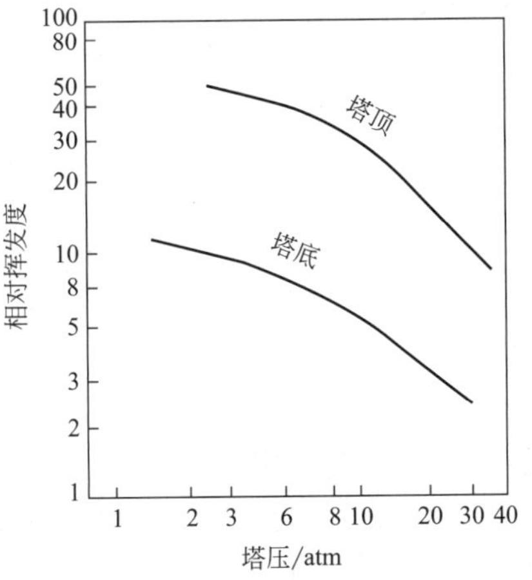

图 6-8 压力对 $C_1^0/C_2^{=}$ 相对挥发度的影响 (1atm＝0.1013MPa)

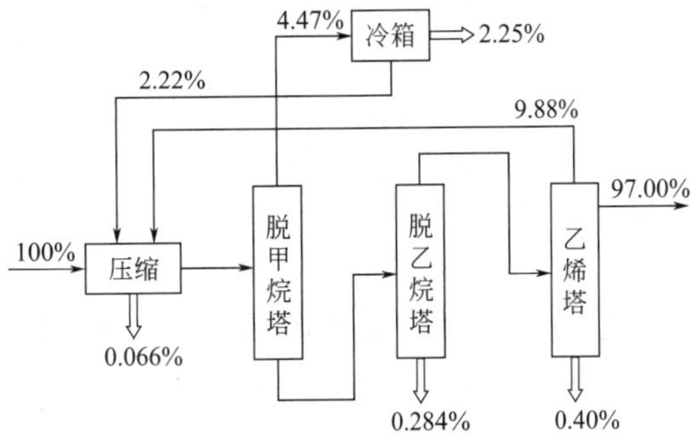

图 6-9 乙烯物料平衡

① 冷箱中尾气（甲烷、氢气）带出的损失，占乙烯总量的 2.25%，也就是说，尾气中的乙烯含量的大小，决定了乙烯损失率的大小；

② 乙烯塔底产品（乙烷馏分）中带出的损失，占乙烯总量的0.40%；
③ 脱乙烷塔塔底液体产品（C_3 以上馏分）中带出的损失，占乙烯总量的0.284%；
④ 压缩机各段之间冷凝液体带出的损失，约占乙烯总量的0.066%。

三、影响尾气中乙烯损失的主要因素

影响尾气中乙烯损失的主要因素是原料气甲烷对氢的摩尔比（C_1/H_2）、操作温度和操作压力。原料气中 C_1/H_2 摩尔比值越大，乙烯在尾气中的损失越少；操作压力越高，乙烯的损失就越小，但是它受到设备材质和塔底组分的临界压力的限制；塔顶温度越低，乙烯在尾气中的损失越小，但是它受到制冷剂温度水平的限制。

1. 原料气组成的影响

脱甲烷过程，可以看作是甲烷与乙烯的分离，氢气等气体可以看作是惰性气体。惰性气体的加入，会影响气液相平衡，它们会降低分离产物的分压。就好像分离是在低压（降低压力）下操作一样，要想达到一定的分离纯度，必须相应降低操作温度，或者提高操作压力。

从另一角度讲，在脱甲烷塔的塔顶由于氢气和其他惰性气体的存在，而降低了 C_1 的分压，只有提高操作压力或者降低操作温度才能满足塔顶露点的要求。这是由相平衡决定的，并不取决于塔板数和回流比。

如图6-10所示，在温度与压力条件一定的时候，原料气中 C_1/H_2 摩尔比越小，尾气中乙烯的损失就越大。因为原料气中 C_1/H_2 摩尔比越小，惰性气体把 C_1 的分压就降低得越厉害，就好像操作压力很低一样，这时如果不降低操作温度，乙烯的损失量就必然很大，反之则小。

2. 压力和温度的影响

增大压力（操作温度一定）或者降低温度（操作压力一定）都有利于减少尾气中乙烯的损失，但增大压力和降低温度都有一定的限度。压力增大，能降低甲烷与乙烯的相对挥发度，需要增加塔板数或者增加回流比，基建投资或者多消耗冷量增加。同时压力增大，塔底的甲烷与乙烯的相对挥发度过小，使甲烷难于从塔底液体中蒸出。因此，脱甲塔的压力一般控制在2.94～3.42MPa。

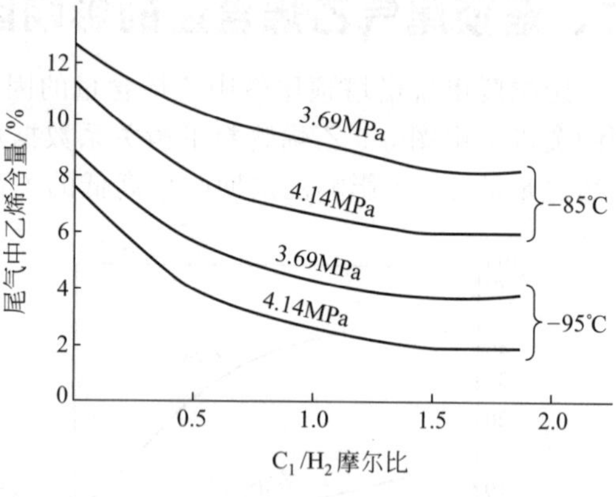

图6-10 尾气中乙烯含量与 C_1/H_2 摩尔比关系

降低温度，可使尾气中乙烯含量减少。但塔顶温度受到制冷剂最低温度的限制。一般脱甲塔用乙烯作冷剂，塔顶温度为－90～－85℃，这样，一定量的乙烯损失是不可避免的。

3. 利用冷箱提高乙烯回收率，逐级分凝达到最好的预分离效果

脱甲烷塔塔顶出来气体中除了甲烷、氢气之外，还含有乙烯。为了减少乙烯的损失，除了用乙烯制冷剂以外，还将脱甲烷塔塔顶出来的高压气体通过节流膨胀阀进行节流制冷，这就是冷箱部分的功能。从物料平衡图6-9上可以看出，没有冷箱时乙烯损失量为4.47%，有冷箱时乙烯损失量为2.25%。

冷箱使裂解气逐级冷凝，逐级分离，最终分离出甲烷和富氢产品。如果为前冷流程，冷箱能够把裂解气逐渐冷凝，同时把冷凝下来的液体物料分四股进料从不同塔盘位置进

入脱甲烷塔以达到最好的预分离效果，这样既节省了低温度级的冷剂用量，又因冷凝温度高低不同，冷凝液的组分也先重后轻，根据其温度和组分浓度的不同，将其送入相应的塔板，相当于物料在进塔之前进行了预分馏，减轻了塔的负荷，提高了塔的处理能力。由于氢气在冷箱被分离，故提高了脱甲烷塔进料中甲烷和氢气的分子比值，从而提高了乙烯的回收率。

脱甲烷塔低温冷量消耗最多，采取低温冷凝，逐级分凝的四股进料，既省了冷量，又降低了分离负荷，前脱氢流程，提高了 C_1/H_2 摩尔比，增大了塔顶甲烷的分压，从而提高了乙烯收率。

知识 5　深冷分离精馏塔的节能措施

一、设置中间再沸器和中间冷凝器

脱甲烷塔塔顶温度－94℃左右，塔底温度 8℃，塔顶和塔底温度相差较大，设置中间冷凝器和中间再沸器能明显地节省能量，估算能节省能量 27%左右。

由图 6-11 可以看出，脱甲烷塔塔顶温度为－94℃，塔底温度为 8℃，采取低温冷凝，逐级分凝的四股进料，最下一股进料温度为－33℃。脱甲烷塔的提馏段温度仍然比环境温度还要低，塔底再沸器的冷量可以用丙烯冷剂来回收，为了能回收比塔底再沸器温度更低的冷量，设置了中间再沸器。

由脱甲烷塔的第 32 块塔板引出液体物料，进入中间再沸器，温度为－37℃左右，与裂解气换热，物料被加热后，进入第 42 块塔板，温度为－19℃左右。裂解气作为热剂，它由进入的－13℃冷至－20℃，达到了回收冷量的目的。

显然，中间再沸器回收的冷量温度，比塔底再沸器回收的冷量温度要低一些。

由于增加了中间再沸器，提馏段气相回流比减小，必须要在提馏段增加几块塔板，才能保证分离精确度的要求。实际上，由于增加了中间再沸器，相应要增加脱甲烷塔的塔板数。

如图 6-12 所示，在精馏塔中精馏段适当位置增设中间冷凝器提供部分低质的冷量（如冷却水），可降低塔顶高品位制冷剂的用量。在精馏塔中提馏段适当位置增设中间再沸器提供部分低质的热量（如废热），可降低塔底高品位加热介质的用量。

因此对于塔顶塔底温度差别比较大的精馏塔，如果在精馏段中间设置冷凝器，则可以用温度比塔顶冷凝器温度稍高一点的热载体作中间冷凝器的冷源。对塔底再沸器来说（以塔底再沸器为基准），中间冷凝器是回收热量；而对于塔顶冷凝器来说（以塔顶冷凝器为基准），中间冷凝器是节省冷量。

二、逐级分凝，多股进料

采用中间冷凝器的脱甲烷塔流程图见图 6-13。该流程是逐级分凝、多股进料与中间冷凝（也称中间回流）相结合的流程。

经过预处理以后的裂解气，经过一系列的换冷，温度降低到－37℃、压力为 3.68MPa（*a* 点），在气液分离罐 2a 中分出冷凝下来的液体（*c* 点），液体中含氢气已经很少，作为脱甲烷塔的第一股进料。

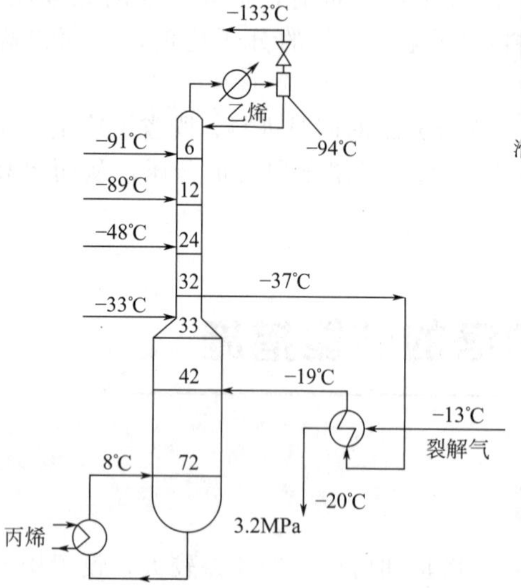

图 6-11　脱甲烷塔中间再沸器流程

滑阀原理展示

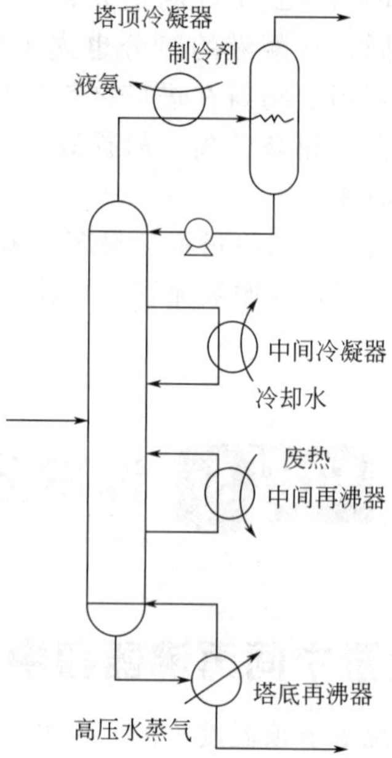

图 6-12　中间换热器设置图

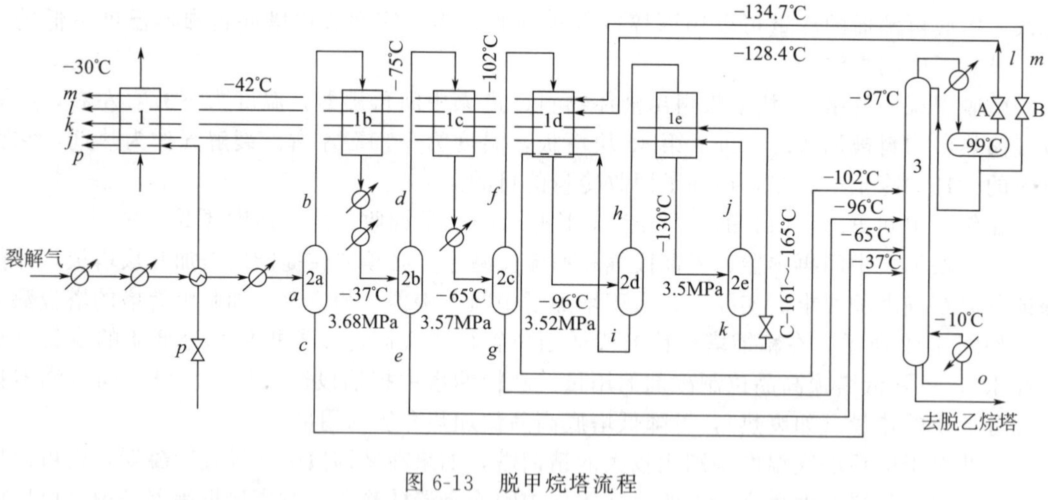

图 6-13　脱甲烷塔流程

1—冷箱换热器；2—气液分离罐；3—脱甲烷塔；*c*，*e*，*g*，*i*—脱甲烷塔四股进料；*j*—富氢；*k*—甲烷；*l*—甲烷（分子筛再生用载气）；*m*—甲烷（燃料）；*p*—乙烷（裂解原料）

气液分离罐 2a 分出的气体（*b* 点），经过冷箱换热器 1b 与－56℃、－70℃的乙烯冷剂换冷，温度冷却到－65℃（p＝3.57MPa），在分离罐 2b 分出凝液（*e* 点），作为脱甲烷塔的第二股进料。

分离罐 2b 分出的气体（*d* 点），经冷箱换热器 1c 与－101℃的乙烯冷剂换冷，温度冷却到－96℃（p＝3.52MPa），在分离罐 2c 中分出凝液（*g* 点），作为脱甲烷塔的第三股进料。

分离罐 2c 分出的气体（*f* 点），经冷箱换热器 1d 冷到－130℃（p＝3.5MPa），在分离罐 2d 中分出凝液（*i* 点），再进入冷箱换热 1d，温度由－130℃升高到－102℃，作为脱甲烷塔的第四股进料。

分离罐 2d 分出的气体（*h* 点），经冷箱 1e 换热器换冷，在分离罐 2e 中分出凝液（*k* 点），凝液主要含有甲烷，经节流阀 C 节流降温到 −161℃（p=0.165MPa），然后依次经过 5 个冷箱换热器作冷剂，最后引出作为化工原料。

分离罐 2e 分出的气体（*j* 点），主要是含氢气的气体，依次经过 5 个冷箱换热器作冷剂，将温度升高后引出，经过甲烷化反应，脱去 CO 后作为加氢脱炔反应用的氢气。

4 股进料在脱甲烷塔中进行精馏，塔顶气体中主要含甲烷，其中的氢气含量极少（*l*、*m* 点），这两股甲烷馏分经节流阀 A、B 节流膨胀以后，温度达到 −130℃左右，去冷箱作为制冷剂，经冷箱换热器换热，回收冷量（将温度升高）以后引出。塔底液体馏分（*o* 点）含有 60%左右的乙烯，送往脱乙烷塔进一步分离。

三、利用热泵实现从低温到高温的热量传递

在精馏过程中，塔顶用外来冷剂制冷，从塔顶移出热量；塔底又要用外来热剂供热。最理想的办法是，把塔顶低温处的热量传递给塔底高温处。这种热量传递是从低温传递到高温，如果不采取措施是不可能实现的，要实现从低温到高温的热量传递，最简单的办法就是将精馏塔和制冷循环结合起来，这就是一个很好的热泵系统。

热泵实质上是一种热量提升装置，是一种靠消耗外部功将低温位的热源提高到高温位来使用的装置，或从低温热源吸收热量，而到高温热源放出热量的装置。

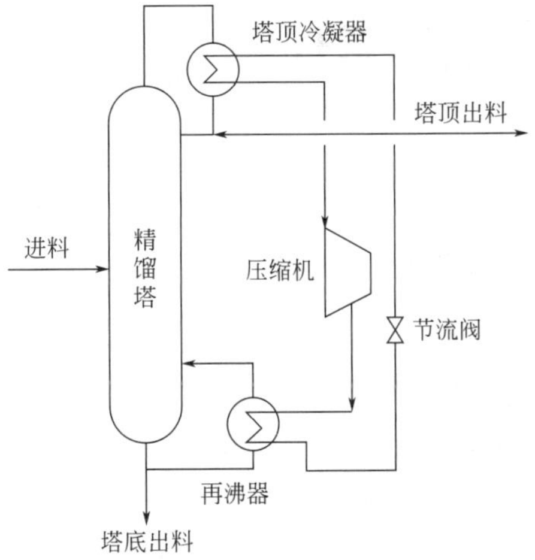

图 6-14 闭式热泵

用于精馏塔的热泵分为闭式热泵系统和开式热泵系统。闭式热泵系统塔内物料与制冷系统介质之间是封闭的，如图 6-14 所示；反之为开式热泵系统。开式热泵中以塔底物料为介质，取消再沸器的流程见图 6-15（a）；以塔顶物料为介质，取消塔顶冷凝器的流程见图 6-15（b）。

闭式热泵流程，冷剂与精馏塔塔顶物料换热以后，吸收热量蒸发为气体，气体经过压缩提高压力和温度后，送去塔底加热塔底的液体，冷剂本身凝结成液体。液体经过节流减压以后，再去塔顶换热，完成一个循环。

如图 6-15(a) 所示的流程不用外来冷剂作媒介，直接以塔顶蒸出的低温烃蒸气作为制冷循环的冷剂，经压缩提高压力和温度后送去塔底换热，放出热量而凝结成液体。冷凝的液体一部分出料作为产品，一部分节流降温后作为精馏塔塔顶回流进入塔内。

如图 6-15(b) 所示的流程也不用外来冷剂作媒介，直接以塔底液体作为制冷循环的冷剂，塔底液体经过节流膨胀降低压力和温度后，送去塔顶换热，吸收热量而蒸发成气体。再经过压缩升温升压后，返回塔底。

一般来说，开式热泵流程，能量利用比较好，但是操作不如闭式热泵流程稳定。

热泵系统的工作原理与制冷系统的工作原理是一致的。热泵系统也主要由压缩机、蒸发器、冷凝器和节流阀组成。

压缩机：起着压缩和将循环冷剂从低温低压处输送到高温高压处的作用，是热泵系统的心脏。

蒸发器：输出冷量的设备，它的作用是使经节流阀流入的制冷剂液体蒸发，以吸收被冷

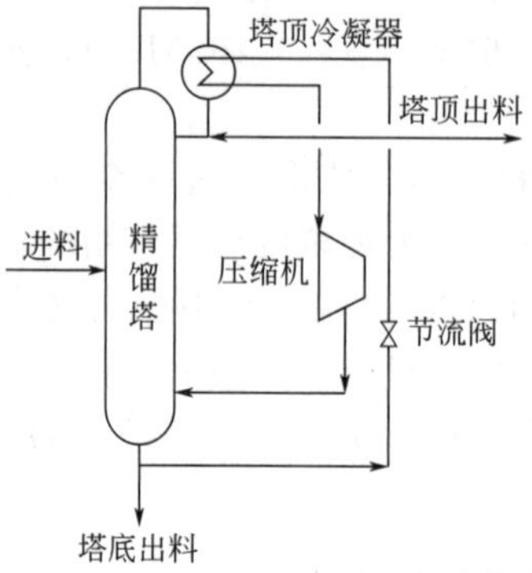

(a) 开式A型热泵

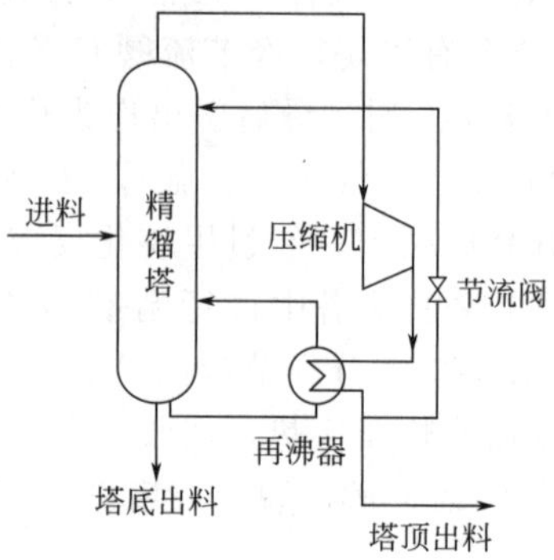

(b) 开式B型热泵

图 6-15　开式热泵

却物体的热量，达到制冷的目的。

冷凝器：输出热量的设备，从蒸发器中吸收的热量连同压缩机消耗功所转化的热量在冷凝器中被冷却介质带走，达到制热的目的。

膨胀阀或节流阀：对循环冷剂起到节流降压作用，并调节进入蒸发器的循环冷剂流量。

知识 6　裂解气分离操作中的异常现象

裂解气分离操作中的异常现象见表 6-3。

表 6-3　裂解气分离操作中的异常现象

序号	异常现象	可能的原因	处理方法
1	冷箱系统压差过大，温度异常	(1)脱甲烷塔四股进料分布不当 (2)釜温或中间再沸器调整过快，使脱甲烷塔内气体量变化太大 (3)高压甲烷或氢气量波动 (4)甲烷制冷压缩机、膨胀机运转波动	(1)调节脱甲烷塔四股进料 (2)调节脱甲烷塔加热量，使塔压恢复正常 (3)调节进入脱甲烷塔内的氢气和甲烷量至正常 (4)调整甲烷制冷压缩机、膨胀机的负荷，使塔顶进入甲烷制冷压缩机的甲烷量一定，并调整脱甲烷塔回流量
2	脱甲烷塔压差过大，液面波动，温度分布异常	(1)冻塔。脱甲烷塔的进料中 CO_2 及氧含量偏高 (2)液泛。脱甲烷塔的回流或进料量过大及塔底再沸器加热量过大或过小，都将导致液泛	(1)注入甲醇解冻 (2)调整回流及塔釜加热量，使塔恢复正常
3	脱乙烷塔塔釜带 C_2 量大	(1)急冷水温度偏低 (2)两股进料比例失调	(1)联系裂解单元，提高急冷水温度 (2)调整脱乙烷塔的两股进料量

续表

序号	异常现象	可能的原因	处理方法
4	乙烯精馏塔塔压偏高	(1)塔釜或中沸器加热过大 (2)塔顶冷剂温度高,回流温度高,回流量小 (3)进料中乙烯含量偏高 (4)尾气返回量小	(1)适当调整加热量 (2)加大冷剂量和回流量 (3)加大回流罐顶部不凝气的循环量 (4)加大尾气返回量

素质拓展

乙烯装置通过持续优化运行实现节能降耗

中化泉州石化有限公司（简称泉州石化）乙烯装置自 2020 年开工以来面对新形势下的生产要求，装置团队没有安于现状，一直主动求变，力求创新，不断落实装置优化措施，实现节能增效目标。

1. 研发裂解炉投用投/退料顺序控制程序

裂解炉采用国际先进的“SCORE”裂解技术，利用高温和短停留时间保证乙烯、丙烯产品的高收率。但该技术由于超高的反应温度，导致炉管结焦速率变快，裂解炉运行周期缩短，投/退炉操作频繁。裂解炉投/退料及烧焦的操作步骤多、持续时间超过 30h，操作人员劳动强度大，由于操作人员失误造成安全事故的案例在同行业内屡见不鲜。

2023 年 6 月 18 日，为规范投/退炉操作、降低操作人员操作强度，提高安全系数，乙烯攻坚小组研发投用了裂解炉投/退炉顺控程序。顺控程序的投用实现了投/退料和烧焦过程全自动操作，不仅大幅降低了内操人员的工作量，而且投/退炉过程原料曲线、升温曲线和 CO（一氧化碳）曲线较人工操作更为平稳，分离系统波动次数也大幅降低。裂解炉顺控程序上线后，在使用中不断优化参数，投/退炉速度得到良好把控，升温曲线平缓，预计可增加效益约 450 万元/年。

2. 裂解炉及精馏系统投用 APC 程序

裂解炉原控制方案采用软测量控制平均 COT（横跨段炉管出口温度），平均 COT 控制燃料气压力，总进料量控制八组进料控制阀。但该方案只能针对单一原料进行控制，温度波动较大，裂解气组分波动大，对后系统的精馏影响较大。而精馏系统复杂、控制回路多，主要通过人工调整控制一些重要指标。但人工调整效率低、容易出现误操作。为了解决上述问题，乙烯攻坚小组优化了控制方案，在裂解炉、脱乙烷塔、乙烯塔和丙烯精馏塔上增设了 APC（先进控制程序）控制，使裂解炉可根据丙烯产品与乙烯产品的比值实时调整 COT，在多进料工况下保证 COT 更加平稳，大幅提高了原料利用率。精馏塔 APC 的投用，可在保证产品合格的前提下实现产品指标卡边操作，提高产品产量。

3. 启动膨胀再压缩机提供冷量

乙烯装置膨胀再压缩机 K-413，设计为冷箱提供−140℃低温冷量，使用高压甲烷驱动，自身不额外消耗电能或蒸汽。冷箱是乙烯装置重要的低温能耗用户，当冷箱冷量不足时，由乙烯制冷压缩机提供部分冷量，并将损失大量粗氢至燃料气管网，来满足冷箱冷量需求。

为降低乙烯装置能耗，减少冷量损失，2023 年 8 月乙烯攻坚小组决定重启 K-413 项目。在时间紧、要求严苛、风险尚存的条件下，设备、工艺、安全各专业人员顶住压力，密切配合，攻坚克难，于 9 月 13 日首次启动膨胀再压缩机。膨胀机为进口设备，启机过程涉及国外厂家检查、调试、状态监测等程序。但乙烯装置团队经过充分准备后，仅用时 3 天便一次性成功启机，与国内同类装置相比，极大降低了人员消耗、降低了启机波动的次生风险。膨胀再压缩机启机后，各项指标均达到设计值，冷箱冷量得到补充，乙烯制冷压缩机/丙烯制冷压缩机能耗降低，9.3MPa蒸汽耗量平均降低约1800吨/月，3.7MPa蒸汽耗量平均降低约360吨/月；粗氢损失降低约44%，平均减少损失约144吨/月。

职业知识

裂解气分离内操岗位工作标准及职责

岗位名称	分离内操	所属部门	
直接上级岗位名称	分离班长		
直接下级岗位名称	分离外操		
岗位属性	技能操作	岗位定员人数	10
工作形式	倒班(5-3倒)	岗位特殊性	
岗位工作概述： 熟悉本岗位的一岗一责制，服从主管、工艺员的领导，配合值班长、班长的各项工作，负责分离工序的调节及监控，指挥外操现场生产调节。配合班长做好各项工作。负责班组工艺质量各项指标的完成，按要求做好HSE、消防、ERP和内控管理			
岗位工作内容与职责			
编号	工作内容	权责	时限
1	配合班长各项工作，完成班长布置的各项工作	负责	日常性
2	负责分离工序的调节及监控，注意监控，根据生产需要对工艺参数进行调节，发现异常及时处理	负责	日常性
3	具体负责班组工艺质量各项指标的完成，完成主管、工艺员和值班长布置的各项工作	负责	日常性
4	指挥外操现场生产调节，根据生产操作需要，指挥外操进行现场调节	负责	日常性
5	认真进行分离DCS监盘和检查，发现异常情况及时处理和报告	负责	日常性
6	正确分析、判断和处理分离内操岗位各种事故苗头，把事故消灭在萌芽状态。在发生事故时，及时地如实向上级报告，按事故预案正确处理，并做好详细记录	负责	日常性
岗位工作关系			
内部联系	生产调度部、检验中心、信息仪控中心、动力事业部、公用工程部等		
外部联系			
岗位工作标准			
编号	工作业绩考核指标和标准		
1	认真执行工艺纪律和重要参数核对制度，做到工艺操作不超工艺指标。若不按工艺操作规程操作，造成工艺参数大幅度波动，视事故影响程度按《化工一部经济责任制考核》进行考核		
2	认真、按时做好班前预检、交接班以及各项记录。若不按规定预检、不按规定站队交接班、不按规定记录的，按《化工一部经济责任制考核》进行考核		
3	严格执行消防管理制度规定，消防器材设施的使用做到“四懂”“三会”，会使用消防、气防器材和设施。未执行的，按《化工一部经济责任制考核》进行考核		
4	认真组织开展班组HSE活动，有细则、有计划、有落实、有考核。按要求开展事故预案演练，做好记录。未执行的，按《化工一部经济责任制考核》进行考核		
5	按时参加每月一考、技能考核、特殊工种取证、系统操作上岗等考试。做好班组管理手册中的岗位培训记录；按要求完成每日一题出、答、评题。未完成或完成不好的，按《化工一部经济责任制考核》进行考核		
6	当班期间生产出现异常时，执行汇报制度，及时汇报生产情况；及时向调度汇报较大生产调整情况及调度指令执行情况；出现生产事故及时上报。隐瞒生产事故(包括质量和设备事故、操作波动)不报及推迟不报的，按《化工一部经济责任制考核》进行考核		
7	裂解装置属分公司的关键生产装置。严格执行关键生产装置、重点部位管理制度。未执行的，按《化工一部经济责任制考核》进行考核		

续表

<table>
<tr><td colspan="6">岗位任职资格</td></tr>
<tr><td>学历要求</td><td colspan="2">中技以上文化程度</td><td>专业要求</td><td colspan="2">石油化工生产</td></tr>
<tr><td>知识
技能
要求</td><td colspan="5">(1)独立操作能力:熟练掌握本岗位操作技能,具备独立操作能力。
(2)应急应变能力:掌握应急预案,具备处理生产过程中出现突发异常或突发事故的能力。
(3)安全防护能力:有安全防护意识,会正确使用劳动安全防护用品,会正确使用基本消防器材。
(4)沟通能力:具有良好的语言能力和人际交往能力,能准确、清晰地表达自己的想法</td></tr>
<tr><td>年龄性别要求</td><td>性别</td><td>不限</td><td>年龄</td><td></td><td>其他</td></tr>
<tr><td>实践经验
要求</td><td colspan="5">具有两年以上石油化工生产操作经历,其中在外操岗位上工作一年以上</td></tr>
<tr><td>培训要求</td><td colspan="5">中级工试题掌握100%,高级工试题掌握60%以上。
会本装置所有岗位的操作,掌握本岗位的仪表控制和工艺联锁调节。
具备以下基本知识。
化学基础知识:无机化学基本知识、有机化学基本知识。
化工基础知识:流体力学知识、传热学知识、传质知识。
化工机械与设备,包括以下几方面内容:①设备工作原理,②设备保养基本知识,③设备安全使用常识,④常用阀门、法兰、管道及垫片的种类、规格和适用范围。
识图知识:三视图、工艺流程图和设备结构简图。
电工基本知识:电工原理基本知识和安全用电常识。
仪表基本知识:①仪表基本概念,②常用温度、压力、流量、液位测量仪表及基本概念,③计量知识,④常规仪表、集散控制系统(DCS)使用知识。
安全及环保知识:①安全生产、环保、工业卫生法律和法规,②安全技术规程,③环保基本知识,④消防、气防知识,⑤健康、安全与环境(HSE)管理体系基础知识。
质量管理知识:质量管理的标准知识、质量管理体系基本知识。
记录填写知识:运行记录、交接记录、设备保养记录、其他相关记录。
相关法律、法规知识</td></tr>
<tr><td>职业技术资格要求</td><td colspan="5">中级工以上</td></tr>
<tr><td colspan="6">备注:</td></tr>
</table>

复习思考题

一、单项选择题

1. 裂解气深冷分离的主要依据是（　　）。

A. 各烃分子量的大小　　B. 各烃的相对挥发度不同

C. 各烃分子结构的不同　　D. 各烃分子间作用力不同

2. 下面关于裂解气分离流程说法正确的是（　　）。

A. 一套乙烯装置采用哪种流程，主要取决于流程对所需处理裂解气的适应性、能量消耗、运转周期及稳定性、装置投资等几个方面

B. 一套乙烯装置分离收率和分离流程顺序关系很大，顺序分离流程和前脱乙烷流程、前脱丙烷流程相比，乙烯收率最高

C. 顺序分离流程适用于轻质油作裂解原料的裂解气的分离，同时适宜采用前加氢工艺

D. 前脱丙烷流程中，C_3、C_4 馏分不进入脱甲烷塔，冷量利用合理，可以节省耐低温合金钢用量

3. 乙烯工业上前加氢和后加氢是依（　　）为界划分的。

A. 冷箱　　B. 脱甲烷塔　　C. 脱乙烷塔　　D. 脱丙烷塔

4. 在乙烯装置正常运行时，下列地方乙烯损失最多的是（　　）。

A. 脱乙烷塔釜液 C_3 以上馏分带出损失　B. 乙烯塔精馏塔釜液乙烷中带出损失

C. 冷箱尾气（甲烷、氢气）中带出损失　D. 压缩段间凝液带出损失

5. 冷箱是由许多（　　）组成的。

A. 列管式换热器　　B. 板翅式高效换热器

C. 组列管式和夹套式换热器　　D. 夹套式换热器

6. 深冷顺序分离流程中，冷箱可以分离出的物料有（　　）。

A. 氢气　　B. 氢气和甲烷　　C. 甲烷　　D. 甲烷和乙烯

7. 脱甲烷塔塔顶主要控制项目是（　　）。

A. 氢气含量　　B. 甲烷含量　　C. 乙烯含量　　D. 乙炔含量

8. 脱甲烷塔采用多股进料可以（　　）。

A. 增大塔高　　B. 提高处理能力　　C. 塔加塔板数　　D. 减小设备投资

9. 在脱甲烷操作中，影响甲烷与乙烯分离效果的主要因素是（　　）。

A. 甲烷对乙烯的相对挥发度　　B. 塔的进料量

C. 进料中乙烯含量的高低　　D. 塔内甲烷与氢气的摩尔比

10. 在脱甲烷塔操作中，关于甲烷与乙烯的分离，下列说法正确的是（　　）。

A. 温度越低分离效果越好　　B. 压力越低分离效果越好

C. 压力越高分离效果越好　　D. 甲烷与氢气的摩尔比越高，分离效果越好

11. 脱乙烷塔塔釜主要控制项目是（　　）。

A. 丙烷含量　　B. 乙烷含量　　C. C_2 含量　　D. 乙炔含量

12. 高压法乙烯精馏塔塔顶冷凝器所用冷剂为（　　）。

A. 冷却水　　B. 乙烯　　C. 丙烯　　D. 氢气

13. 乙烯精馏塔塔釜乙烷出料分析项目通常有（　　）。

A. 乙烯含量　　B. 乙炔含量　　C. 氢气含量　　D. 甲烷含量

14. 热泵的定义是指（　　）。

A. 通过做功将热量由高温热源传给低温热源的供热系统

B. 通过做功将热量由低温热源传给高温热源的供热系统

C. 输送热流体的泵

D. 输送高温流体的泵

15. 如下图所示的开式热泵是以（　　）为介质，取消再沸器的过程。

A. 塔釜物料　　B. 塔顶物料　　C. 塔顶回流　　D. 塔进料

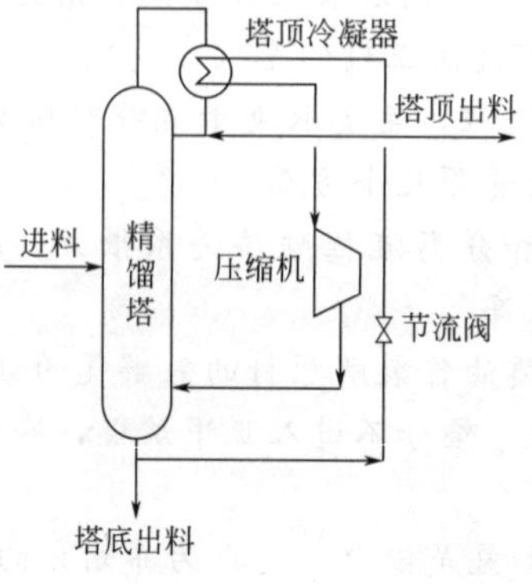

二、多项选择题

1. 典型的深冷分离流程有（　　）。

A. 前脱乙烷流程　B. 前脱丙烷流程　C. 顺序分离流程　D. 前加氢流程

2. 裂解气深冷分离过程有（　　）。

A. 干燥　B. 深冷　C. 加氢反应　D. 精馏

3. 脱甲烷塔的控制要求是（　　）。

A. 塔顶甲烷中所含乙烯量要较低　B. 塔釜所含甲烷要较低

C. 塔釜乙炔含量要低　D. 塔顶氢气含量要低

4. 脱甲烷塔采用多股进料的优点是（　　）。

A. 节省冷量，降低能耗　B. 提高处理能力　C. 节省设备投资　D. 简化流程

5. 影响甲烷与乙烯分离的因素有（　　）。

A. 分离的温度　B. 压力　C. 甲烷与氢气的摩尔比　D. 冷箱的位置

6. 热泵一般有（　　）。

A. 开式A型热泵（塔釜物料为介质取消再沸器）

B. 开式B型热泵（塔顶物料为介质取消冷凝器）

C. 闭式热泵

D. 半开式热泵

7. 开式A型热泵由（　　）几部分组成。

A. 精馏塔　B. 再沸器　C. 冷凝器　D. 压缩机及节流阀

8. 下列关于A型热泵的说法正确的是（　　）。

A. 以塔釜物料为介质，取消再沸器的过程

B. 以塔顶物料为介质，取消冷凝器的过程

C. 通过做功将热量从低温热源提至高温热源

D. 以塔釜物料为介质，取消冷凝器的过程

9. 开式B型热泵由（　　）等几部分组成。

A. 精馏塔　B. 再沸器　C. 冷凝器　D. 压缩机及节流阀

三、问答题

1. 裂解气分离过程包括哪三大部分？
2. 简述裂解气的分离原理。
3. 什么叫作深冷分离？
4. 深冷分离六大精馏塔指哪些？各有何作用？
5. 裂解气的深冷分离主要有哪三种分离流程？各有何特点？
6. 请区分概念：前加氢与后加氢，前冷与后冷流程。
7. 绘制广州石化顺序分离及兰州石化脱丙烷分离流程图。
8. 简述影响尾气中乙烯损失的主要因素。
9. 深冷分离精馏塔的节能措施主要有哪些？

项目 7 乙烯生产产品的应用

技能目标

1. 熟悉丁二烯生产的工艺流程。
2. 熟悉 C_5 精制的工艺流程。
3. 熟悉汽油加氢的工艺流程。
4. 熟悉芳烃抽提的工艺流程。

知识目标

1. 掌握丁二烯生产原理及工艺流程。
2. 掌握 C_5 精制生产原理及工艺流程。
3. 掌握汽油加氢生产原理及工艺流程。
4. 掌握芳烃抽提生产原理及工艺流程。

素质目标

1. 通过本项目学习，理解提升乙烯产业的持续盈利和抗风险能力的重要意义，培养社会责任和专业领域的使命担当。

2. 通过学习工业真实案例，培养勇挑重担、创新求变、主动作为、攻坚克难的精神，培养大国工匠精神和求实创新的科学素养。

技能训练

任务 1 萃取仿真操作

一、任务要求

通过萃取剂（水）来萃取丙烯酸丁酯生产过程中的催化剂（对甲苯磺酸）。

二、工艺流程

将自来水（FCW）通过阀 V4001 或者通过泵 P-425 及阀 V4002 送进催化剂萃取塔 C-421，当液位调节器 LIC4009 为 50%时，关闭阀 V4001 或者泵 P-425 及阀 V4002；开启泵 P-413 将含有产品和催化剂的 R-412B 的流出物在被 E-415 冷却后进入催化剂萃取塔 C-421 的塔底；开启泵 P-412A，将来自 D-411 作为溶剂的水从顶部加入。泵 P-413 的流量由 FIC-4020 控制在 21126.6kg/h；P-412 的流量由 FIC4021 控制在 2112.7kg/h；萃取后的丙烯酸丁酯主物流从塔顶排出，进入塔 C-422；塔底排出的水相中含有大部分的催化剂及未反应的丙烯酸，一路返回反应器 R-411 循环使用，一路去重组分分解器 R-460 作为分解用的催化剂（见图 7-1）。

截止阀原理展示

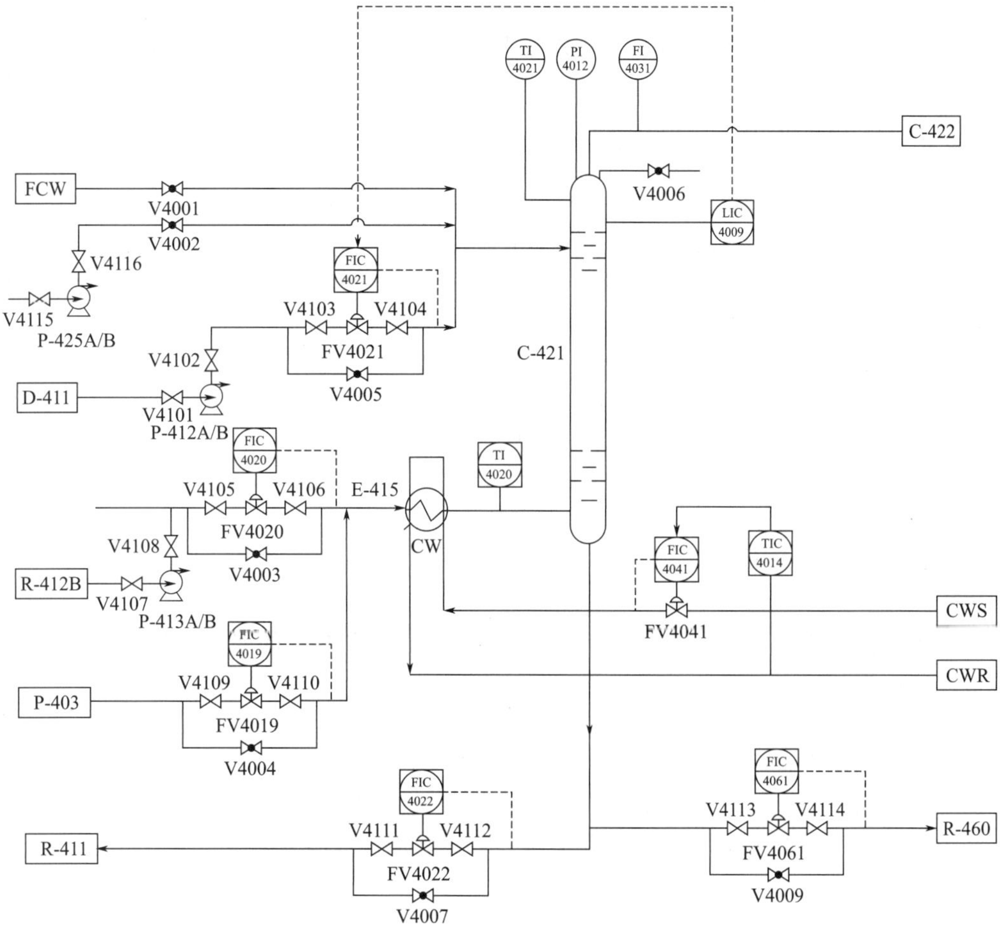

图 7-1　萃取塔单元带控制点流程图

三、萃取操作规程

1. 冷态开车

进料前确认所有调节器为手动状态，调节阀和现场阀均处于关闭状态，机泵处于关停状态。

（1）灌水

①（当 D-425 液位 LIC4016 达到 50%时）全开泵 P-425 的前后阀 V4115 和 V4116，启

动泵 P-425。

② 打开手阀 V4002，使其开度为 50%，对萃取塔 C-421 进行灌水。

③ 当 C-421 界面液位 LIC4009 的显示值接近 50%时，关闭阀门 V4002

④ 依次关闭泵 P-425 的后阀 V4116、开关阀 V4123、前阀 V4115。

（2）启动换热器　开启调节阀 FV-4041，使其开度为 50%，对换热器 E-415 通冷物料。

（3）引反应液

① 依次开启泵 P-413 的前阀 V4107、开关阀 V4125、后阀 V4108，启动泵 P-413。

② 全开调节器 FIC4020 的前后阀 V4105 和 V4106，开启调节阀 FV-4020，使其开度为 50%，将 R-412B 出口液体经换热器 E-415 送至 C-421。

③ 将 TIC4014 投自动，设为 30℃；并将 FIC4041 投串级。

（4）引溶剂

① 打开泵 P-412 的前阀 V4101、开关阀 V4124、后阀 V4102，启动泵 P-412。

② 全开调节器 FIC4021 的前后阀 V4103 和 V4104，开启调节阀 FV4021，使其开度为 50%，将 D-411 出口液体送至 C-421。

（5）引 C-421 萃取液

① 全开调节器 FIC4022 的前后阀 V4111 和 V4112，开启调节阀 FV4022，使其开度为 50%，将 C-421 塔底的部分液体返回 R-411 中。

② 全开调节器 FIC4061 的前后阀 V4113 和 V4114，开启调节阀 FV4061，使其开度为 50%，将 C-421 塔底的另外部分液体送至重组分分解器 R-460 中。

（6）调至平衡

① 界面液位 LIC4009 达到 50%时，投自动；

② FIC4021 达到 2112.7kg/h 时，投串级；

③ FIC4020 的流量达到 21126.6kg/h 时，投自动；

④ FIC4022 的流量达到 1868.4kg/h 时，投自动；

⑤ FIC4061 的流量达到 77.1kg/h 时，投自动。

2. 正常运行

熟悉工艺流程，维持各工艺参数稳定；密切注意各工艺参数的变化情况，发现突发事故时，应先分析事故原因，并做正确处理。

3. 正常停车

（1）停主物料进料

① 关闭调节阀 FV4020 的前后阀 V4105 和 V4106，将 FV4020 的开度调为 0。

② 关闭泵 P-413 的后阀 V4108、开关阀 V4125、前阀 V4107。

（2）灌自来水

① 打开进自来水阀 V4001，使其开度为 50%；

② 当罐内物料相中的丙烯酸丁酯（BA）的含量小于 0.9%时，关闭 V4001。

（3）停萃取剂

① 将控制阀 FV4021 的开度调为 0，关闭前后阀 V4103 和 V4104；

② 关闭泵 P-412A 的后阀 V4102、开关阀 V4124、前阀 V4101。

（4）萃取塔 C-421 泄液

① 打开阀 V41007，使其开度为 50%，同时将 FV4022 的开度调为 100%；

② 打开阀 V41009，使其开度为 50%，同时将 FV4061 的开度调为 100%；

③ 当 FIC4022 的值小于 0.5kg/h 时，关闭 V41007，将 FV4022 的开度置 0，关闭其前

后阀 V4111 和 V4112；同时关闭 V41009，将 FV4061 的开度置 0，关闭其前后阀 V4113 和 V4114。

4. 事故处理

事故的主要现象与处理方法见表 7-1。

表 7-1　事故的主要现象与处理方法

事故名称	主要现象	处理方法
P-412A 泵坏	1. P-412A 泵的出口压力急剧下降 2. FIC4021 的流量急剧减小	1. 停泵 P-412A 2. 换用泵 P-412B
调节阀 FV4020 阀卡	FIC4020 的流量不可调节	1. 打开旁通阀 V4003 2. 关闭 FV4020 的前后阀 V4105、V4106

任务 2　C_5 精制工艺流程图的绘制

一、任务要求

1. 进行考核前工作服、工作帽、直尺、橡皮的准备。
2. 主要设备简图。
3. 主要设备名称。
4. 主要物料名称。
5. 主要物料流向。
6. 控制点位号。
7. 完成任务时间（以现场模拟为例）：准备工作 5min、正式操作 20min。

二、评价标准

试题名称		C_5 精制工艺流程图的绘制(笔试)			考核时间:15min			
序号	考核内容	考核要点	配分	评分标准	检测结果	扣分	得分	备注
1	准备工作	穿戴劳保用品	3	未穿戴整齐扣 3 分				
		工具、用具准备	2	工具选择不正确扣 2 分				
2	绘图	主要设备简图	20	缺一个扣 5 分				
				错一个扣 5 分				
		主要设备名称	10	错一个扣 5 分				
				缺一个扣 5 分				
		主要物料名称	20	缺一个扣 2 分				
				错一个扣 2 分				
		主要物料流向	20	缺一个扣 2 分				
				错一个扣 2 分				
		控制点位号	20	缺一个扣 5 分				
				错一个扣 5 分				

续表

试题名称		C$_5$精制工艺流程图的绘制(笔试)			考核时间:15min			
序号	考核内容	考核要点	配分	评分标准	检测结果	扣分	得分	备注
3	工具	使用工具	2	工具使用不正确扣2分				
		维护工具	3	工具乱摆乱放扣3分				
4	安全及其他	遵守国家法规或企业规定	—	违规一次总分扣5分；严重违规停止操作			—	
		在规定时间内完成操作		每超时1min总分扣5分，超时3min停止操作			—	
合计			100					
否定项说明：若出现三个设备简图及名称写错等情况，该题为零分								

任务3 芳烃抽提工艺流程图的绘制

一、任务要求

1. 进行考核前工作服、工作帽、直尺、橡皮的准备。
2. 主要设备简图。
3. 主要设备名称。
4. 主要物料名称。
5. 主要物料流向。
6. 控制点位号。
7. 完成任务时间（以现场模拟为例）：准备工作5min、正式操作20min。

二、评价标准

试题名称		芳烃抽提工艺流程图的绘制(笔试)			考核时间:15min			
序号	考核内容	考核要点	配分	评分标准	检测结果	扣分	得分	备注
1	准备工作	穿戴劳保用品	3	未穿戴整齐扣3分				
		工具、用具准备	2	工具选择不正确扣2分				
2	绘图	主要设备简图	20	缺一个扣5分				
				错一个扣5分				
		主要设备名称	10	错一个扣5分				
				缺一个扣5分				
		主要物料名称	20	缺一个扣2分				
				错一个扣2分				
		主要物料流向	20	缺一个扣2分				
				错一个扣2分				
		控制点位号	20	缺一个扣5分				
				错一个扣5分				

续表

试题名称		芳烃抽提工艺流程图的绘制(笔试)			考核时间:15min			
序号	考核内容	考核要点	配分	评分标准	检测结果	扣分	得分	备注
3	工具	使用工具	2	工具使用不正确扣 2 分				
		维护工具	3	工具乱摆乱放扣 3 分				
4	安全及其他	遵守国家法规或企业规定	—	违规一次总分扣 5 分;严重违规停止操作			—	
		在规定时间内完成操作		每超时 1min 总分扣 5 分,超时 3min 停止操作			—	
合计			100					
否定项说明:若出现三个设备简图及名称写错等情况,该题为零分								

工艺知识

从前面的学习中我们知道，裂解原料石脑油等进入裂解炉，在高温低压下裂解成组分众多的小分子量的裂解气。裂解气经过急冷器冷却后，再经汽油分馏塔的油洗及急冷水塔的水洗之后，分离出轻质燃料油、粗裂解汽油等重组分。从急冷水塔来的裂解气进入裂解气压缩工段，经压缩升压，析出裂解汽油和冷凝水。干燥后的裂解气进入冷分离工段，经过裂解气预冷、脱甲烷、甲烷化、脱乙烷、乙炔加氢、乙烯精馏等系统，分离出甲烷、氢气、乙烷、聚合级乙烯等产品，C_3 及更重组分进入分离热区。在分离热区，C_3 及更重组分经脱丙烷、C_3 加氢、丙烯汽提、丙烯精馏、脱丁烷等系统，分离为丙烷、聚合级丙烯、混合 C_4 和 C_5、裂解汽油等，如图 7-2 所示。其中 C_3 以上组分有重要的用途，图 7-3 为 C_4、C_5 组分的用途。

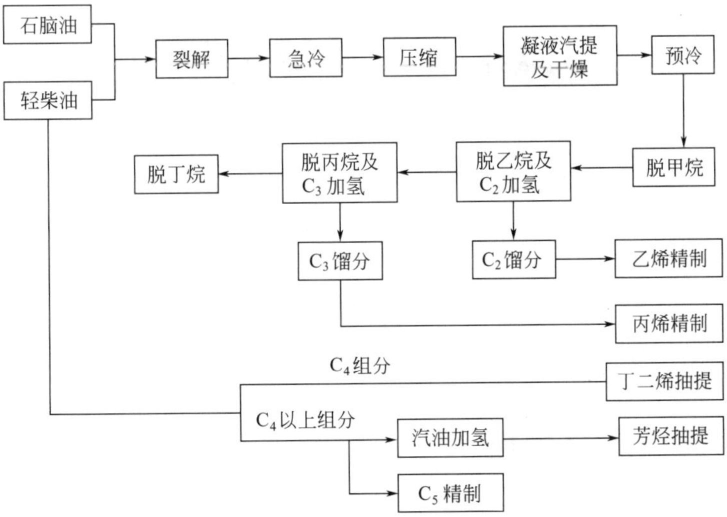

图 7-2　乙烯装置工艺流程示意图

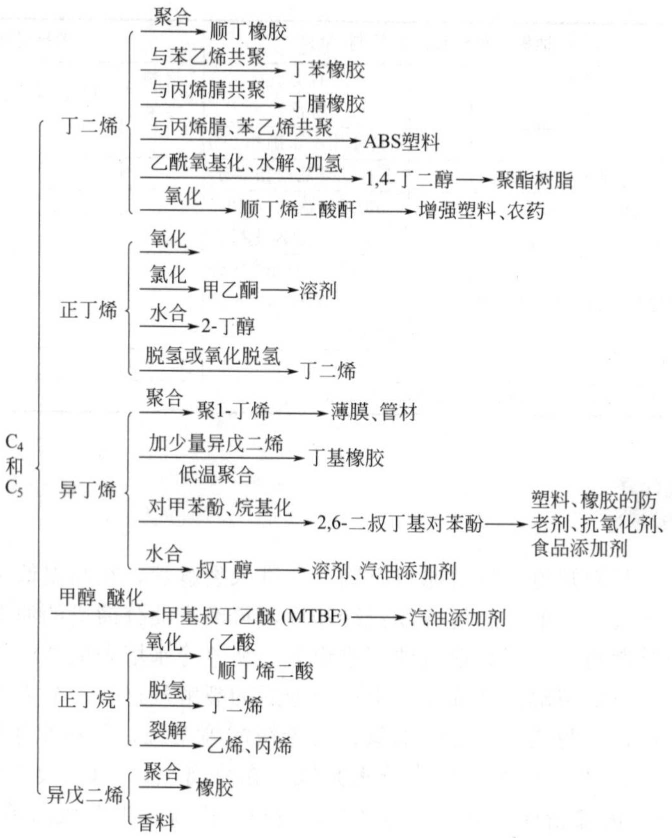

图 7-3　C_4、C_5 组分的用途

知识 1　丁二烯的生产

烃类裂解生产乙烯、丙烯时也副产 C_4 烃，习惯称裂解 C_4 馏分，其含量及组成随裂解原料及条件而异。通常在裂解石脑油或柴油时，副产的 C_4 馏分为原料总量的 8%～10%（质量分数）。特点是烯烃和二烯烃含量高达 92%～95%，其中丁二烯含量 40%～50%（甚至更高），其余为异丁烯 22%～27%、1-丁烯 14%～16%、顺-2-丁烯 4.8%～5.5%、反-2-丁烯 5.8%～6.5%、丁烷（正、异）3%～5%。裂解 C_4 馏分是生产丁二烯最经济、最方便的原料。

一、丁二烯的性质及用途

1. 丁二烯的物理性质

丁二烯在常温常压下是无色、有芳香气味的气体，它对生物机体有刺激和麻醉作用。空气中含微量丁二烯时，对人体无严重的生理伤害，仅会刺激黏膜，使人有不愉快之感。长期处在浓度高的丁二烯环境中，会引起反胃和视觉模糊。同时，对肝脏机能也有抑制作用。丁二烯比空气重，最易聚集在厂房的较低部位，与空气形成爆炸性混合物。在常压下，若温度低于−4.5℃，丁二烯则变为液体，其黏度和密度随温度的升高而减小。

丁二烯微溶于水，易溶于甲醇、乙醇、乙醚、苯、四氯化碳、丙酮、三氯甲烷等有机溶剂。但在各类溶剂中的溶解度随温度的升高而降低。

分子式：C_4H_6。

分子量：54.088。

外观：有芳香气味的无色气体。

相对密度：0.627。

沸点：−4.413℃。

自燃点：450℃。

凝固点：−108.915℃。

爆炸范围：2%～11.5%（体积分数）。

2. 丁二烯的化学性质

丁二烯分子具有两个双键，为共轭双键，它的存在使其具有很大的化学活泼性。

① 在催化剂下能起加成反应。

② 易起氧化反应，如在氧化剂下，能被氧化成二元醇。

③ 能和臭氧反应，生成易爆的臭氧化物。

④ 易起聚合反应，生成二聚体和高分子化合物。

3. 丁二烯的用途

丁二烯是合成橡胶的重要单体，在不同催化体系和不同的聚合体系中，可得到种类不同的橡胶，如：顺丁橡胶、丁苯橡胶、丁腈橡胶以及 ABS 树脂。此外丁二烯还是制造氯丁橡胶和其他有机产品的重要原料。

二、丁二烯的生产原理及方法

1. 萃取精馏的基本原理

C_4 馏分中主要成分有：正丁烷、异丁烷、正丁烯、异丁烯、顺-2-丁烯、反-2-丁烯、丁二烯等。C_4 馏分中各组分沸点接近，相对挥发度差值小（见表 7-2），因此工业上很难用普通精馏方法将之分离开来，而需要采用一般精馏与特殊精馏相结合的办法才能经济合理地将它们分开，本书介绍的工艺采用萃取精馏的方法，即当在 C_4 原料中加入一定量极性溶剂即萃取剂后，各组分的相对挥发度差值增大，且萃取剂不与任何一个组分形成共沸物，见表 7-3。

表 7-2　C_4 馏分沸点及相对挥发度

组分	沸点	相对挥发度
异丁烷	−11.7	1.20
异丁烯	−6.9	1.08
1-丁烯	−6.26	1.03
1,3-丁二烯	−4.54	1.00
正丁烷	−0.50	0.86
反-2-丁烯	0.88	0.84
顺-2-丁烯	3.7	0.78
乙烯基乙炔	5.1	0.74
乙基乙炔	8.7	0.67

表 7-3　在 C_4 中加入 DMF① 后，各组分相对挥发度

组分		在 DMF 中与 1,3-丁二烯的相对挥发度	在 DMF 中溶解度/(体积/体积)
难溶物	丙烷	20.9	4.0(25℃)
	丙烯	10.2	8.2(25℃)
	丙二烯	2.08	40(20℃)
	异丁烷	—	—
	正丁烷	5.06	16.5(20℃)
	1-丁烯	3.39	24.6(20℃)
	异丁烯	3.39	—
	反-2-丁烯	2.35	35.5(20℃)
	顺-2-丁烯	1.65	51(20℃)
1,3-丁二烯		1.00	
易溶物	1,2-丁二烯	0.522	160(20℃)
	甲基乙炔	0.982	85(20℃)
	乙基乙炔	(假定值 0.3)	—
	乙烯基乙炔	0.239	350(20℃)
	C_5	—	—

①DMF 即二甲基甲酰胺。

萃取精馏是向被分离混合物中加入第三组分——溶剂，这种溶剂对被分离的混合物中的某一组分有较大的溶解能力，而对其他组分的溶解能力较小，其结果使易溶的组分随溶剂一起由塔釜排出，然后将溶解的组分与溶剂再进行普通的精馏，即可得到高纯度的单一组分；未被萃取下来的组分由塔顶逸出，以达到分离的目的。

采用萃取精馏法的主要目的是增大被分离组分之间的沸点差，改变难以分离的各组分间的相对挥发度，从而减少塔板数和回流比，并降低能量损耗。

2. 生产方法

世界上从裂解 C_4 馏分抽提丁二烯以萃取精馏法为主，根据所用溶剂的不同生产方法主要有二甲基甲酰胺法（DMF 法）、乙腈法（ACN 法）和 *N*-甲基吡咯烷酮法（NMP 法）3 种工艺。

一是以二甲基甲酰胺为溶剂的 DMF 法，这种工艺目前使用得最多，如广州石化等；二是以乙腈为溶剂的 ACN 法，这种工艺因耗能较高，20 世纪 90 年代以来已不再新建，只是在老装置的基础上改革流程，优化工艺条件，以实现节能降耗；三是以 *N*-甲基吡咯烷酮为溶剂的 NMP 法，这种工艺在 20 世纪 90 年代新建的装置中采用较多，如吉化集团有限公司、北京东方石油化工有限公司、独山子石化总厂等的乙烯项目，均配套采用此法。

上述三种工艺各有利弊，DMF 和 NMP 法为现今世界上抽提丁二烯的先进技术，但 DMF 法和 NMP 法抽提装置因以往都是从国外成套引进，相对来说耗资较多。1996 年建成投产的茂名石化公司 DMF 法抽提装置，系购买国外专利，由国内设计及配备设备。实际运行结果成功，不仅节约了投资，而且也为今后进一步发展丁二烯的衍生加工产品，创造了良好的条件。

（1）乙腈法（ACN 法）　该法最早由美国 Shell 公司开发成功，并于 1956 年实现工业化生产。它以含水 10%的 ACN 为溶剂，由萃取、闪蒸、压缩、高压解吸、低压解吸和溶剂回收等工艺单元组成。

该方法以意大利 SIR 工艺和日本 JSR 工艺为代表。意大利 SIR 工艺以含水 5%的 ACN 为溶剂，采用 5 塔流程（氨洗塔、第一萃取精馏塔、第二萃取精馏塔、脱轻塔和脱重塔）。

该工艺不仅能使丁二烯收率达到 96%～98%，还能使丁二烯与炔烃分离，丁二烯产品纯度可以达到 99.5%以上。

日本 JRS 工艺以含水 10%的 ACN 为溶剂，采用两段萃取蒸馏，第一萃取蒸馏塔由两塔串联而成。该工艺在同类工艺中的能耗是最低的。

采用 ACN 法生产丁二烯的特点是沸点低，萃取、汽提操作温度低，易防止丁二烯自聚；汽提可在高压下操作，省去了丁二烯气体压缩机，减少了投资；黏度低，塔板效率高，实际塔板数少；微弱毒性，在操作条件下对碳钢腐蚀性小；分别与正丁烷、丁二烯二聚物等形成共沸物，致使溶剂精制过程较为复杂，操作费用高；蒸气压高，随尾气排出的溶剂损失大；用于回收溶剂的水洗塔较多，相对流程长。

（2）甲基甲酰胺法（DMF 法）　DMF 法又名 GPB 法，由日本瑞翁（Geon）公司于 1965 年实现工业化生产，并建成一套 4.5 万吨/年生产装置。该生产工艺包括四个工序，即第一萃取蒸馏工序、第二萃取蒸馏工序、精馏工序和溶剂回收工序。DMF 法工艺的特点是对原料 C_4 的适应性强，丁二烯含量在 15%～60%范围内都可生产出合格的丁二烯产品；生产能力大，成本低，工艺成熟，安全性好，节能效果较好，产品、副产品回收率高达 97%；由于 DMF 对丁二烯的溶解能力及选择性比其他溶剂高，所以循环溶剂量较小，溶剂消耗量低；无水 DMF 可与任何比例的 C_4 馏分互溶，因而避免了萃取塔中的分层现象；DMF 与任何 C_4 馏分都不会形成共沸物，有利于烃和溶剂的分离；但由于其沸点较高，溶剂损失小。热稳定性和化学稳定性良好，无水存在下对碳钢无腐蚀性。但由于其沸点高，萃取塔及解吸塔的操作温度都较高，易引起双烯烃和炔烃的聚合。DMF 在水分存在下会分解生成甲酸和二甲胺，因而有一定的腐蚀性。

（3）*N*-甲基吡咯烷酮法（NMP 法）　*N*-甲基吡咯烷酮法由德国 BASF 公司开发成功，并于 1968 年实现工业化生产，建成一套 7.5 万吨/年生产装置。其生产工艺主要包括萃取蒸馏、脱气和蒸馏以及溶剂再生工序。NMP 法工艺的特点是溶剂性能优良，毒性低，可生物降解，腐蚀性低；原料范围较广，可得到高质量的丁二烯，产品纯度可达 99.7%～99.9%；C_4 炔烃无需加氢处理，流程简单，投资低，操作方便，经济效益高；NMP 具有优良的选择性和溶解能力，沸点高、蒸气压低，因而运转中溶剂损失小；它热稳定性和化学稳定性极好，即使发生微量水解，其产物也无腐蚀性，因此装置可全部采用普通碳钢；为了降低其沸点、增加选择性、降低操作温度、防止聚合物生成、利于溶剂回收，可在其中加入适量的水，并加入亚硝酸钠作阻聚剂。

三、DMF 萃取抽提丁二烯工艺流程

1. 工艺技术

DMF 工艺采用两段萃取精馏和两段普通精馏的流程。原则上在 DMF 中与 1,3-丁二烯相比，相对挥发度大于 1 的组分（即比 1,3-丁二烯难溶于 DMF 的组分）在第一萃取精馏塔脱除，相对挥发度小于 1 的组分（即比 1,3-丁二烯易溶于 DMF 的组分）在第二萃取精馏部分脱除。在原料中只有那些与丁二烯沸点相差较大的杂质，才能在普通精馏部分脱除。

抽提过程简要示意图见图 7-4。

2. 工艺流程

丁二烯抽提装置采用日本瑞翁公司的丁二烯精制技术，该方法具有溶剂毒性低、消耗少、产品收率高（>97%）、纯度高（>99.7%）、公有工程消耗低的特点。采用 DMF（二甲基甲酰胺）为萃取剂，通过两级萃取精馏和两级普通精馏，从混合 C_4 中提取高纯度的 1,3-丁二烯。

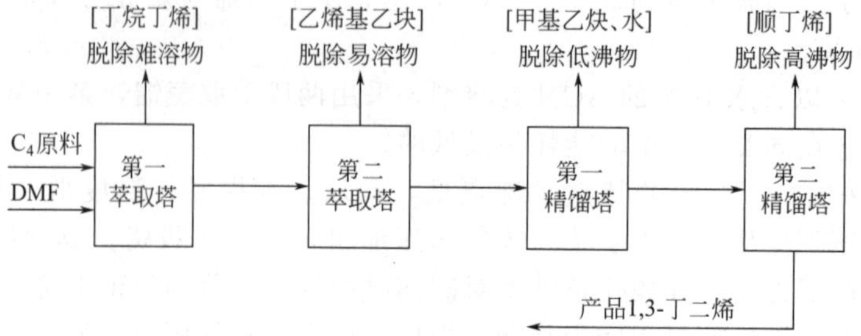

图 7-4　抽提过程简要示意图

以 1,3-丁二烯为目的产品，纯度可达 99.8%

比丁二烯难溶的组分在第一萃取精馏工段基本上被除去，比丁二烯易溶的组分进入第二萃取精馏工段，只有那些原料中与丁二烯沸点差异较大的杂质在丁二烯提纯工段中除去，一小部分在第一部分及第二部分循环使用的溶剂去溶剂精制工段。

DMF 法生产丁二烯流程见图 7-5。

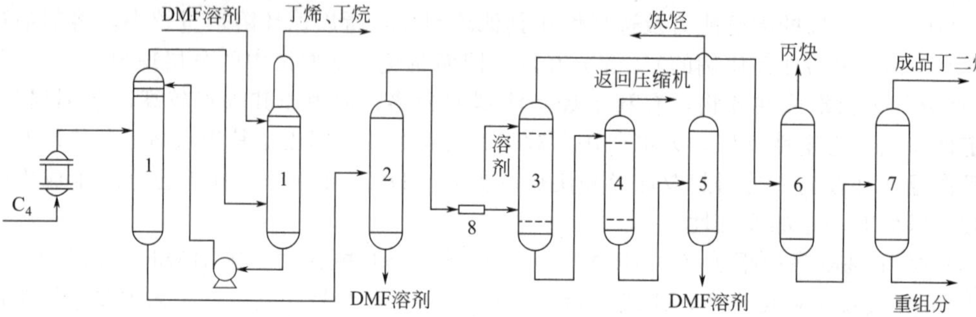

图 7-5　二甲基甲酰胺抽提丁二烯流程图

1—第一萃取精馏塔；2—第一解吸塔；3—第二萃取精馏塔；4—丁二烯回收塔；

5—第二解吸塔；6—脱轻组分塔；7—脱重组分塔；8—丁二烯压缩机

原料 C_4 馏分汽化后进入第一萃取精馏塔（1）的中部，DMF 则由塔顶部加入，塔顶的丁烯、丁烷馏分直接送出装置，塔釜含丁二烯、炔烃的 DMF 进入第一解吸塔（2）。解吸塔塔釜的 DMF 溶剂，经废热利用后循环使用，丁二烯、炔烃由塔顶解吸出来经丁二烯压缩机（8）加压后，进入第二萃取精馏塔（3）。由第二萃取精馏塔塔顶获得丁二烯馏分，塔釜含乙烯基乙炔、丁炔的 DMF 进入丁二烯回收塔（4）。为了减少丁二烯损失，由丁二烯回收塔塔顶采出含丁二烯多的炔烃馏分，以气相返回丁二烯压缩机，塔底含炔烃较多的 DMF 溶液进入第二解吸塔（5）。炔烃由第二解吸塔塔顶采出，可直接送出装置，塔釜 DMF 溶液经废热利用后循环使用。由第二萃取塔塔顶送来的丁二烯馏分进入脱轻组分塔（6），用普通精馏的方法由塔顶脱除丙炔塔釜进入脱重组分塔（7）。在脱重组分塔中，塔顶获得成品丁二烯，塔釜采出重组分，主要组分是顺-2-丁烯、乙烯基乙炔、丁炔、1,2-丁二烯以及二聚物、C_5 等，其中丁二烯含量小于 2%，一般作为燃料。

四、萃取精馏的影响因素

1. 溶剂的恒定浓度

溶剂的用量及其浓度是萃取精馏的主要影响因素。在萃取精馏塔内，由于所用溶剂的相对挥发度比所处理的原料低得多，溶剂蒸气压都要比分离混合物中所有蒸气压小得多，所以在塔内各板上，基本维持一个固定的浓度值，此值为溶剂恒定浓度。

通常情况下，恒定浓度增大，选择性明显提高，分离更容易进行。但是，过大的溶剂恒定浓度将导致设备与操作费用增加，经济效果差。在实际操作中，随选择溶剂的不同，其溶剂恒定浓度也不同。如乙腈作溶剂，恒定浓度一般控制在 78%～83%。

2. 溶剂温度

在萃取精馏操作过程中，由于溶剂量很大，所以溶剂的进料温度对分离效果也有很大的影响。溶剂进料温度主要影响塔内温度分布、汽液负荷，同时影响组分间的相对挥发度、热负荷和操作稳定性。

通常溶剂进料温度高于塔顶温度，略低于溶剂进料板温度。如果溶剂温度过高，则塔底溶剂损失量增加，塔顶馏分中丁二烯含量增加；过低则导致塔釜产品不合格，或由于塔内冷凝量过大造成塔内 C_4 大量积累，严重时甚至会造成液相超负荷而难以操作。

3. 溶剂含水量

溶剂含水量对分离选择性有较大的影响。溶剂中加入适量的水可提高组分间的相对挥发度，使溶剂选择性大大提高。另外，含水溶剂可降低溶液的沸点，使操作温度降低，减少蒸汽消耗，避免二烯烃自聚。但是，随着溶剂中含水量不断增加，烃类在溶剂中的溶解度降低。为避免萃取精馏塔内出现分层现象，则需要提高溶剂比，从而增加了蒸汽和动力消耗。在工业生产中，以乙腈为溶剂，加水量以 8%～12%为宜。

由于二甲基甲酰胺受热易发生水解反应，因此不宜采用加水操作。

4. 回流比

普通精馏中，在进料量一定及其他条件不变的情况下，增加回流比可提高分离效果。但在萃取精馏中，若被分离混合物进料量和溶剂用量一定时，增大回流比反而会降低分离效果。这是因为增加回流比，会使塔板上溶剂浓度降低，导致被分离组分的相对挥发度减小，结果达不到分离要求。

在萃取精馏塔中，回流液的作用是为了维持各塔板上的物料平衡，或者说是保证相邻板之间形成浓度差，稳定精馏操作。因此实际生产中回流比略大于最小回流比，如对于乙腈法，可采用的回流比为 3.5 左右。

知识 2 C_5 精制

C_5 是一种宝贵的资源，可以通过它生产一系列高附加值的化工产品，世界各国普遍关注 C_5 的开发利用。环戊二烯和双环戊二烯可从乙烯装置 C_5 馏分中分离出来，是 C_5 利用的重要资源。

日本是 C_5 综合利用极好的国家，特别是在开发 C_5 系列精细化学品方面更为显著。C_5 馏分的 80%～85%用于分离异戊二烯，然后再将其用于生产合成橡胶和香料、化妆品、药品、杀虫剂等。还将 C_5 馏分分离后用于生产石油树脂、制造路标漆、热熔胶、印刷油墨和橡胶增黏剂等。其中瑞翁公司是 C_5 综合利用的典型代表，其 C_5 利用率达 80%以上，是世界上 C_5 利用率很高的企业。

美国 C_5 分离利用率达到了 70%。从裂解 C_5 中首先分离出环戊二烯和间戊二烯，用来生产各种石油树脂。

目前我国 C_5 馏分的综合利用率还不到 20%，尚未得到充分开发利用。目前我国裂解 C_5 多用作裂解燃料，双环戊二烯未能得到充分利用，而国内需求旺盛，应在组织好裂解燃料平衡和替代的条件下，先抽出双环戊二烯，大力发展以双环戊二烯为基础原料的精细化工产业。剩余 C_5 组分可生产甲基叔戊基醚，醚后组分经加氢返回裂解装置作原料，这将有利于乙烯裂解装置的原料优化和效益提高。

C_5 馏分是裂解制乙烯装置的副产物，一般为乙烯产量的 10%～20%，一般是裂解汽油加氢前（中间馏分加氢）预处理时切除的轻组分，因其大部分组分为含有 5 个碳的烃类，所以习惯上称为 C_5 馏分。C_5 馏分包含有 4～6 个碳原子的烷烃、烯烃、双烯烃等共二三十种组分。多年来，我国这部分资源一直没有得到很好的利用。裂解 C_5 馏分中含有 C_5 单烯烃、双烯烃和 C_5 烷烃等许多有很高利用价值的组分，能够合成多种非常重要及附加值极高的精细化工产品。充分利用好裂解 C_5 馏分资源对降低乙烯成本、获取高附加价值产品、增加经济效益具有重要意义。

广州石化 3×10^4 t/a C_5 精制项目，是利用化工区乙烯裂解 C_5（其中含有约 32%的异戊烷、30%的正戊烷及 29%的环戊烷）作原料，通过精密精馏分离出纯度较高的正戊烷、异戊烷及环戊烷，再根据市场需求，调和成不同比例的戊烷系列发泡剂。戊烷发泡剂性能优良、价格便宜、对环境的影响小，是目前较受欢迎的替代氟利昂（CFC）的发泡剂之一。装置技术来源为天津天大天海化工新技术有限公司提供的工艺软件包，并采用该公司生产的高效规整填料。

一、 C_5 精制的原料及产品

1. 裂解 C_5 馏分原料组成

裂解 C_5 原料组成见表 7-4。

表 7-4 裂解 C_5 原料组成（质量分数）

组分	一般情况	范围	平均值
异丁烷	0.01	0.01	
正丁烷	0.21	0.21～2.32	1.0
异戊烷	33.5	28～37.5	32.07
正戊烷	31	26～33.5	29.58
反-2-丁烯	0.01	0～0.02	0.01
2-甲基 2-丁烯	0.01	0.01	0.01
2,2-二甲基丁烷	0.23	0.11～0.30	0.19
环戊烷	28	25～31	29
2-甲基戊烷	5.55	4.5～7.8	5.55
3-甲基戊烷	1.5	0.6～3.28	1.5
正己烷	0.1	0～0.2	0.14
2,2-二甲基戊烷	0.03	0.03～0.05	0.03
苯	0.25	0.23～0.31	0.27
密度计算值/(g/cm^3)	0.6766	0.6644	0.6688
密度实测值/(g/cm^3)	0.6740	0.6556	0.6579
溴指数/(mg/100g)	4.89	1～300	4.14
总硫/(mg/kg)	<1	0～5	0.26

2. 产品性能指标

（1）主产品　装置主要产品是异戊烷、正戊烷、环戊烷，其技术指标及数量见表 7-5。

由装置生产出的高纯度正戊烷、异戊烷、环戊烷在罐区按比例进行调和后作为戊烷系列发泡剂出厂。根据市场上用户的要求，产品调和比例一般为：调和误差小于±2%；其中异、环调和时，要求正戊烷含量≤1%。

表 7-5　主要产品技术指标及数量

项目	异戊烷	正戊烷	环戊烷	实验方法
外观	无色透明液体,无机械杂质,无悬浮物			目测
密度/(kg/m^3)	610～630	620～650	730～780	GB/T 1884—2000
C_4 含量质量分数/%	≤1	≤1	≤1	色谱法
异戊烷质量分数/%	≥99			
正戊烷质量分数/%		≥99		
环戊烷质量分数/%			≥99	
C_6 含量质量分数/%	≤0.5	≤0.5	≤1	
苯/(mg/kg)	≤1	≤1	≤5	
硫/(mg/kg)	≤5	≤5	≤5	NB/SH/T 0253—2021
水/(mg/kg)	无	无	无	SH/T 0246—92

（2）装置副产品名称、规格、数量　混合 C_4、C_5 液体（其中 C_4 组分含量约 74.5%，C_5 组分含量约 24.6%），作为燃料气；

混合 C_5、C_6 液体（其中 C_5 组分含量约 8.7%，C_6 组分含量约 87.9%），作为轻油。

（3）产品性质　C_5 精制产品性质见表 7-6。

表 7-6　C_5 精制产品性质表

序号	项目	正戊烷	异戊烷	环戊烷
1	外观和性状	无色液体,有微弱的薄荷香味	无色透明的易挥发液体,有令人愉快的芳香香味	无色透明液体,有苯样的气味
2	分子式	$CH_3—CH_2—CH_2—CH_2—CH_3$	$CH_3—CH_2—CH—CH_3$ | CH_3	
3	熔点/℃	−129.8	−159.4	−93.7
4	沸点/℃	36.1	27.8	49.3
5	液体相对密度	0.63	0.62	0.75
6	气体相对密度	2.48	2.48	2.42
7	闪点/℃	−40	−56	−25
8	自燃温度/℃	260	420	361
9	爆炸下限(体积分数)/%	1.7	1.4	1.4
10	爆炸上限(体积分数)/%	9.8	7.6	8.0
11	火险分级	甲	甲	甲
12	危险性类别	低闪点易燃液体	低闪点易燃液体	低闪点易燃液体
13	毒性	属低毒性 LD_{50}:446mg/kg	属低毒性 LD_{50}:1000mg/kg	属低毒性
14	接触限值	美国 STEL① ACGIH750μL/L,2210mg/m^3	未制定	美国 TWA② ACGIH600μL/L,1720mg/m^3

续表

序号	项目	正戊烷	异戊烷	环戊烷
15	健康危害	高浓度可引起眼与呼吸道黏膜轻度刺激症状和麻醉状态，甚至意识丧失。慢性作用为眼和呼吸道的轻度刺激。可引起轻度皮炎	主要有麻醉及轻度刺激作用。可引起眼和呼吸道的刺激症状，重症者有麻醉症状，甚至意识丧失	吸入后可引起头痛、头晕、定向力障碍、兴奋、嗜睡、共济失调和麻醉作用。呼吸系统和心脏可受到影响。对眼有轻度刺激作用。口服致中枢神经系统抑制、黏膜出血和腹泻等，对皮肤有脱脂作用，引起皮肤干燥、发泡等
16	危害指数	4	4	4

①STEL 为短时间接触容许浓度。

②TWA 为时间加权平均容许浓度。

二、 C_5 精制原理

由于原料中含有少量的 C_4 组分，而异戊烷、正戊烷、环戊烷产品纯度要求较高，因此在进行异戊烷、正戊烷、环戊烷分离前，需先把 C_4 组分拔出后，再逐步进行分离。正戊烷、异戊烷的沸点非常接近，在同一塔中分离十分困难，故异、正戊烷采用两个精馏塔进行分离，目的是保证操作的稳定。装置采用四个填料精馏塔根据沸点由低至高依次分离出异戊烷、正戊烷和环戊烷，见图 7-6，其余作为液化气和精制戊烷。

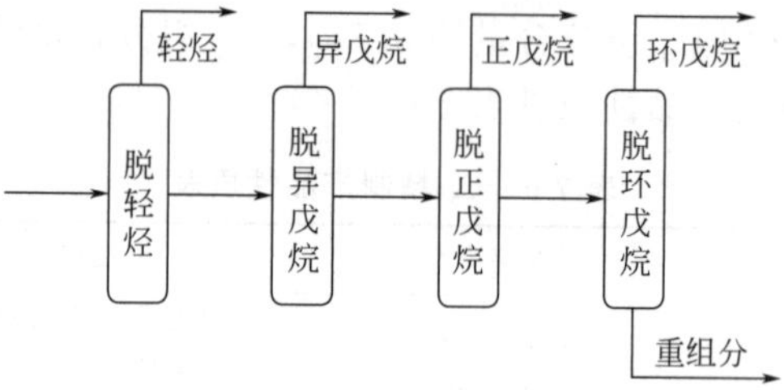

图 7-6 C_5 精制流程示意图

精馏是利用完全互溶的液体混合物中各组分沸点的差别（或挥发性的差别）实现组分的分离与提纯的一种操作。在精馏塔内，同时并多次地进行部分汽化和部分冷凝的操作过程，最终由塔顶得到高纯度的易挥发组分（塔顶馏出物）。塔釜得到的基本上是难挥发的组分（塔底残馏液）。

连续精馏指的是精馏操作连续进料、连续采出。连续精馏的塔一般由精馏段和提馏段组成，此两段以进料板为分界，进料板以上的部分称为精馏段，进料板以下（包括进料板）的部分称为提馏段。

图 7-7 是连续精馏流程图，操作时，原料液经换热器换热到指定的温度，从提馏段的最上一层塔板（即进料板）加入塔内。如果是液体进料则物料在该板与精馏段的回流液汇合，然后逐层下流至塔釜。在逐层下降的同时就从液体中不断蒸出了易挥发（低沸点）的组分，从而使下流至塔釜的液体含有较多的难挥发（高沸点）组分。把塔釜液的一部分连续引至贮槽，另一部分送至塔底部的蒸发釜（再沸器）加热汽化。

蒸发釜中产生的蒸气自塔底逐层上升，使蒸气中易挥发组分逐渐增浓，而后进入塔顶分凝器。一部分蒸气在分凝器中冷凝，所得的液体送回塔顶作为回流，其余部分蒸气或者作为气相产品直接引出，或者进入冷凝冷却器，将未冷凝的蒸气全部冷凝，冷凝液流至产品贮槽。

有时也可使塔顶逸出的蒸气在塔顶冷凝器内全部冷凝，再将所得的馏出液分为两部分，一部分作为回流，送回塔顶，另一部分则作为产品。

这种把原料液连续不断地加入塔内，又从塔顶及塔釜连续不断地采出的过程，就称为连续精馏。

对精馏过程来说，精馏设备是使过程得以进行的重要条件，性能良好的精馏设备，为精馏过程创造了良好的条件。填料塔（见图 7-8）在塔内装有一定高度的填料，属于气液连续接触的传质设备。塔内的上升蒸气沿着填料的空隙由下而上流动；塔顶流下的液体沿着填料的表面自上而下流动。气液两相间的物质与热的传递，是借助于在填料表面上形成较薄的液膜表面进行的。

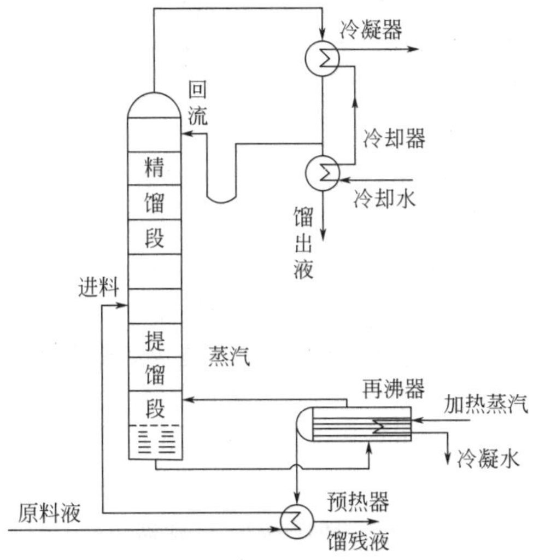

图 7-7　连续精馏流程图

球阀原理展示

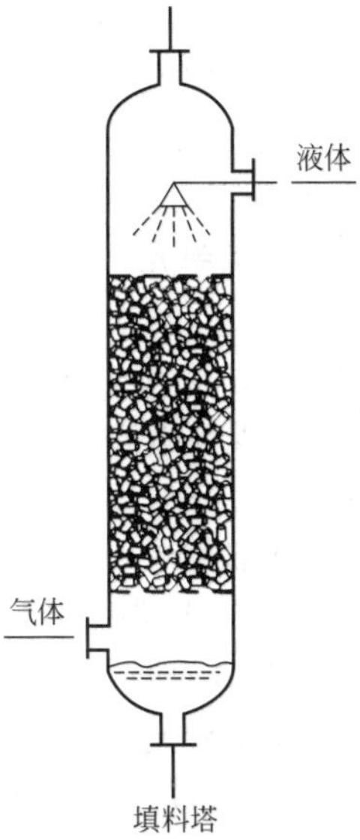

图 7-8　填料精馏塔

填料塔突出的优点是：流体流动的阻力小，结构简单，钢材用量少，造价低，安装检修方便，填料便于用耐腐蚀的材料制造。

随着近代化学工业的发展和日趋大型化，填料塔的应用越来越广，装置的规模也越来越大。研究人员在 20 世纪 50 年代初期曾认为填料塔不宜大型化（塔径一般不大于 1m），但到了 60 年代初期，直径超过 3m 的填料塔已经十分普遍。近年来对填料形状及流体分布器的改革，取得了大直径填料塔的生产稳定性。因此，对填料塔进一步开展研究，如改进填料、强化操作、提高处理能力、扩大应用范围，仍然是当前努力的方向。

三、 C_5 精制生产工艺流程

C_5 混合物系分离装置，分离采用四塔连续精馏流程，将原料混合 C_5 馏分分离得到高纯度的异戊烷、正戊烷和环戊烷。

1. 脱轻单元

本单元由原料缓冲罐 V-101、脱轻塔进料泵 P-101A/B、原料预热器 E-101、脱轻塔 T-

101、脱轻塔回流罐 V-102、脱轻塔再沸器 E-103、脱轻塔冷凝器 E-102、轻烃产品冷却器 E-104、脱轻塔底出料泵 P-103、脱轻塔顶回流泵 P-102A/B 组成。

混合 C_5 原料自化工区汽油加氢装置送入原料缓冲罐后，由脱轻塔进料泵 P-101A/B 送至原料预热器 E-101，用 0.35MPa（表压）的加热蒸汽加热至 94℃后，进入脱轻塔 T-101 进行分离。

混合 C_5 进入脱轻塔 T-101 后，塔顶分出混合 C_4 轻组分，塔底出混合 C_5 组分。塔顶混合 C_4 轻组分经脱轻塔冷凝器 E-102 冷凝后进入脱轻塔回流罐 V-102，经脱轻塔顶回流泵 P-102A/B 部分回流，部分经轻烃产品冷却器 E-104 冷却至 40℃后出装置至罐区。

塔底混合 C_5 组分由脱轻塔底出料泵 P-103 送至异戊烷单元。

2. 异戊烷单元

本单元由异戊烷塔 T-201、异戊烷塔回流罐 V-201、异戊烷塔再沸器 E-201、异戊烷塔冷凝器 E-202、异戊烷产品冷却器 E-203、异戊烷中间罐 V-201A/B、异戊烷塔底出料泵 P-201A/B、异戊烷塔顶回流泵 P-202A/B 及异戊烷输送泵 P-203 组成。

物料由 P-103 送至 T-201 进行分离，塔顶出异戊烷产品经 E-202 冷凝后进入回流罐 V-201。异戊烷经回流泵 P-202A/B 部分回流，部分经异戊烷产品冷却器 E-203 冷却至 40℃后进入异戊烷产品中间罐 V-202A/B，由异戊烷输送泵 P-203 送出装置至罐区。

T-201 塔底的混合 C_5 由异戊烷塔底出料泵 P-201A/B 送至正戊烷单元。

3. 正戊烷单元

本单元由正戊烷塔 T-301、正戊烷塔回流罐 V-301、正戊烷塔再沸器 E-301、正戊烷塔冷凝器 E-302、正戊烷产品冷却器 E-303、正戊烷中间罐 V-302A/B、正戊烷塔顶回流泵 P-302A/B、正戊烷塔底出料泵 P-301A/B 及异戊烷输送泵 P-303 组成。

物料由 P-201A/B 送至正戊烷塔 T-301 进行分离，塔顶出正戊烷产品经冷凝器 E-302 冷凝后进入正戊烷回流罐 V-301，正戊烷经回流泵 P-302A/B 部分回流，部分经正戊烷冷却器 E-303 冷却至 40℃后进入正戊烷中间罐 V-302A/B，由正戊烷输送泵 P-303 送出装置至罐区。

T-301 塔底的混合 C_5 由正戊烷塔底出料泵 P-301A/B 送至环戊烷单元。

4. 环戊烷单元

本单元由环戊烷塔 T-401、环戊烷塔回流罐 V-401、环戊烷塔冷凝器 E-402、环戊烷塔再沸器 E-401、环戊烷冷却器 E-403、重组分冷却器 E-404、环戊烷中间罐 V-402A/B、环戊烷塔顶回流泵 P-402A/B、环戊烷塔底出料泵 P-401A/B 和环戊烷输送泵 P-403 组成。

物料由 P-301A/B 送至 T-401 进行分离，分离后塔顶出环戊烷产品经冷凝器 E-402 冷凝后进入回流罐 V-401，环戊烷经回流泵 P-402A/B 部分回流，部分经环戊烷冷却器 E-403 冷却至 40℃后进入环戊烷中间罐 V-402A/B，由环戊烷输送泵 P-403 送出装置至罐区。

T-401 塔底的混合物（重组分）由环戊烷塔底出料泵 P-401A/B 经重组分冷却器 E-404 冷却后，送出装置至罐区，作为轻馏分油。

知识 3 裂解汽油加氢

一、裂解汽油的组成

裂解汽油含有 $C_6 \sim C_9$ 芳烃，因而它是石油芳烃的重要来源之一。裂解汽油的产量、组成以及芳烃的含量，随裂解原料和裂解条件的不同而异。例如，以石脑油为裂解原料生产乙烯时能得到大约 20%的裂解汽油，其中芳烃含量为 40%～80%；用煤柴油为裂解原料时，裂解汽油产率约为 24%，其中芳烃含量达 45%左右。

裂解汽油除富含芳烃外，还含有相当数量的二烯烃、单烯烃、少量直链烷烃和环烷烃以及微量的硫、氧、氮、氯及重金属等组分。

裂解汽油中的芳烃与重整生成油中的芳烃在组成上有较大差别。首先裂解汽油中所含的苯占 C_6～C_8 芳烃的 50%，比重整产物中的苯高出 5%～8%，其次裂解汽油中含有苯乙烯，含量为裂解汽油的 3%～5%，此外裂解汽油中不饱和烃的含量远比重整生成油高。

二、裂解汽油加氢精制过程

由于裂解汽油中含有大量的二烯烃、单烯烃。因此裂解汽油的稳定性极差，在受热和光的作用下很易氧化并聚合生成称为胶质的胶黏状物质，在加热条件下，二烯烃更易聚合。这些胶质在生产芳烃的后加工过程中极易结焦和析炭，既影响过程的操作，又影响最终所得芳烃的质量。硫、氮、氧、重金属等化合物对后续生产芳烃工序的催化剂、吸附剂均构成毒物。所以，裂解汽油在芳烃抽提前必须进行预处理，为后加工过程提供合格的原料。目前普遍采用催化加氢精制法。

1. 反应原理

裂解汽油与氢气在一定条件下，通过加氢反应器催化剂层时，主要发生两类反应。首先是二烯烃、烯烃不饱和烃加氢生成饱和烃，苯乙烯加氢生成乙苯。其次是含硫、氮、氧有机化合物的加氢分解（又称氢解反应），C—S、C—N、C—O 键分别发生断裂，生成气态的 H_2S、NH_3、H_2O 以及饱和烃。例如：

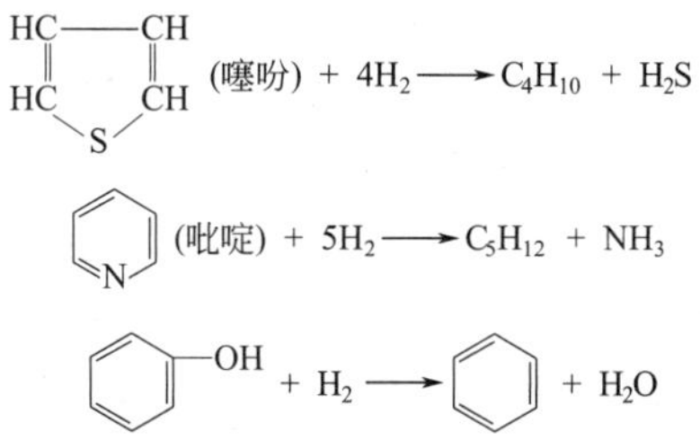

金属化合物也能发生氢解或被催化剂吸附而除去。加氢精制是一种催化选择加氢，在反应温度以下，芳烃加氢生成环烷烃的反应发生得很少，但是，条件控制不当，不仅会发生芳烃的加氢造成芳烃损失，还能发生不饱和烃的聚合、烃的加氢裂解以及结焦等副反应。

2. 操作条件

（1）反应温度　反应温度是加氢反应的主要控制指标。加氢是放热反应，降低温度对反应有利，但是温度低反应速率太低，对工业生产是不利的。提高温度，可提高反应速率，缩短平衡时间。但是温度过高，既会使芳烃加氢又易产生裂解与结焦，从而降低催化剂的使用周期。所以，在确保催化剂活性和选择加氢前提下，尽可能把反应温度控制到最低温度较好。由于一段加氢采用了高活性催化剂，二烯烃的脱除在中等温度下即可顺利进行，所以反应温度一般为 60～110℃。二段加氢主要是脱除单烯烃以及氧、硫、氮等杂质，一般反应在 320℃下进行最快。当采用钴-钼催化剂时，反应温度一般为 320～360℃。

（2）反应压力　加氢反应是体积缩小的反应，提高压力有利于反应的进行。高的氢分压能有效地抑制脱氢和裂解等副反应的发生，从而减少焦炭的生成，延长催化剂的寿命，同时还可加快反应速率，将部分反应热随过剩氢气移出。但是压力过高，不仅会使芳烃加氢，而且对设备要求高、能耗也增大。

（3）氢油比　加氢反应是在氢存在下进行的。提高氢油比，从平衡观点看，反应可进行得更完全，并对抑制烯烃聚合结焦和控制反应温升过快都有一定效果。然而，提高氢油比会增加氢的循环量，能耗大大增加。

（4）空速　空速越小，所需催化剂的装填量越大，物料在反应器内停留时间较长，相应给加氢反应带来不少麻烦，如结焦、析炭、需增大设备等。但空速过大，转化率降低。

三、裂解汽油加氢精制工艺流程

1. 两段加氢法典型工艺流程

以生产芳烃原料为目的的裂解汽油加氢工艺普遍采用两段加氢法，其工艺流程如图 7-9 所示。

流化床反应器原理展示

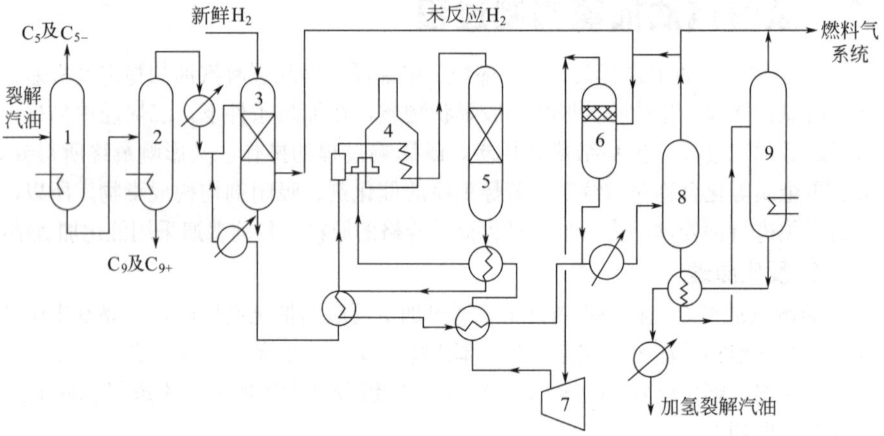

图 7-9　两段加氢法的典型流程示意图

1—脱 C_5 塔；2—脱 C_9 塔；3—一段加氢反应器；4—加热炉；5—二段加氢反应器；6—循环压缩机回流罐；7—循环压缩机；8—高压闪蒸罐；9—H_2S 汽提塔

第一段加氢目的是将易于聚合的二烯烃转化为单烯烃，包括烯基芳烃转化为芳烃。催化剂多采用贵重金属钯为主要活性组分，并以氧化铝为载体。其特点是加氢活性高、寿命长，在较低反应温度（60℃）下即可进行液相选择加氢，避免了二烯烃在高温条件下的聚合和结焦。

第二段加氢目的是使单烯烃进一步饱和，而氧、硫、氮等杂质被破坏而除去，从而得到高质量的芳烃原料。催化剂普遍采用非贵重金属钴-钼系列，具有加氢和脱硫性能，并以氧化铝为载体。该段加氢是在 300℃以上的气相条件下进行的。两个加氢反应器一般都采用固定床反应器。

裂解汽油首先进行预分馏，先进入脱 C_5 塔（1）将其中的 C_5 及 C_5 以下馏分从塔顶分出，然后进入脱 C_9 塔（2）将 C_9 及 C_9 以上馏分从塔釜除去。分离所得的 C_6～C_8 中心馏分送入一段加氢反应器（3），同时通入加压氢气进行液相加氢反应。反应条件是温度 60～110℃、反应压力 2.60MPa，加氢后的双烯烃接近零，其聚合物可抑制在允许限度内。反应放热引起的温升是用反应器底部液体产品冷却循环来控制的。

由一段加氢反应器来的液相产品，经泵加压在预热器内，与二段加氢反应器流出的液相物料换热到控制温度后，送入二段加氢反应器混合喷嘴，在此与热的氢气均匀混合。已汽化的进料、补充氢与循环气在二段加氢反应器附设的加热炉（4）内，加热后进入二段反应器（5），在此进行烯烃与硫、氧、氮等杂质的脱除。反应温度为 329～358℃，反应压力为 2.97MPa。反应器的温度用循环气以及两段不同位置的炉管温度予以控制。

二段加氢反应器的流出物经过一系列换热后，在高压闪蒸罐（8）中分离。该罐分离出的大部分气体同补充氢气一起经循环压缩机回流罐（6）进入循环压缩机（7），返回加热炉，剩余的气体循环回乙烯装置或送至燃料气系统。从高压闪蒸罐分出的液体，换热后进入硫化氢汽提塔（9），含有微量硫化氢的溶解性气体从塔顶除去，返回乙烯装置或送至燃料气系统。汽提塔釜产品则为加氢裂解汽油，可直接送芳烃抽提装置。经芳烃抽提和芳烃精馏后，得到符合要求的芳烃产品。

2. 广州石化全馏分两段加氢工艺流程

由于来自裂解的粗裂解汽油，除含有主要的化工原料三苯（苯、甲苯、二甲苯）之外，原料中还含有两种不同性质的组分，一种是双烯烃和苯乙烯，此组分在高温下极易聚合结焦，必须在较缓和的条件下反应；另一种为单烯和硫、氮、氧、氯及金属化合物，此组分要在较高温度下加氢，所以汽油加氢装置采用两段加氢和普通精馏的流程，全馏分两段加氢，在一段较缓和的条件下对双烯烃和苯乙烯加氢，同时有 10%～20% 的单烯加氢。通过 C1730 塔将 C_9 以上组分除去。二反系统对 C_5～C_8 组分及来自罐区的粗苯、苯乙烯来的苯乙烯循环物进行加氢，同时在下床层除去硫、氧、氮、氯等有机化合物。物料送脱戊烷汽提塔，生产出下三游装置可以接受的三苯产品和副产品 C_{5-}。图 7-10 为广州石化加氢过程简要示意图。

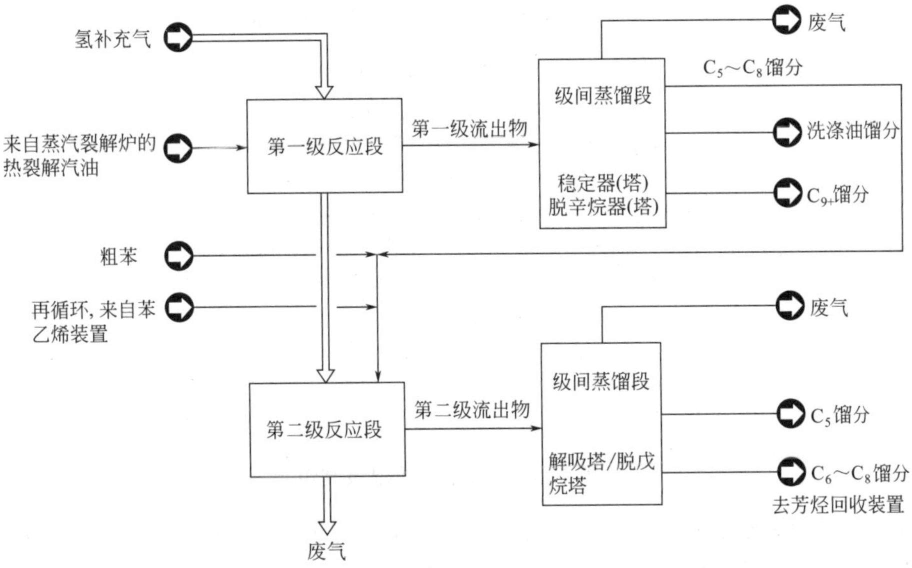

图 7-10　广州石化加氢过程简要示意图

知识 4　石油芳烃的生产

芳烃，尤其是苯、甲苯、二甲苯等轻质芳烃是仅次于烯烃的有机化工的重要基础原料。芳烃最初完全来源于煤焦油，进入 20 世纪 70 年代以后，全世界几乎 95% 以上的芳烃都来自石油，品质优良的石油芳烃已成为芳烃的主要资源。

苯、甲苯、二甲苯的应用范围已从原来的炸药、医药、染料、农药等传统化学工业迅速扩大到高分子材料、合成橡胶、合成纤维、合成洗涤剂、表面活性剂、涂料、增塑剂等新型工业。C_9 及 C_{10} 重芳烃也已成为精细化工产品的宝贵资源，广泛应用于医药、染料、合成材料以及国防和宇航工业等尖端科技部门。三苯产品及其用途可参见图 7-11。

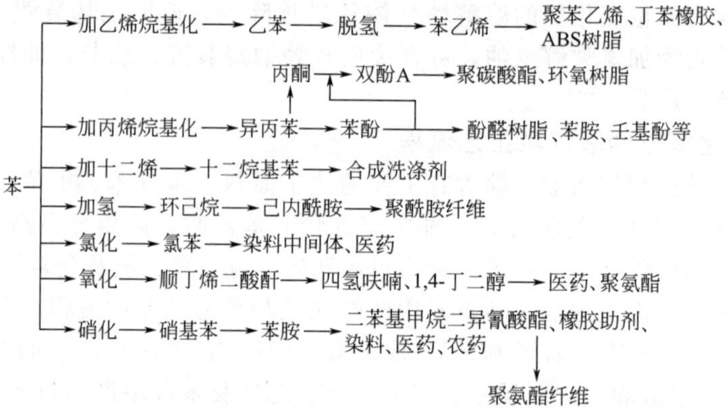

(a) 苯的主要产品及其用途

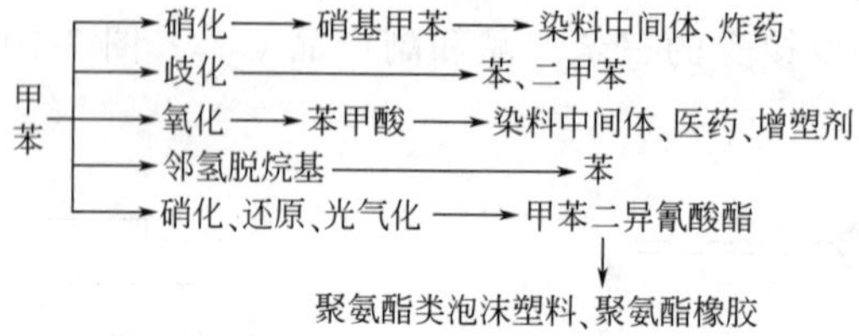

(b) 甲苯主要产品及其用途

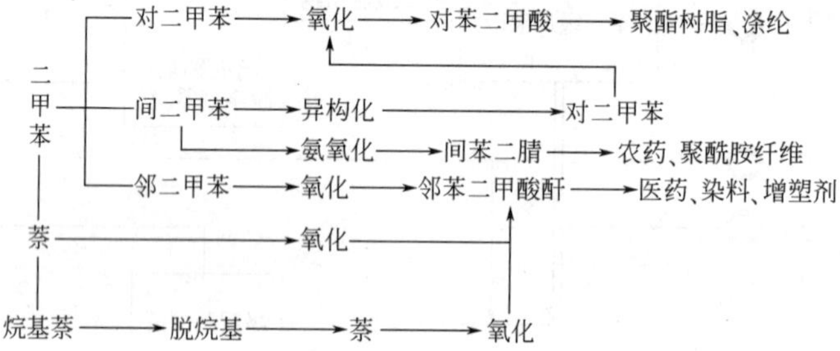

(c) 二甲苯的主要产品及其用途

图 7-11 三苯主要产品及其用途

石油芳烃的来源主要有三种生产技术：一是石脑油催化重整法，其液体产物-重整油依原料和重整催化剂的不同，芳烃含量一般可达 50％～80％（质量分数）；二是裂解汽油加氢法，即从乙烯装置的副产裂解汽油中回收芳烃，随裂解原料和裂解深度不同，含芳烃一般可达 40％～80％（质量分数）；三是从煤焦油中分离出芳烃。

无论是催化重整油还是裂解汽油都是以 C_6～C_8 芳烃为主的芳烃与非芳烃的混合物。因此，要满足有机合成对单一芳烃的质量要求以及某种芳烃数量要求，还需进行必要的分离和精制。方法一般是先通过抽提过程将芳烃和非芳烃分离，得到混合芳烃；然后进行精馏得到满足纯度要求的苯、甲苯和混合二甲苯；最后再将混合二甲苯进一步分离得到对二甲苯。

一、催化重整

催化重整是以 C_6～C_{11} 石脑油为原料，在一定的操作条件和催化剂的作用下，使轻质原料油（石脑油）的烃类分子结构重新排列整理，转变成富含芳烃的高辛烷值汽油（重整汽油），并副产液化石油气和氢气的过程。

（一）催化重整的反应原理

重整原料在催化重整条件下的化学反应主要有以下几种。

1. 芳构化反应

（1）六元环烷烃脱氢反应

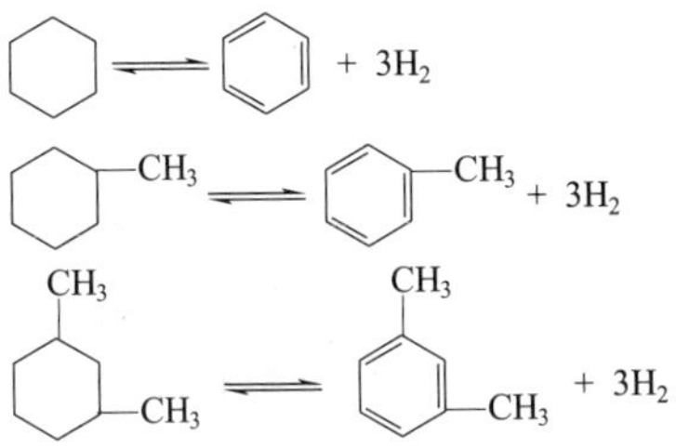

这类反应的特点是吸热、体积增大、生成苯并产生氢气，是可逆反应，它是重整过程生成芳烃的主要反应。

（2）五元环烷烃异构脱氢反应

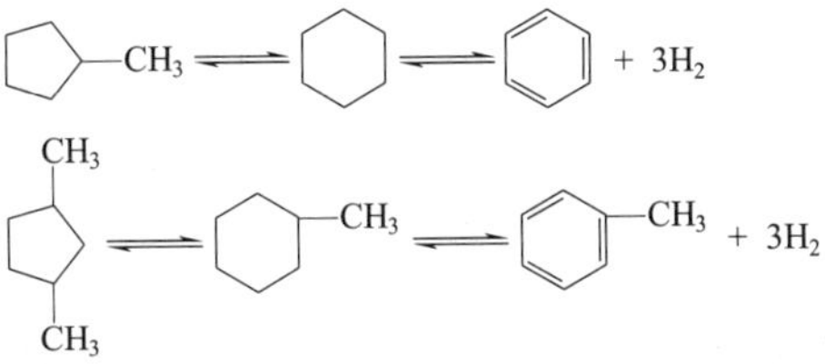

反应的特点也是吸热、体积增大、生成芳烃并产生氢气，是可逆反应。它的反应速率较快，稍慢于六元环烷烃脱氢反应，但仍是生成芳烃的主要反应。

五元环烷烃在直馏重整原料的环烷烃中占有很大的比例，因此，在重整反应中，将大于 C_6 的五元环烷烃转化为芳烃是仅次于六元环烷烃转化为芳烃的重要途径。

（3）烷烃的环化脱氢反应

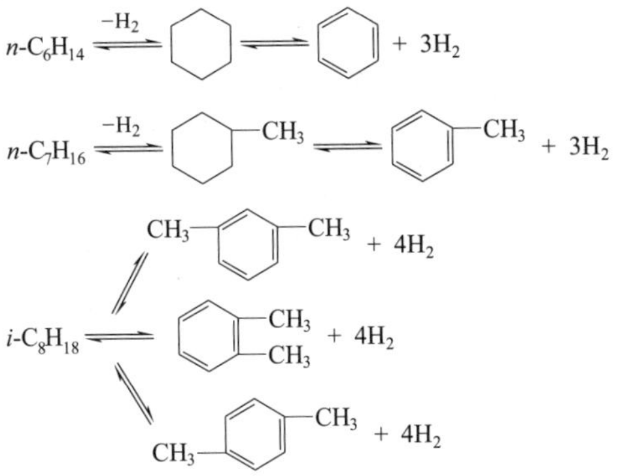

这类反应也有吸热和体积增大等特点。在催化重整反应中，由于烷烃环化脱氢反应可生成芳烃，所以它是增加芳烃收率的最显著的反应。但其反应速率较慢，故要求有较高的反应温度和较低的空速等苛刻条件。

2. 异构化反应

各种烃类在重整催化剂的活性表面上都能发生异构化反应。例如：

$$n\text{-}C_7H_{16} \rightleftharpoons i\text{-}C_7H_{16}$$

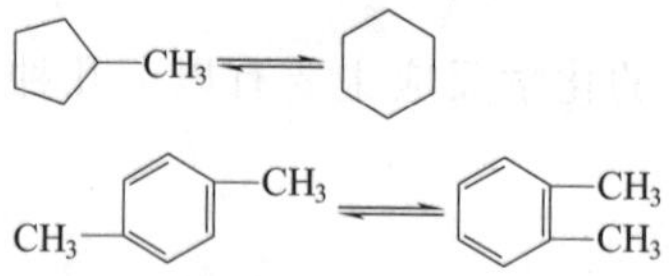

正构烷烃的异构化反应有反应速率较快、轻度热量放出的特点，它不能直接生成芳烃和氢气，但正构烷烃反应后生成的异构烷烃易于环化脱氢生成芳烃，所以只要控制适宜的反应条件，此反应也是十分重要的。

五元环烷烃的异构比六元环烷烃更易于脱氢生成芳烃，有利于提高芳烃的收率。

3. 加氢裂化反应

在催化重整条件下，各种烃类都能发生加氢裂化反应，并可以认为是加氢、裂化和异构化三者并发的反应。例如：

$$n\text{-}C_7H_{16} + H_2 \longrightarrow n\text{-}C_3H_8 + i\text{-}C_4H_{10}$$

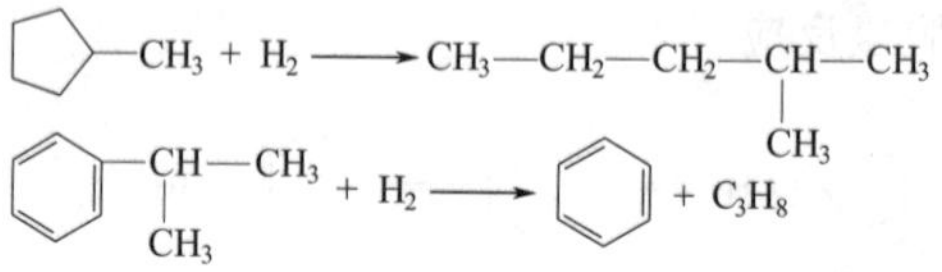

这类反应是不可逆的放热反应，对生成芳烃不利，过多会使液体产率下降。

4. 缩合生焦反应

烃类还可以发生叠合和缩合等分子增大的反应，最终缩合成焦炭，覆盖在催化剂表面，使其失活。在生产中必须控制这类反应，工业上采用循环氢保护，一方面使容易缩合的烯烃饱和，另一方面抑制芳烃深度脱氢。

从化学反应可知，催化重整反应主要有两大类：脱氢（芳构化）反应和裂化、异构化反应。这就要求重整催化剂应兼备两种催化功能，既能促进环烷烃和烷烃脱氢（芳构化）反应，又能促进环烷烃和烷烃异构化反应，即是一种双功能催化剂。现代重整催化剂由三部分组成：活性组分（如铂、钯、铱、铑）、助催化剂（如铼、锡）和酸性载体（如含卤素的 $\gamma\text{-}Al_2O_3$）。其中铂构成活性中心，促进脱氢、加氢反应；而酸性载体提供酸性中心，促进裂化、异构化等反应。同时重整催化剂的两种功能必须适当配合才能得到满意的结果。如果只是脱氢活性很强，则只能加速六元环烷烃的脱氢，而对于五元环烷烃和烷烃的异构化则反应不足，不能达到提高汽油辛烷值和芳烃产率的目的。反之如果只是酸性功能很强，就会有过度的加氢裂化，使液体产物的收率下降，五元环烷烃和烷烃转化为芳烃的选择性下降，同样也不能达到预期的目的。因此在制备重整催化剂和生产操作中都要考虑保证催化剂两种功能的配合问题。

（二）催化重整的生产过程

按照对目的产品的不同要求，工业催化重整装置分为以生产芳烃为主的化工型、以生产高辛烷值汽油为主的燃料型和包括副产氢气的利用与化工及燃料两种产品兼顾的综合型三种。

化工型常用的加工方案是预处理—催化重整—溶剂抽提—芳烃精馏的联合过程，装置的示意流程见图 7-12。

1. 原料的来源和组成

重整原料以直馏汽油为主，但直馏汽油在原油中所占比例较小，随着重整工业的发展，

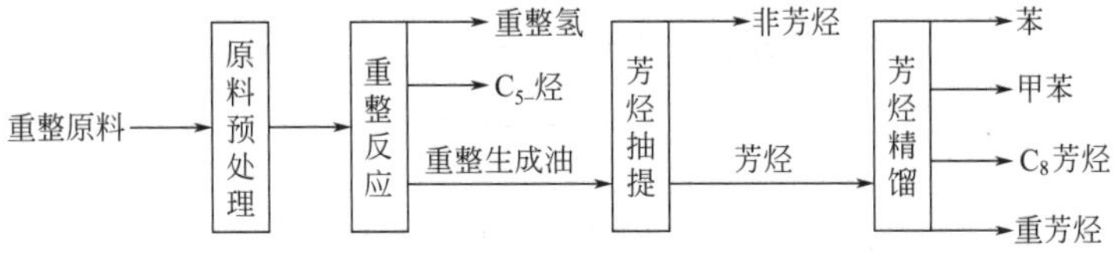

图 7-12　化工催化重整装置流程示意图

单独依靠直馏汽油作重整原料在数量上已不能满足要求，为了解决这一矛盾，一些科研单位和炼油厂曾试用二次加工的焦化汽油、热裂化汽油、加氢裂化汽油和重整芳烃抽余油等作原料。

对重整原料馏分组成的要求，要根据生产目的来确定。具体情况见表 7-7。

表 7-7　生产不同产品时的原料馏程

目的产物	苯	甲苯	二甲苯	苯-甲苯-二甲苯	高辛烷值汽油	轻芳烃-汽油
适宜馏程/℃	60～85	85～110	110～145	60～145	90～180	60～180

生产芳烃主要是环烷烃脱氢反应，因此含环烷烃较多的原料是良好的重整原料。环烷烃含量高的原料不仅在重整时可以得到较高的芳烃产率和氢气产率，而且可以采用较大的空速，催化剂积炭少，运转周期较长。

重整原料中含有少量的砷、铅、铜、铁、硫、氮等杂质会使催化剂中毒失活。为了保证催化剂在长周期运转中具有较高的活性，必须严格限制重整原料中的杂质含量。

2. 原料的预处理过程

重整原料的预处理由预分馏、预加氢、预脱砷和脱水等单元组成，其典型工艺流程如图 7-13 所示，其目的是切取符合重整要求的馏分和脱除对重整催化剂有害的杂质及水分。

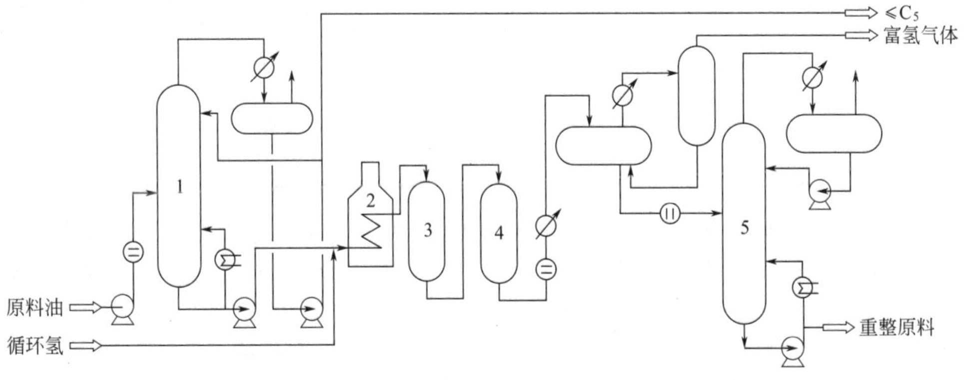

图 7-13　催化重整装置原料预处理部分工艺原则流程图

1—预分馏塔；2—预加氢加热炉；3，4—预加氢反应器；5—脱水塔

（1）原料预分馏部分　预分馏的作用是切取适宜馏程的重整原料。在重整生产过程以产品芳烃为主时，预分馏塔切取 60～130℃（或 140℃）馏分为重整原料，<60℃的轻馏分可作为汽油组分或化工原料。

（2）预加氢部分　预加氢的目的是脱除原料油中对催化剂有害的杂质，同时也使烯烃饱和以减少催化剂的积炭，从而延长运转周期。

在预加氢条件下，原料中微量的硫、氮、氧等杂质能进行加氢裂解反应，相应的生成 H_2S、NH_3 及水等而被除去，烯烃则通过加氢变成饱和烃。例如：

（3）预脱砷部分　砷不仅是重整催化剂极严重的毒物，也是各种预加氢精制催化剂的毒

$$C_5H_9SH + 2H_2 \longrightarrow C_5H_{12} + H_2S$$

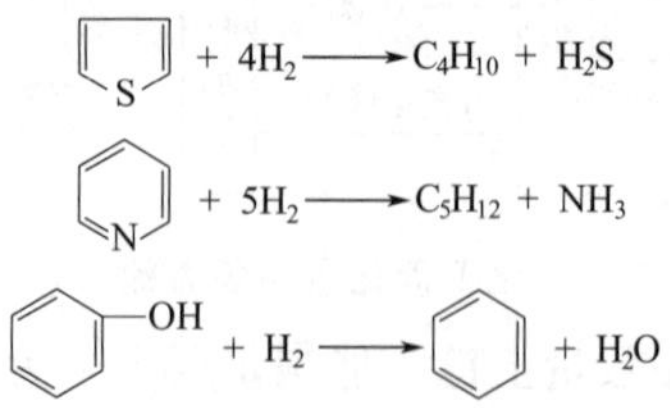

$$C_7H_{14} + H_2 \longrightarrow C_7H_{16}$$

物。因此。必须在预加氢前把砷降到较低程度。重整反应原料含砷量要求在 1×10^{-9} 以下。如果原料油的含砷量小于 100×10^{-9}，可不经过单独脱砷，经过预加氢就可符合要求。

(4) 脱水部分　由预加氢反应器出来的油-气混合物经冷却后在高压分离器中进行气液分离。由于相平衡的原因，分出的液体（预加氢生成油）中溶解有 H_2S、NH_3 和 H_2O 等。水和氯的含量控制不当也会造成催化剂减活或失活。为了保护重整反应催化剂，必须将其除去。

(三) 重整反应过程

1. 固定床半再生式重整工艺流程

重整反应过程是催化重整装置的核心部分，其原理工艺流程见图 7-14。

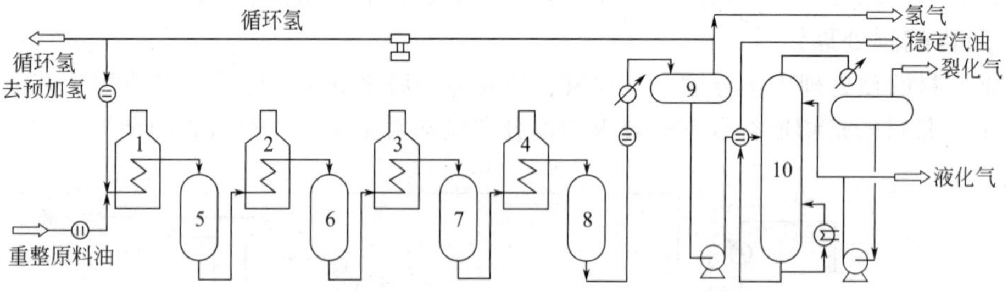

图 7-14　催化重整装置重整反应过程原则工艺流程图

1～4—加热炉；5～7—重整反应器；

8—后加氢反应器；9—高压分离器；10—稳定塔

经过预处理后的原料油与循环氢混合并经换热后依次进入三个串联的重整反应器，三个反应器中装入铂催化剂的比例一般为 1∶2∶2。在使用新鲜催化剂时，第一反应器的入口温度一般为 490℃左右，随催化剂活性的降低，入口温度逐步提高到 515～530℃。三个反应器的入口温度各装置的控制指标略有差异，有的相等，有的依次递减 2～3℃，但反应器的平均反应温度或各反应器的出口温度都是依次递减的。

后加氢反应器可使少量生成油中的烯烃饱和，以确保芳烃产品的纯度。后加氢反应产物经冷却后，进入高压分离器进行油气分离，分出的含氢气体一部分用于预加氢汽提，大部分经循环氢气压机升压后与重整原料混合循环使用。

重整生成油自高压分离器经换热到 110℃左右进入稳定塔。在稳定塔中蒸出溶解在生成油中的少量 H_2S、C_1～C_4 等气体，以使重整汽油的饱和蒸气压合格。稳定塔的塔顶产物为燃料气或液化气，塔底产物为脱丁烷的重整生成油，或叫稳定汽油，也叫作高辛烷值汽油。对于以生产芳烃为目的产品的装置，还须在塔中脱去戊烷，所以该塔又被称为脱戊烷塔，塔底出料称脱戊烷油，可作为抽提芳烃的原料，以进一步生产单体芳烃。

采用固定床重整的反应器，工业上常用的有两种，一种是轴向反应器，另一种是径向反应器。其结构见图 7-15。

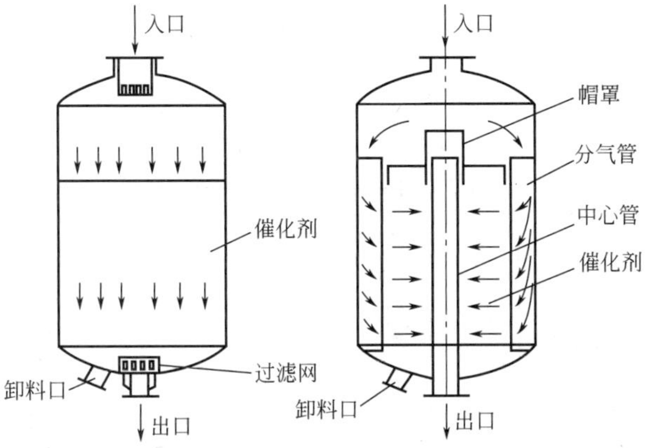

(a) 轴向反应器　　(b) 径向反应器

图 7-15　固定床催化重整反应器

固定床反应器原理展示

与轴向反应器相比，径向反应器的主要特点是气流以较低的流速径向通过催化剂床层，床层压降较低，这一点对于连续重整装置尤为重要。因此连续重整装置的反应器都采用径向反应器，而且其再生器也采用径向式的。

2. 连续再生式重整工艺流程

半再生式重整会因催化剂的积炭而停工进行再生。为了能经常保持催化剂的高活性，并且随炼油厂加氢工艺的日益增加，需要连续地供应氢气，UOP 和 IFP 分别研究和发展了移动床反应器连续再生式重整（简称连续重整），其主要特征是设有专门的再生器。

反应器和再生器都是采用移动床，催化剂在反应器和再生器之间连续不断地进行循环反应和再生。UOP 和 IFP 连续重整反应系统的流程如图 7-16、图 7-17 所示。

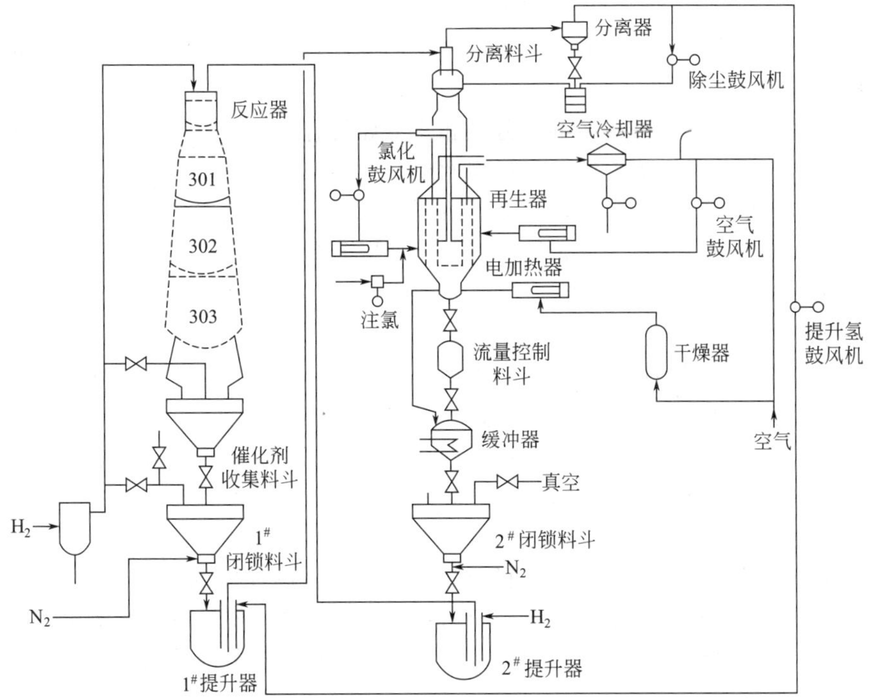

图 7-16　UOP 连续重整反应过程原则工艺流程图

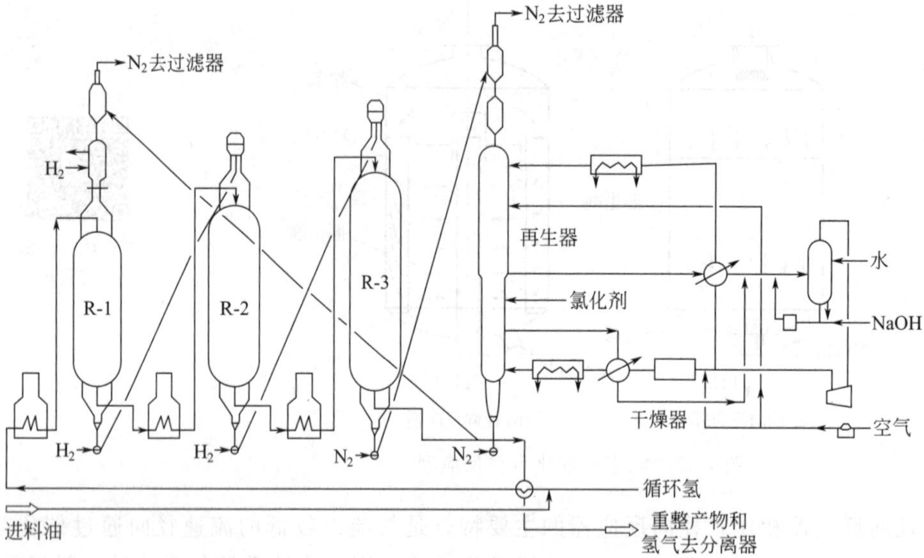

图 7-17　IFP 连续重整反应过程原则工艺流程图

二、芳烃的分离

1. 基本原理

催化重整生成油和加氢裂解汽油都是芳烃与非芳烃的混合物，所以存在芳烃分离问题。重整生成油中组分复杂，很多芳烃和非芳烃的沸点相近，例如苯的沸点为 80.1℃，环己烷的沸点为 80.74℃，3-甲基丁烷的沸点为 80.88℃，它们之间的沸点差很小，在工业上很难用精馏的方法从它们的混合物中分离出纯度很高的苯。此外，有些非芳烃组分和芳烃组分形成了共沸混合物，用一般的精馏方法就更难将它们分开，工业上广泛采用的是液相抽提的方法分离出其中的混合芳烃。

液相抽提就是利用某些有机溶剂对芳烃和非芳烃具有不同的溶解能力，即利用各组分在溶剂中溶解度的差异，经逆流连续抽提过程而使芳烃和非芳烃得以分离。在溶剂与重整生成油混合后生成的两相中，一个是溶剂和溶于溶剂的芳烃，称为提取液，另一个是在溶剂中具有极小溶解能力的非芳烃，称为提余液。将两相液层分开后，再用汽提的方法将溶剂和溶解在溶剂中的芳烃分开，以获得芳烃混合物。

2. 芳烃抽提过程

采用美国 UOP 环丁砜抽提技术（液-液抽提），将环丁砜加到抽提塔中，因原料加氢汽油中各组分在环丁砜溶剂中溶解度不相同，环丁砜对各类烃的溶解度顺序为芳烃＞环烷烃、烯烃＞链烷烃，因此，当溶剂环丁砜与加氢汽油在抽提塔中逆流接触时，溶剂对芳烃和非芳烃进行选择性的溶解，经过多级平衡，全部芳烃和少量非芳烃溶解在溶剂中，最后形成富溶剂（重相）及抽余油（轻相），从而完成芳烃与非芳烃的分离，再经过真空水蒸气精馏回收溶剂并获得混合芳烃，混合芳烃经过精制精馏过程而获得高纯度的苯、甲苯、二甲苯产品。精馏是根据被分离的液相混合物中各组分的相对挥发度不同，使气液两相多次地部分汽化或冷凝进行传质、传热最终达到分离目的，所以精馏过程实际上是传质和传热两个过程都同时进行的综合物理过程。

抽提部分的流程如图 7-18 所示。

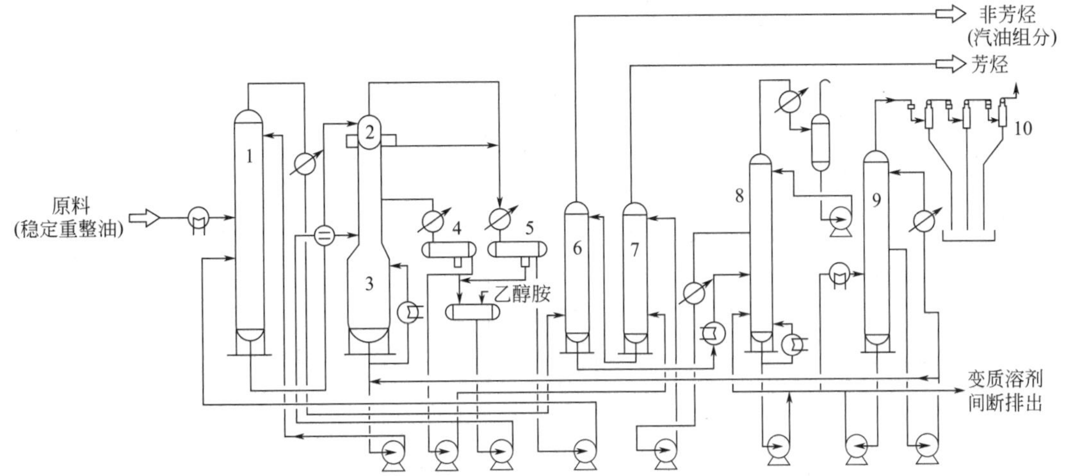

图 7-18 催化重整装置溶剂抽提部分原理工艺流程图

1—抽提塔；2—闪蒸罐；3—汽提塔；4—抽出芳烃罐；5—回流芳烃罐；
6—非芳烃水洗塔；7—芳烃水洗塔；8—水分馏塔；9—减压塔；10—三级抽真空

自重整部分来的稳定重整油（脱戊烷油）打入抽提塔（1）中部，含水 5%～10%（重）的溶剂（贫溶剂）自抽提塔顶部喷入，塔底打入回流芳烃（含芳烃 70%～85%，其余为戊烷）。经逆相溶剂抽提后，塔顶引出提余液，塔底引出提取液。

提取液（又称富溶剂）经换热后，以温度约 120℃ 自抽提塔底借本身压力流入汽提塔（3）顶部的闪蒸罐，在其中由于压力骤降，溶于提取液中的轻质非芳烃、部分苯和水被蒸发出来，与汽提塔顶部蒸出的油气汇合，经冷凝冷却后进入回流芳烃罐（5）进行油水分离。分出的油去抽提塔底作回流芳烃，分出的水与从抽出芳烃罐分出的水一道流入循环水罐，用泵打入汽提塔作汽提用水。经闪蒸后未被蒸发的液体自闪蒸罐流入汽提塔。

混合芳烃自汽提塔侧线呈气相被抽出，因为若从塔顶引出则不可避免地混有轻质非芳烃戊烷等，而从侧线以液态引出又会带出过多溶剂，引出的芳烃经冷凝分水后送入水洗塔（7），经水洗后回收残余的溶剂，然后送芳烃精馏部分进一步分离成单体芳烃。

3. 芳烃精馏过程

由溶剂抽提所得的混合芳烃中含有苯、甲苯、二甲苯、乙苯及少量较重的芳烃，而有机合成工业所需的原料有很高的纯度要求，为此必须将混合芳烃通过精馏的方法分离成高纯度的单体芳烃。这一过程称为芳烃精馏。芳烃精馏部分的原理工艺流程见图 7-19、图 7-20。

混合芳烃依次送入苯塔、甲苯塔、二甲苯塔，分别通过精馏的方法进行切取，得到苯、甲苯、二甲苯及 C_9 芳烃等单一组分。此法芳烃的纯度为：苯 99.9%，甲苯 99.0%，二甲苯 96%。二甲苯还需要进一步分离。

三、广州石化芳烃抽提装置工艺原理及流程

1. 生产方法及工艺技术路线

本装置分为芳烃抽提部分和芳烃分离部分。芳烃抽提部分通过液-液抽提的工艺过程完成加氢汽油中芳烃和非芳烃的分离，再通过真空水蒸气精馏的方法完成芳烃和溶剂之间的分离；芳烃分离部分将芳烃抽提部分来混合芳烃顺序通过苯塔、甲苯塔、二甲苯塔，依次获得苯、甲苯、二甲苯产品。

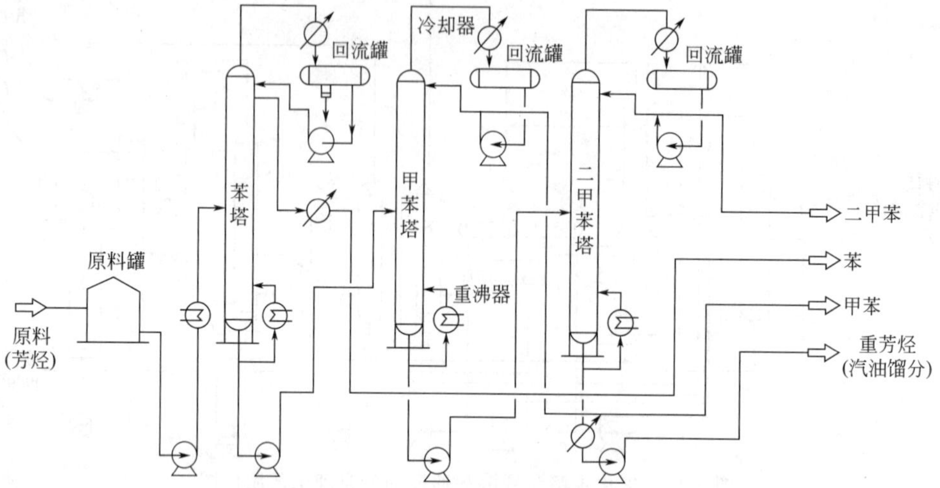

图 7-19 芳烃精馏原理工艺流程图（三塔流程）

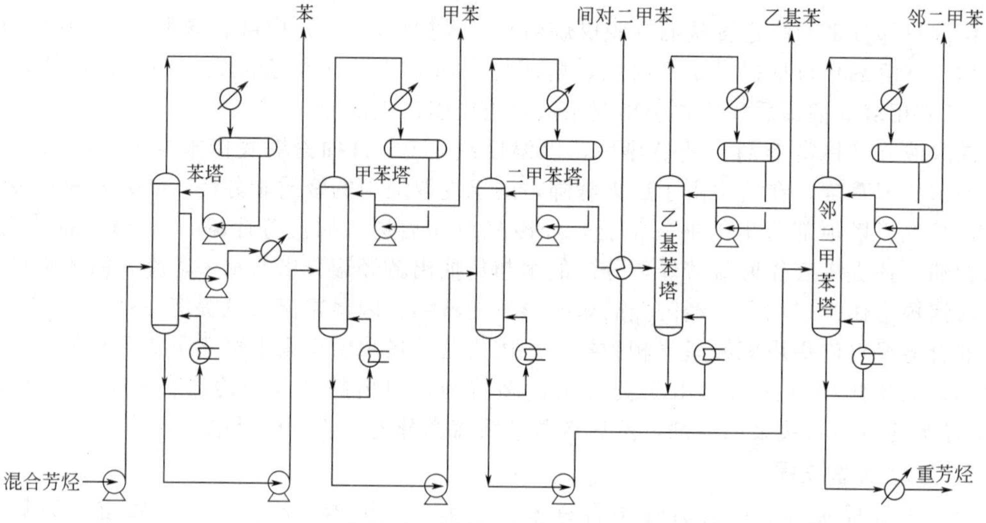

图 7-20 芳烃精馏原理工艺流程图（五塔流程）

工艺技术路线如下：

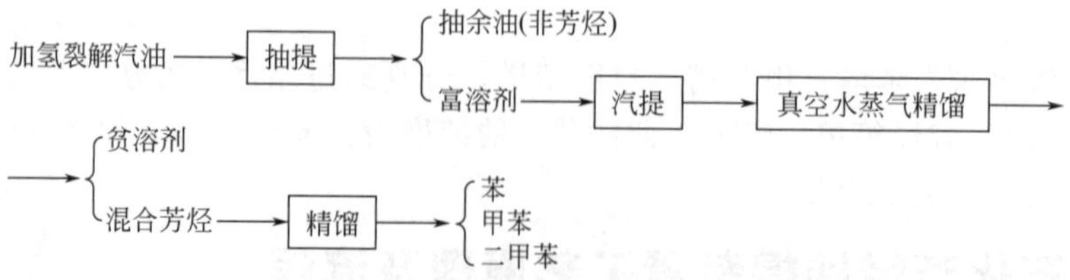

2. 基本原理

本装置采用美国 UOP 环丁砜抽提技术（液-液抽提），具体见“二、芳烃的分离”。

3. 工艺流程

工艺流程见图 7-21。

立式拱顶油罐
原理展示

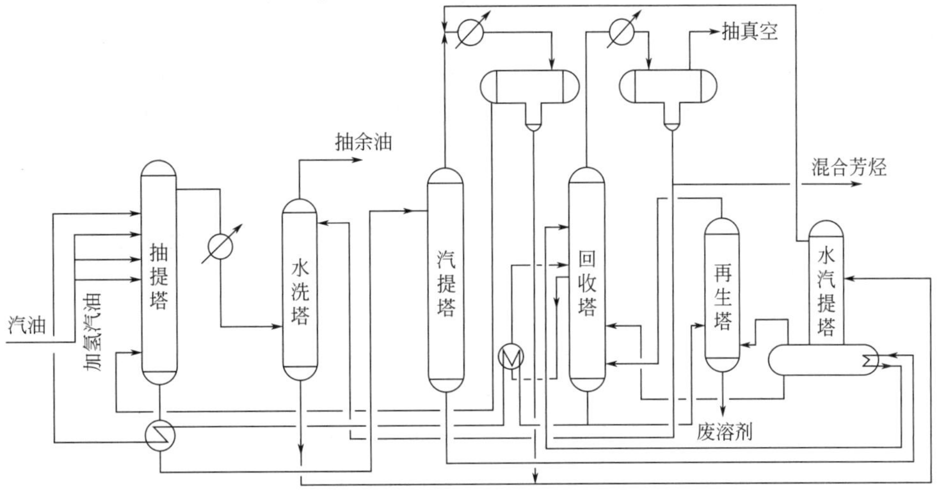

图 7-21　芳烃抽提工艺原则流程

（1）芳烃抽提部分

① 抽提塔。抽提塔加氢汽油自原料罐经泵进入抽提塔，原料油从塔中部进料入塔为连续相，溶剂环丁砜经抽提塔底贫富溶剂换热器冷却后自塔顶部进入抽提塔，抽提塔为 94 块筛板式液-液抽提塔，溶剂相的密度比烃相大，沉落在筛板上形成一定的高度，能克服过孔阻力的液层并通过筛孔呈分散相落入下一层筛板，在塔板之间分散的溶剂相与连续的烃相逆流接触，溶剂选择性地吸收烃类进料中的芳烃组分，经过多级平衡，芳烃组分富集在溶剂相中而达到分离的目的。抽提塔原料入口以下为反洗段，汽提塔顶蒸出的烃作为反洗液（含沸点较低的非芳和芳烃）进入抽提塔下部。反洗液中的低沸点非芳烃可部分地置换溶剂相中的重质非芳烃，减少塔底抽出液（富溶剂）中的重非芳含量，保证产品质量合格。抽提塔采用分程控制器控制抽提塔的压力，使抽提塔维持在液相状态下操作。

② 水洗塔。水洗塔有 7 块筛板，并设有上（烃）、下（水）循环回路以提高洗涤效果，水洗后的抽余油含溶剂不大于 5μL/L。洗涤水来自溶剂回收塔顶回流罐冷凝水，经泵加压，从塔上部入塔，洗涤水从降液管向下流动，来自抽提塔顶的抽余油从水洗塔底入塔，通过筛孔流向塔顶。从塔顶出来的抽余油经泵打出分为三股，一股去塔下部作循环回流，一股去抽提塔进料管兑稀原料，一股作为抽余油产品送出装置，塔底出来的富含溶剂及少量烃的水送至水汽提塔。

③ 汽提塔。汽提塔是具有 34 块浮阀塔板的萃取蒸馏塔，目的是将富溶剂中溶解的非芳烃通过萃取蒸馏而完全除去，富溶剂自抽提塔底出来，经过贫富溶剂换热器换热，当富溶剂烃负荷太高时加入第三溶剂，然后从塔顶进入汽提塔。经过汽提后塔顶蒸汽和水汽提塔顶来的蒸汽，精馏部分来的拔顶苯一起到冷凝器中冷凝，然后进入汽提塔回流罐进行烃水分离，烃类经反洗剂泵打回抽提塔下部进料作为反洗液，若反洗液中有烯烃积累，则控制 10%的反洗液到抽提上部进料口，以除去烯烃。水相经泵送至水汽提塔，塔底富溶剂经泵送至水汽提塔重沸器换热后去回收塔进料。为控制系统的 pH 值在 5.6～6.0，在罐中加入单乙醇胺。

④ 回收塔。回收塔是用 34 块浮阀塔板的精馏塔。回收塔将来自汽提塔塔底的富溶剂分离为芳烃和贫溶剂。回收塔在真空条件下操作，以避免塔底温度过高引起环丁砜热分解，汽提蒸气来自再生塔顶的水蒸气-溶剂蒸气。此外，水汽提塔底的少量溶剂-水液也经泵送至回

收塔的下部。从塔顶蒸出的芳烃蒸气和水蒸气经冷凝冷却后进入回流罐中分离为两层，芳烃和水，芳烃经泵，一部分作为回流液返回回收塔，另一部分送芳烃分离进料缓冲罐。汽提塔水斗中的水经泵送去水洗塔作为洗涤水。回收塔底的贫溶剂由泵打出后分为两部分，其中一小部分（约占循环溶剂量的1%）直接进入溶剂再生塔进行溶剂再生；绝大部分贫溶剂经回收塔中间换热器后分成两股，较小的一股作为第二溶剂加入汽提塔的进料中，主要的一股经换热后又分成两股，一股（正常时为 8t/h 左右）去进料管作为第三溶剂，另一股去抽提塔顶进料作为主溶剂。回收塔中部（15 层）处的液相物料由泵抽出，送至与塔底的贫溶剂换热后回到回收塔中部。

⑤ 水汽提塔。水汽提塔设置在再沸器上，为 5 块浮阀塔板的汽提塔，汽提塔顶回流罐分水斗中的冷凝水经泵和非芳烃水洗塔底出来的洗涤水合并为水汽提塔的进料，此进料为含有微量烃和少量溶剂的水，水汽提塔顶物流为含少量烃的水蒸气，与汽提塔塔顶物流一起进入冷凝器中冷凝，之后进入回流罐中并分离为烃水两相。大量的水蒸气从罐式再沸器上部导出，送往溶剂再生塔继而串联到回收塔，为两塔的汽提蒸汽，再沸器底含有溶剂的水溶液则经泵送至回收塔下部。

⑥ 溶剂再生塔。从回收塔底来的一小部分贫溶剂被送入溶剂再生塔，用蒸汽（来自水汽提塔）进行汽提以除去其中积累的重聚合物盐、环丁砜分解物及杂质，从再生塔塔顶出来的环丁砜蒸气和水蒸气经塔顶的过滤网过滤后直接进入回收塔的底部，塔底少量残渣（125～250kg/a）定期排出装桶运去焚烧。

（2）芳烃精馏部分

① 白土塔（可不用）。芳烃抽提部分的中间产品混合芳烃自分离进料缓冲罐，经泵送至白土塔进出料换热器和加热器加热到 150～200℃，然后从上部进入白土塔脱除微量烯烃及不稳定物，白土塔维持在液相状态下操作，塔底物流与进塔原料换热并经过降压，然后依次进入苯塔、甲苯塔、二甲苯塔，蒸出苯、甲苯、二甲苯产品。

② 苯塔。苯塔是有 60 块浮阀塔板的精馏塔，从白土塔底出来的混合芳烃经减压后进入苯塔，塔顶蒸出物经冷凝器冷凝后入回流罐，经回流泵打出一部分作为苯塔回流，另一部分拔顶苯送回抽提工段回炼，产品苯从侧线抽出经冷却器后入苯班罐作为苯成品，塔底物流经泵送入甲苯塔。

③ 甲苯塔。甲苯塔是有 50 块浮阀塔板的精馏塔，从苯塔塔底出来的物流从进料板（20、24、28）进甲苯塔，塔顶甲苯蒸气经冷凝器冷凝后进回流罐经回流泵打出一部分作塔顶回流，另一部分经冷却器冷却后送至甲苯班罐作为甲苯成品，塔底物流经泵送入二甲苯塔。

④ 二甲苯塔。二甲苯塔是有 50 块浮阀塔板的精馏塔。从甲苯塔塔底来的物料从二甲苯塔进料塔板（35、39、43）进料，塔顶蒸出的二甲苯蒸气经塔顶冷凝器冷凝后进入回流罐，经回流泵打出，一部分作为塔顶回流，另一部分经换热器冷却后进入二甲苯班罐，塔底为重芳烃，经换热器冷却后用泵送出装置。

职业知识

裂解工艺员岗位工作标准及职责

岗位名称	裂解工艺员	所属部门	化工一部
直接上级岗位名称	裂解装置工艺主管		
直接下级岗位名称	裂解班长、裂解内操、裂解外操		

续表

岗位属性	专业技术	岗位定员人数	4
工作形式	日班	岗位特殊性	

岗位工作概述：

在化工一部裂解装置工艺主管的领导下，负责化工一部裂解装置现场工艺管理工作、质量管理、日常环保管理、现场计量管理、员工日常培训工作以及装置日常管理工作

岗位工作内容与职责

编号	工作内容	权责	时限
1	执行分公司下达的各项工艺指标，健全裂解装置工序管理点，根据生产需要及时调整工艺参数，提出修订工艺控制指标的意见	负责	日常性
2	对裂解装置工艺运行状况进行全面检查，了解工艺操作情况，检查各种原始记录、交接班的内容，检查工艺纪律执行情况，对存在问题及时处理	负责	日常性
3	对裂解装置各班组生产、工艺、环保、计量、能耗完成情况进行月度统计考核，对未完成月度计划的项目要提出分析报告	负责	阶段性
4	建立裂解装置工艺技术档案和各类技术台账，从技术上保证优质、低耗安全生产	负责	日常性
5	按上级规定负责上报有关报表，参加每月技术例会	负责	日常性
6	指导班组优化操作，及时制止、纠正违反工艺纪律的行为，解决工艺、仪表控制方面存在的问题	负责	日常性
7	参与编制裂解装置操作规程，负责编写开、停工等工艺技术方案，修订工艺卡片并负责技术方案的具体实施	负责	阶段性
8	做好裂解装置操作记录，交接班记录的收集保管	负责	阶段性
9	在工作日，参加裂解班组的交接班会，对装置的生产工作进行安排落实	负责	日常性
10	参加裂解装置新建、扩建、改建工程设计审查、竣工验收；参加工艺改造、工艺条件变动方案的审查，使之符合 HSE 技术要求	负责	阶段性
11	负责裂解装置新员工的培训工作以及取证上岗工作	负责	日常性
12	按时完成上级部门和领导按工作程序下达的临时任务	负责	临时性

岗位工作关系

内部联系	化工一部其他装置、检验中心、仪控中心、生调部、安环部、机动部、发展规划部等
外部联系	与生产有关的三剂厂家、与化工生产技术有关的同行

岗位工作标准

编号	工作业绩考核指标和标准
1	按期完成化工一部下达的生产目标任务，确保裂解装置年度主要经济技术指标达标
2	确保裂解装置安全平稳运行，发现不安全因素、险情及事故及时上报并果断正确处理
3	认真编写工艺方案，确保装置停好、修好、开好，保证开停车、检修过程中不出上报事故
4	裂解装置不发生上报分公司事故，环境污染和扰民事件为零，实现年度安全环保目标
5	裂解装置新员工的培训工作确保及时取证上岗工作
6	参加化工一部的生产调度会、月度工作会，每天参加交接班会，不得无故缺席
7	检查裂解装置工艺操作运行参数在工艺卡片要求范围之内
8	跟踪生产质量动态，预防质量事故发生，确保外送产品合格率 100%，实现年度质量目标
9	按要求完成化工一部年度计量目标，完成化工一部下达的节能降耗的要求
10	做好裂解装置工艺技术方案、总结等资料的保管
11	按照股份公司《内控手册》广州分公司实施细则的要求，配合做好化工一部内控工作
12	按期按质完成上级部门和领导下达的临时任务

续表

岗位任职资格						
学历要求	中专以上文化程度		专业要求		石油、化工、机械及相关专业	
知识 技能 要求	(1)精通化工一部裂解装置的生产流程和地下工程情况，了解炼化生产基本特点。掌握本装置各类消防设备的布置及其性能、使用方法。能组织指挥处理裂解装置安全事故和紧急停车工作，能对装置事故隐患和苗头及时发现并整改防范。精通石油化工工艺过程安全防护理论知识；熟悉国家、分公司劳动保护和环境保护方面的基本知识。有一定的语言文字表达能力。 (2)开发创新能力：在本专业工作中具备开发与创新能力。 (3)组织协调能力：具备本管理专业条线的组织与协调能力。 (4)团队合作精神：有团队意识，能协助、配合部门其他成员良好合作；主动与他人分享知识					
年龄性别要求	性别	不限	年龄		其他	
实践经验要求	有两年以上本专业实践工作经验					
培训要求	参加石油、化工、机械及相关专业技术培训					
职业技术资格要求	具备石油化工专业初级以上专业技术职务任职资格					
备注：						

素质拓展

妙招频出！破解检修难题

我们一起聚焦中科炼化冯江亮、丁华国和连森科这三位员工，看他们在检修期间如何以灵活调整解决棘手问题，以逆向思维破解难题，以小举措撬动大节能。运用创新思维与巧妙方法，让问题迎刃而解，让困难化为动力。

连森科：灵活调整解决退液问题

“内操，排污总管出口流量现场显示量过小，核对一下DCS画面的数值。”2024年3月23日，炼油二部煤油加氢装置现场传来连森科焦急的呼喊声，作为煤油加氢装置停工吹扫任务的第一负责人，此时的他正带领班组小伙曾辉在装置现场处理防硫化亚铁自燃钝化清洗后的退液工作。

“排污总管半径为50cm，我们预先已根据公式换算出口流量，按道理退液不应该这么慢。”面对这一意想不到的情况，连森科绷紧了心弦，退液进度慢将导致后续检修进度延后，这便如多米诺骨牌，一关接一关，思及此，连森科带领曾辉前往排查各容器排污流程，同时考虑到下游装置可能存在背压也会导致出口流量小，他果断逐一排除原因，在排查至第三方配置的设备清洗槽时，他发现清洗槽体积显然太小，不足以支撑容器同时退液，从而导致了退液速度慢，排查出原因后，连森科悬着的一颗心终于放下了。

退液任务迫在眉睫，为了不影响后续拆人孔工作，连森科也有了清晰的解决思路：“内操，退液顺序作调整，先从体积小的容器开始逐一退起，拉低液位后检测合格拆人孔，最后对体积最大的低压分离罐退液，全力保证检修进度。”

经过长达24h的奋战，煤油加氢装置赶在时间节点全线退液并拆除人孔，这两天只睡了3h的连森科笑道：“检修过程中出现突发情况是在所难免的，事在人为，人定胜天。”说罢他又转身钻进装置现场把交出条件检查了一遍又一遍，争取在预检前达到最好的状态。

丁华国：逆向思维解吹扫难题

伴随着设备轰鸣声的减少，20万吨/年聚丙烯装置交付检修前的准备工作如火如荼。

“华国，丙烯脱硫塔都置换两天了，温度怎么还是−10℃，塔底还有丙烯，照这速度什么时候能置换完交出？”3月23日，化工二部装置内操向工艺管理人员丁华国汇报吹扫进度时，言语中不禁透露出对吹扫工作进度的担心。

丙烯脱硫塔现场流程只在塔底有接氮气口，而丙烯比氮气重，同时塔内填料空隙内吸附着丙烯，从底部充氮气无论是从顶部排放还是低点排放，对于置换塔内丙烯的效果都不佳，若需彻底置换干净，按照传统的方法眼前仅剩的时间显然不够。

接到班组的电话，丁华国加快了去往现场的脚步。经过现场查看，丁华国心中有了底："得想办法把干燥塔那边的再生热氮引到脱硫塔进行加热吹扫才行。"于是，他开始在精制单元查看流程。"有了!"只见他把到干燥塔前脱硫塔和轻组分汽提塔的旁路手阀一一打开，然后对内操说道："你们先等一等，我借了干燥塔的'东风'，丙烯很快就能排完，塔底温度就该往上升了。"

正常生产时，物料得先经过脱硫塔、汽提塔，最后到干燥塔，除了干燥塔外，其余两塔都没有热氮再生系统。丁华国将两塔的旁路打通，其实是打通了两塔的逆向流程，这样一来，便能让干燥塔中的热氮从原本的流程逆向进入脱硫塔塔顶，两塔压差加上热氮的温度加速足以使脱硫塔内的丙烯受热汽化外排。

丁华国这一小小的逆向思维，大大加快了脱硫塔的置换速度，历经6h，塔底温度终于有了持续回升的趋势，意味着塔底的丙烯含量已所剩不多，吹扫工作取得了新进展，为装置交付抢到了充足时间。

冯江亮：小举措实现排污水再利用

3月24日，化工三部EO/EG区域二班副班长苏东霖向外操冯江亮布置了任务："江亮，今天下午检修任务是需要对两台溴化锂冰机的关联机泵和凝液罐进行排空作业，但务必留意污水池液位，防止其过快上升。"同时，他望着DCS系统上显示的工艺凝液罐液位，不禁惋惜："这将近500吨的工艺凝液罐排污水，若直接排放，无疑是一种资源的极大浪费。"

冯江亮凭借敏锐的洞察力和创新思维，瞬间捕捉到了其中的潜在价值。他注意到工艺凝液罐周边恰好有需使用工业水冲洗的重醇输送设备及管线。于是，他提出了一个巧思妙想：通过一根临时皮管，将工艺凝液罐内的低位排空口与待冲洗部位的导淋口相连接，用工艺凝液罐排污水取代工业水进行冲洗作业。

冯江亮立即行动起来，从现场寻得一根公用皮管，首先谨慎地开启工艺凝液罐的低位排放阀，随着浑浊的液体逐渐转变为清澈透明，他及时关闭阀门，接着将皮管两端准确对接，并再次开启阀门。干净的排污水瞬时冲刷着管线和机泵内部残存的重醇物料，焕发出它职业生涯的"第二春"。

区域安全主管龙海辉在巡检时目睹了这一幕，得知原委后赞许地笑道："江亮，你的这个办法真不错，仅凭一根简单的皮管就成功实现了工艺凝液罐排污水的循环再利用，尽管工具看似简单，但却实实在在地节约了大量的水资源。无论何时，我们都要积极倡导和实践节能降耗的理念，这不仅能守护我们的环境，更能提升我们装置的经济效益。"

点评

每一次看似微小的突破，都凝聚着他们的智慧与汗水；每一个攻克的难关，都是他们对责任与担当的有力诠释。他们在检修现场展现出的主动作为、迎难而上、妙招频出的工作作风，正是中科人全力投入检修工作的真实缩影。他们身体力行，实践着公司"一切为了大修"的核心理念，用智慧与实干精神，为公司的大检修注入了强大的活力。公司干部员工要始终保持旺盛的斗志，勇挑重担，创新求变，积极解决检修中的各种问题，共同为全厂大修按时安全优质完成并一次开车成功贡献力量。

职业知识

联锁保护系统管理

1. 目的

联锁保护系统是保护人身、设备安全的保护装置。为确保生产装置的安全运行、减少事故，明确联锁保护系统的功能与要求，规范联锁保护系统的管理，特制定本规定。

2. 主题内容与适用范围

本规定规定了联锁保护系统的功能、管理和操作。

本规定适用于为确保生产装置安全运行，减少事故，避免设备损坏的常用生产过程联锁保护系统。

3. 引用标准

引用标准为 SHS 07009—2004《系统维护》。

4. 各单位职责

① 机械动力部履行设备管理职责，落实联锁保护系统管理的执行情况，是联锁保护系统管理的主管单位。

② 仪控中心是分公司联锁保护系统的维护、检修责任单位，负责建立联锁保护系统完整的设备台账、资料，提出检修更新计划。对联锁保护系统的修改填写《联锁保护系统变更审批表》(附录表 A.1)、《联锁保护系统临时停运、投用工作票》(附录表 A.2)，并办理相关手续。[1]

③ 生产作业部、车间负责联锁保护系统临时切除批准和盘面切除开关的操作，对联锁保护系统动作参数的修改填写《联锁保护系统变更审批表》《联锁保护系统临时停运、投用工作票》，并办理相关手续。

④ 生产调度部负责对生产工艺联锁值确认审批，并对《联锁保护系统变更审批表》《联锁保护系统临时停运、投用工作票》会签。

⑤ 安全环保部对《联锁保护系统变更审批表》《联锁保护系统临时停运、投用工作票》会签。

5. 联锁保护系统的操作

① 联锁保护系统在切除和投用前，必须按联锁保护系统的管理规定，办好联锁保护系统临时停运、投用工作票。

② 实际切除联锁前，必须跟工艺值班长取得联系，调节回路必须由工艺人员切到硬手动位置，并经仪表人员两人以上确认，同时检查旁路灯状态，然后切除联锁。切除后应确认旁路灯是否显示，若无显示，必须查清原因。如旁路灯在切除该联锁前，因其他联锁已切除而处于显示状态，则需进一步检查旁路开关，确认该联锁已切除后，方可进行下一步工作。

③ 核对切除联锁的投用/切除开关所需要切除的联锁回路相符合，有两人确认无误，方可进行该回路的所属仪表的处理工作。

④ 对于需经短路方式切除联锁，但无切除开关的回路，可采用短路线夹，短路夹引线必须连接可靠，经导通检查正常方可使用。

⑤ 对于短路夹所要连接的两点，应有两人对照图纸，在有人监护下进行线夹的操作，

---

[1] 附录表 A.1、附录表 A.2 并未在本书列出，如有兴趣，读者可查阅相关资料。

夹好后应轻轻拨动不脱落，并对实际所夹的位置，由两人再次确认无误后方可对该回路仪表进行处理。

⑥ 仪表处理完毕，投入使用前（工艺要求投运联锁），必须有两人核实确认联锁接点输出正常，对于有保持记忆功能的回路，必须进行复位，使联锁接点输出符合当前情况，恢复正常。对于带顺控的联锁或特殊联锁回路，必须严格按该回路联锁原理对照图纸，进行必要的检查，经班长或技术员确认后，方可进行下一步工作。

⑦ 投入联锁，需与工艺班长取得联系，经同意后，在有人监护的情况下，将该回路联锁投入，开关操作按6.1.7❶的规定进行。并填好《联锁保护系统临时停运、投用工作票》的有关内容。

6. 检查与考核

机械动力部负责监督本规定的执行情况，并根据分公司经济责任制相关考核办法提出考核意见。

复习思考题

1. 简述丁二烯的主要性质和用途。
2. 简述萃取精馏的生产原理。
3. 为什么不能以普通精馏方法分离 C_4 馏分中的丁二烯？
4. 简述DMF萃取抽提丁二烯工艺流程并用图表示。
5. 石油芳烃的生产方法主要有哪些？
6. 催化重整生成油与裂解汽油的组成有什么区别？
7. 何谓催化重整？重整中发生了哪些化学反应？
8. 催化重整生产芳烃的全流程包括哪几部分？作用分别是什么？
9. 在裂解汽油加氢工艺过程中，为何采用两段加氢？
10. 简述美国UOP环丁砜抽提技术分离混合芳烃的过程。
11. 简述 C_5 精制原理。
12. C_5 精制生产工艺流程及工艺特点。

❶ 6.1.7的内容并未在本书列出，如有兴趣，读者可查阅相关资料。

项目8 乙烯生产安全与环保

技能目标

1. 会分析乙烯生产过程中潜在的危险危害因素，保证乙烯装置安全生产。
2. 懂得利用安全环保知识做好日常装置操作工作。

知识目标

1. 掌握乙烯裂解、丁二烯、汽油加氢、芳烃抽提装置在生产过程中存在的安全隐患及防范措施。
2. 掌握乙烯工艺参数（温度、压力、液位、流量）操作安全控制方法。
3. 掌握“三废”处理方法。

素质目标

1. 培养遵守标准规范的职业素养，建立创新、绿色、安全化工的理念，树立化工生产“安全至上，生态和谐”意识；培养安全操作意识、危险源管理意识以及对安全事故隐患排查和应急处置能力。
2. 从石化敬业奉献模范带领团队为国内首套CHP法制备环氧丁烷装置开车成功作出了巨大贡献的案例，感悟工程技术人员的报国情怀和责任担当。

技能训练

任务 案例分析

【案例一】 水环境污染事故

2000年7月31日，某厂雨水隔油池外排水渠由于受特大暴雨的影响，外墙被洪水冲塌，其在倒塌同时，砸倒内墙。其中含有少量污油的雨水开始向厂南排洪沟溢流进而流入乌冲河。事件发生后，该厂立即组织了现场紧急抢险行动。经过一天的打捞，共捞出浮油5桶，大约有1t的污油外窜到乌冲河，这次窜出的污油，对厂南排洪沟附近的一些香蕉树造成了一定的影响，对周围其他环境或多或少也有一定的影响。当时广州市环保局、区环保局都赴现场进行了调查，并对事故的性质和危害作出了认定。为了治理隐患，厂部总结教训，采取了一些措施：

① 对现有的排水渠道进行加固处理；

② 对雨水隔油池中的浮油随时进行清理，确保在发生意外事件时不会对外界造成不良后果；

③ 加强应急处理手段的准备，围油栏、吸油毡、撇油车等各种工具要随时备用，随用随到；

④ 从教育和隐患治理整改入手，不断增强全厂职工的环保意识。

【案例二】 大气环境污染事故

2000 年 2 月 28 日，某生活区“臭气熏天”。据查原因有以下几方面：一是炼油厂 2 万吨制硫装置尾气处理部分尚未投用，烟囱排气浓度高，二氧化硫为 6%，硫化氢为 0.7%；二是炼油厂污水汽提（二）装置对 D-204 酸性液灌顶不凝气线进行吹扫，排至烟囱；三是由于动力厂锅炉燃煤掺焦炭伴烧，掺焦量为 10%，且焦炭含硫量达 1.8%，烟气中二氧化硫浓度可达 $1000mg/m^3$。由于当时在吹北风，且气压较低，厂内各装置排放的废气向生活区集中，导致生活区的环境大气污染严重。针对这些原因，厂部采取了相应的措施：尽快投用 2 万吨制硫装置尾气处理部分；对 D-204 酸性液灌顶不凝气线进行整改，选择合适风向时进行吹扫；降低动力厂锅炉燃煤掺焦量。

【案例三】 大气环境污染事故

2000 年 3 月 29 日，居民纷纷向市、区环保局投诉某厂散发出恶臭的气味，令人呼吸困难。这次事故一发生，厂部立即组织人员调查，找到事发原因，并向市、区环保局汇报。经查实，原因是原炼油厂污水汽提（一）装置停工检修，吹扫放空，产生了难闻的气味，并且，当天为东北风偏东风，大气压较低，周围一带呈雾状，废气不易扩散，加重了污染的程度。原因找到后，就要采取相应的整改措施，以防类似事件的再发。采取的措施主要是制定装置停工环保管理办法，控制好重点部位吹扫放空有害物质的浓度。

【案例四】 大气环境污染事故

2000 年 4 月 6 日，某乙烯厂在停车抢修时，由于裂解装置停车倒空时排出大量的不合格烃类，导致火炬燃烧不完全，冒出滚滚的浓烟，正在区检查工作的市环保局领导要求有关部门迅速查办。厂部对此相当重视，表示一定采取相应的措施，杜绝类似事故的发生。

【案例五】 中毒窒息、盲目施救、群死群伤事故

2023 年 7 月 4 日 12 时左右，某厂污水处理区域发生一起硫化氢气体中毒窒息事故，硫化氢气体从喷淋塔罐体与封闭污水处理池连接管的破损处以及库房内地下封闭污水处理池池口铁盖板的缝隙处扩散至车间西侧的事故库房内，导致进入库房内的 1 名人员中毒窒息。在先后救援过程中，因缺乏救援常识，又有 5 名救援人员中毒。事故最终导致 4 人硫化氢气体中毒窒息死亡，2 人受伤，直接经济损失约 80.8 万元。调查认定，“7·4”较大中毒窒息事故是一起因企业主体责任不落实、违反规范标准建设、废水处理设备设施存在重大缺陷、盲目组织施救、相关单位管理不到位造成的生产安全责任事故。

工艺知识

知识 1 裂解装置的安全防范

一、易燃易爆物质的安全防范

乙烯装置内有大量易燃易爆且有毒的化学物质，如氢气、甲烷、乙烯、丙烯、1,3-丁二烯、芳烃类等，在高温、高压、深冷等工艺条件加之设备易腐蚀，可能造成泄漏，遇明火（包括静电、雷电等）会引起火灾爆炸。另外，一些催化剂也具有易燃易爆性，如三乙基铝与水、空气和含有活泼氢的化合物可发生激烈反应，与空气接触自动燃烧，与含氧化物、有机卤化物反应甚为激烈。

把易燃物料引入装置之前，要配备好人员和设备保护设施。厂区内应清除所有不必要的建筑材料以防着火或发生偶然危险。操作人员和消防人员应充分平整装置周围的地面，以提供足够的安全活动空间。同样，设备周围和建筑物内应该有足够的通道。水和蒸汽系统应该投用，启用消防栓，准备足够的消防软管、喷嘴和有关设备。装置各处的消防蒸汽及软管应接通并放好待命。应备有随时可用的防火毡、特殊衣服及手提式化学灭火器。现场救护供给和电话设施应该随时可用。

二、有毒有害物质的安全防范

硫化氢、一氧化碳、氢气、氮气等有毒有害物质尽管在乙烯裂解生产过程中是密封进行的，但有可能因设备密封不严和误操作引起泄漏或误接触，导致中毒。

硫化氢是极毒的，甚至在低浓度下也是极毒的，短时间内吸入硫化氢也会有生命危险。在设备里或设备周围，凡是可能有硫化氢的地方，工作时要有适当的防护，例如用新鲜空气面具。

一氧化碳（CO）是一种有毒气体，存在于去甲烷化反应器的原料中。吸入浓度在 50μL/L 以上就不安全。一氧化碳在血液中会形成一种稳定的化合物，使运送氧气的工作无法进行。一氧化碳无色无味，从某种意义上讲比硫化氢更危险，对它需要使用同样的防护措施。温度不高时（低于 205℃），一氧化碳与镍催化剂反应，会在甲烷化反应器里形成羰基镍。该气体极毒，必须注意适当的预防。

操作人员处理苛性碱时，应遵守安全规则。操作装有中和剂碱液和乙醇胺溶液的设备，必须带上完好的眼镜、面罩和橡胶手套。乙醇胺溶液会伤害眼睛并刺激皮肤。如果接触到眼睛或皮肤，应立即用大量水冲洗 15min，眼睛受伤时要医治。胺是有毒的，像碱一样可严重地刺激眼睛、皮肤和上呼吸道。操作人员处理苛性碱时，应遵循安全规则，操作装有碱液和单己醇胺溶液的设备时，必须戴上完好的眼镜、面罩和橡胶手套。

氢气是一种无色、无味、易燃的气体。氢气是一种易燃易爆且渗透力极强的气体，当空气中氢气的浓度在 4%～74%（体积分数）范围内时，和空气形成爆炸的混合物。氢气无毒，但能引起窒息。由于爆炸范围宽，吹扫含氢设备时需特别小心。对乙炔、C_3、汽油进行加氢处理，工序工艺条件要十分严格。如加氢反应器的进料氢、炔比例不当，会引起加氢反应器急剧升温。如反应器的反应温度过高会引起催化剂结焦，导致反应器“飞温”。若“飞温”严重，反应器温度骤升，会使器壁发生热蠕变，导致破裂着火，甚至发生爆炸。

氮气是惰性气体，广泛地用于投料前对设备内的空气进行置换。它也有一定的危险性。氮气嗅不到味，不刺激皮肤和眼睛，只有通过分析才能检测到。人呼吸的空气中，氮气占 80%左右，也许由于这个原因，氮气不被视为窒息气体。人在进入设备前，需要做设备中空气氧含量试验，以保证维持生命的空气，绝不要进入连接着供氮管线的容器。这些连接处必须盲死，或者最好断开。供氮管线通常不大于 1in（英寸，长度单位，1in＝0.0254m），检查容器时，要多留意这些不起眼的小管线。

三、轻烃物料的安全防范

乙烯装置处理的大部分液体泄至常压时，会迅速汽化。通常，排放出的液体汽化后比空气还重，这样，可燃气体会沿着地面蔓延，充满地沟和低点，并可能大面积地覆盖在地表。

遇到火源时，蒸发气体的覆盖层或可燃气体与空气的混合物会立即爆炸或燃烧。

如果人体或内衣与轻烃接触，会很快发生冻伤。低温设备首次使用时，其金属部件在被冰覆盖以前温度极低，人接触裸露的低温金属时皮肤会冻在金属上。

泵和管线受热时，液体可能会汽化导致设备超压损坏。设备停用时如果内部充有轻烃液体则不要关闭阀门，应把液体排放掉再与周围隔离。C_2 馏分和某些轻烃液体不能在常温下储存在设备中，而且必须有一个排放点来控制压力。通常采用闸阀和截止阀为大多数烃类液体和气体提供严密的隔离。当阀门泄漏会引起危险时，应该使用管线盲板。

知识2 丁二烯装置的安全防范

丁二烯装置的物料，常压下是爆炸下限很低的可燃气体，属于甲级火灾危险区域，C_4 中有少量的乙烯基乙炔具有生产自爆可能，增加了装置的危险性。

生产中使用的诸多化学品，如萃取剂DMF、阻聚剂TBC、糠醛及甲苯等有机物，都是对人体有害的有毒物质，丁二烯也能引起慢性中毒，亚硝酸钠是致癌物，所以该区域是易中毒区域。

根据以上特点，丁二烯装置安全防范措施包括：

① 本单元开车进料前应用 N_2 置换，严格控制氧含量小于0.1%，否则系统内不得进料。

② 和设备相连的 N_2 管线使用完后要切断，防止窜料。

③ 要严格执行岗位操作规定的各项工艺指标，不能随意更改工艺条件，以免超温、超压等不安全因素发生。

④ 萃取精馏塔根据工艺要求加入适量的阻聚剂及化学助剂，精馏部分应按规定加入定量的阻聚剂，在配制时应按规定穿戴好劳动保护用品。

⑤ 要熟知安全联锁的作用范围，严禁碰、摸联锁按钮，严禁乱揿按钮。

⑥ 处理DMF、TBC、亚硝酸钠、糠醛及甲苯等有机物时，注意不使皮肤与之接触，防止其溅入眼内，要戴橡胶手套及防护眼镜。一旦触及皮肤或眼睛，立即用水冲洗，空气中DMF的最大允许浓度为 20×10^{-6}。

⑦ 糠醛具有中等毒性，是杏仁味，空气中最大允许浓度为 $20mg/m^3$，甲苯也是有毒物质，对眼睛和呼吸道有危害性，装卸糠醛和甲苯时应戴化学防护目镜，戴橡胶手套，一旦接触后，要立即用水冲洗，皮肤上要用肥皂擦洗。

⑧ 亚硝酸钠是有毒的淡黄色晶体，是一种强氧化剂，可燃并有爆炸危险，应存放在干燥场所，远离危险区，因硝酸钠有致癌性，严防入口。

⑨ 丁二烯与 C_4 液体能使人冻伤，生产操作时要穿好工作服，勿使皮肤暴露。

⑩ 因设备或公用工程故障而紧急停车时，要立即关闭或打开相应的阀门，防止跑料、窜料或塔压超高，当塔压降低时，应充适量 N_2，防止出现负压。

⑪ 丁二烯贮罐内贮存的丁二烯温度应小于40℃，否则应使用喷淋降温。

⑫ 溶剂泵的操作要注意溶剂罐压力，启动时泵出口阀要慢慢打开严防TK2501出现负压。

⑬ 在操作蒸汽再沸器时，要首先注意排放凝液并缓慢加热管路系统，当系统被加热后慢慢通入蒸汽，防止水锤产生，破坏设备，在引进蒸汽之前，必须确认管程有无液体存在。

⑭ 冬季要认真检查有关防冻点，尤其是各塔的压力控制仪表，如发现压力控制一次引压管冻堵而造成压控失灵，应立即将二次表改手动操作，并联系仪表工及时处理。

⑮ 清理贮罐时严禁使用铁器工具，不得赤脚和穿凉鞋。

⑯ 动火要有动火证，动火现场必须具有以下几个条件。

a. 设备及容器内动火时必须具有盲板与系统隔离，设备及容器内可燃物含量必须小于0.1%，O_2 含量必须大于19%。

b. 设备及容器外部动火时，设备及容器外空间可燃物含量必须在0.2%之下。

c. 动火现场有防火设施。

d. 动火单位有防火人。

e. 在带料带压设备管线附近动火时，必须有特殊的防火措施。

⑰ 较大的设备容器动火时，取样分析应在置换结果后20min和检修动火前60min内进行，取样分析要向分析工人交代清楚取样的目的，若发生分析问题时，应重新取样分析，要保证气样分析结果的可靠性，在危险地区和设备内动火时，应连续取样分析，一般每两小时一次。进入设备检修作业要注意以下几点。

a. 进入设备内部检修作业前，必须做好设备内气体测定工作，如上所述，当可燃物含量在0.1%以下，氧含量在19%以上时，检修人员可进入设备。

b. 注意 N_2 置换吹扫完毕后应和设备系统断开。

c. 开启设备时，应在设备泄压完毕的情况下进行，拆卸人孔螺丝应站在侧面，以防物料罐溅出或余压打出盖板伤人，打开人孔后将与设备连接的各管道法兰加上盲板。

d. 在装储易燃设备内检修作业时，必须使用铜、铝或木制工具，或者在其他材质的工具上黄油，以免打击摩擦时产生火花，且禁止管件、设备相互碰击。

e. 进设备内连续检修作业时间不宜过长。

知识3　汽油加氢装置的安全防范

一、防火防爆

汽油加氢装置的原料、产品均属易燃、易爆品，尤其是 H_2、C_5 产品和 C_6～C_8 等，如在空气中的浓度达到一定程度时都有可能发生燃烧或爆炸，表8-1是装置可燃性气体或液体在空气中的爆炸极限。

表8-1　汽油加氢装置可燃性气体或液体在空气中的爆炸极限

名称	沸点/℃	闪点/℃	爆炸极限(体积分数)/%	
			上限	下限
C_6～C_8	70～186		6.0	1.0
苯	80.1	71	8	1.5
甲苯	110.8	4.4	7.0	1.2
二甲苯	136.5～144	2.3	7.0	1.1
H_2		自燃温度500℃	75	4
二甲基二硫(DMDS)	109.7		11.6	1.1
羰基镍		<−20℃	34	2
CO	−191.5		74	12.5
H_2S	−60.3		43	4.3

二、防串压、串料

汽油加氢装置由于一反正常操作压力控制在 2.45MPa，H_2 管网压力 3.0MPa，二段反应系统操作压力控制在 2.36MPa，而三塔 C-1720 操作压力 0.66MPa，C-1730 控制在 −0.032MPa，C-1750 控制在 0.42MPa，这些操作条件很容易造成系统之间串压，发生设备或人身事故，所以在操作中应特别注意，另外，在生产或停车、开车过程中一定要一段反应系统的压力高于二反系统的压力，严防二反循环氢串到一反系统引起一段反应系统催化剂 LD265 中毒（注：主要是 H_2S）。

三、防中毒

由于粗裂解汽油中芳烃含量很高，产品中的芳烃苯、甲苯、二甲苯的浓度达到 90%以上，这些对人体都有慢性中毒和致癌作用，所以在现场操作严禁乱排乱放。在二反循环气中和 C-1750 塔顶施放尾气中都含有 H_2S 气体。其浓度在 10～100μL/L 能引起人头痛、恶心，100～1000μL/L 引起咳嗽、呼吸困难、昏迷，高于 1000μL/L 致垂死、呼吸停止死亡，H_2S 浓度低时有股臭鸡蛋气味，浓度高时有淡淡的甜味。

知识 4 芳烃抽提装置的安全防范

一、防火防爆

1. 可燃性气体或液体在空气中的爆炸极限

芳烃抽提装置的原料、产品均属易燃、易爆品，尤其是产品苯、甲苯、抽余油等，如在空气中的浓度达到一定程度时，都有可能发生燃烧或爆炸，如表 8-2 装置可燃性气体或液体在空气中的爆炸极限。

表 8-2 芳烃抽提装置可燃性气体或液体在空气中的爆炸极限

名称	沸点/℃	闪点/℃	爆炸极限(体积分数)/%	
			上限	下限
苯	80.1	71	8.0	1.5
甲苯	110.8	4.4	7.0	1.2
二甲苯	136.5～144	2.3	7.0	1.1
抽余油	—	—	6.0	1.0
原料油	70～186	—	6.0	1.0

2. 装置防火防爆措施

① 系统密闭操作，隔绝空气和氧化剂。针对装置原料及产品具有易燃、易挥发的特性，全装置的生产过程系连续操作，设备采用氮封及水封，使物料不和外界接触。

② 设置安全排放系统，装置部分设备和管线在压力下操作且温度也较高，当不正常操作时，若没有安全排放手段，将导致事故，设计中，设置整个压力系统安全排放设施，

不正常操作时，油气和油品因超压可自动经安全阀排入全厂火炬系统，不允许就地排放。

③ 设置自动安全报警设施。在可燃性油气最可能聚集的场所设置可燃气体检测器、火灾报警器等设备，一旦油气聚集一定程度或出现火灾前兆时，可自动报警。

④ 在防爆区域内将按国家规范要求选择防爆电机、防爆电灯、防爆仪表、防爆通信等设施以消除引爆因素。

⑤ 在设备平面布置时，将易燃、易爆的设备及各类原料成品中间储罐按有关规范和安全规定集中布置。

⑥ 避雷及防静电。有可能遭雷击的高大设备和建筑物，应按规定设置避雷针，各类设备根据要求设置防静电接地系统。

⑦ 装置的防火消防系统采取内外结合的办法，装置界区线外，考虑设置成环形布置的水消防系统，界区周围设置若干地下式消火栓，结合全厂现已有的消防车等消防设施，组成一个有力的消防网，装置区内设置消防蒸汽、四氯化碳泡沫及干粉等灭火设备。

⑧ 严禁携带火柴、打火机等引火物进入装置，严禁不按规定办理用火手续、在装置内施工用火。

⑨ 禁止随意用汽油、苯擦洗衣物、工具和机械设备及地面。

⑩ 严禁堵塞消防通道及随意挪动或损坏消防器材和设备，对装置内防爆设施要定期检查。

二、防毒

在环丁砜装置的所有物料中，目前相关部门还是认为苯的毒性比其他物质更强些。空气中混有2%苯蒸气，则经5～10min，会引起中毒致死，浓度为0.7%～0.8%时经30～60min也有致命危险，长期呼吸低浓度苯的空气会引起神经中枢和造血系统慢性疾病。

根据GBZ 2.1—2019，苯在工业企业中的最高允许浓度为6mg/m^3（时间加权平均浓度）和10mg/m^3（短时间接触浓度）。这些标准旨在保护工作人员免受长期或短期暴露于苯蒸气可能带来的健康风险。

为了防止烃类特别是苯等有害物质污染环境，采取如下措施。

① 输送芳烃、溶剂等物料的泵尽量选用屏蔽泵，以最大限度防止装置中物料泄漏。

② 各设备如回流罐等放空和各安全阀出口均集中于放空罐，然后送工厂火炬系统。

③ 各台设备的废液通过密闭排放系统集中排至地下溶剂罐，再送湿溶剂罐，不允许就地排放。

④ 需要检修的设备，要用蒸汽吹扫，N_2气吹扫，空气置换至合格，然后加盲板以防烃类、N_2气串入。

⑤ 进入容器的人员必须配备供风面罩或适当的防毒面罩，系好安全带，人孔处有监护人与容器中的人保持联系。

⑥ 有毒环境的气体占总体积18%以下，有毒气体浓度占总体积2%以上的地方，各种滤毒罐都不能起到防护作用，应禁止使用。这时应使用氧气呼吸器、生氧面罩等。

⑦ 操作室应配备防毒用品，如防毒面罩、滤毒罐、氧气呼吸器等，以备急用，定期检查，如失效应及时更换。

⑧ 装置应设置紧急喷淋系统。

知识 5 乙烯生产工艺参数安全操作控制

乙烯生产过程操作条件复杂，主要控制温度、压力、液位、流量四大工艺参数，操作人员要严格按照工艺操作规程规定的控制要求，通过对工艺参数的操作控制，实现平稳生产，得到合格的产品。要实现工艺参数的自动检测、显示以及对生产过程的自动控制，这是保证安全生产的前提。

一、温度控制

乙烯生产比炼油有更大的火灾、爆炸危险性，装置更加复杂，连续性更强，生产操作温度不仅更高，最高温度可达 1010℃，而且也有低温环境，在深冷操作过程中，最低温度达到－170℃。生产过程中物料多是气态，安全要求更高，因此温度控制极为重要。

温度过高可能引起反应物的冲料，而温度过低会造成反应停滞，一旦温度恢复正常，往往由于物料过多，反应剧烈甚至爆炸。温度过高或过低不仅对安全生产影响大，同时还影响乙烯、丙烯产品的纯度。

乙烯生产装置自动化程度高、连续性强，在温度控制上要求能达到自动测温、自动记录、自动调节、自动联锁切换，重要部位应设有下限温度和上限温度的报警。当超过极限温度时，应自动熄灭炉火，切断进料。C_2、C_3 馏分烃加氢，氢气的甲烷化是放热反应，反应需要氢气，超温时，联锁系统要自动切断向反应器的供氢。甲烷化反应器超温时要自动停止进料，打开甲烷反应器出口排往火炬的阀门。甲烷化反应器高温的原因可能是进料温度太高，进料中 CO 浓度突然增加或者进料中夹带乙烯。

在装置开、停车时要严格执行工艺操作规程，确定烘炉升温曲线、恒温和降温等工艺指标。加氢过程中要密切监视氢、炔比的控制是否符合工艺规定指标，防止加氢反应器急骤升温。如急骤升温时联锁装置失灵，应该将氢气和物料切断，停止加热，关闭进出口阀门，并紧急放空到火炬。

二、压力控制

乙烯生产中压力很高，最高工作压力达 11.28MPa，裂解反应压力 3.0～4.0MPa。如果设备材质不好或者维护、操作不当，管道设备发生物料泄漏，就会发生设备爆炸或冲料事故。

在乙烯生产过程中，如果压力过高，会造成设备、管道爆裂或反应剧烈而发生爆炸。正压生产设备和管道如果形成负压，把空气吸入设备、管道内，与易燃易爆物质混合，有发生火灾、爆炸的危险。负压生产的设备、管道，如出现正压，易燃易爆物料漏出，也会发生火灾爆炸事故。因此，准确测定工艺系统各个部位的压力，是保证乙烯安全生产的重要条件。

压缩深冷与分离过程连续性、危险性大，应自动调节压力，实现自动测量、自动记录、自动调节、自动报警、自动切换，以保证安全生产。自动报警应设有低压、高压报警，危险压力报警，并有联锁切换。

同时带压容器、压缩机等应安装防爆泄压装置，如安全阀或爆破片。当高压设备和受压容器内压力超过正常压力的 1.10 倍时，安全阀能自动开启排泄气体（液体），降低压力，防止设备和受压容器破裂爆炸。安全阀出口不宜设截止阀。如工艺需要，生产时截止阀必须打开。爆破片在反应器中最常用。在生产不正常、压力超过安全范围的情况下，会先行毁坏，使压力降低，可以防止容器断裂或爆炸。

三、流量液位控制

乙烯生产中的烃类气体、液体都会产生静电，为限制静电的产生，应严格控制物料在管道中的流速。投料过量，物料升温后体积膨胀，可造成设备或容器爆裂。液位过低容易抽瘪设备，液位过高容易发生跑冒物料，为确保安全生产，应在塔、罐容器上设置低液位高液位自动报警及自动切换进料出料的控制系统。特别对压缩机各段吸入罐的液位要从严控制，防止高液位使仪表联锁失灵，气体带液跑入压缩机，产生振动，导致罐体损坏，大量物料溅出而引发重大事故。要加强对罐、釜、塔等液位或界面的检测与控制，操作人员要根据指示的液面高低来调节或控制装量，从而保证容器设备内介质的液面始终在正常范围内。

知识 6　“三废”处理企业实际案例——芳烃抽提装置

一、芳烃抽提装置“三废”产生情况

芳烃抽提装置采用了产生“三废”较少的环丁砜抽提工艺技术。该装置在生产过程中及开、停工时产生的“三废”情况见表 8-3。化学需氧量（COD）是一个重要的而且能较快测定有机物污染的参数，COD 的数值越大表明水体的污染情况越严重。生物化学需氧量（BOD）是一种环境监测指标，主要用于监测水体中有机物的污染状况，其值越高说明水中有机污染物质越多，污染也就越严重。

表 8-3　生产过程中及开、停工时产生的“三废”情况

三废名称	排放地点	排放方式	排放量	大致成分
废水、废液				
含油污水	各部分	连续	3.5t/h	油分 100mg/kg、COD 10mg/kg、BOD 7mg/kg
老化环丁砜	芳烃抽提	每年排放二次	3t/次	环丁砜聚合物
废渣				
废白土	白土塔底	每年一次	42t/次	SiO_2、Al_2O_3、Fe_2O_3、CaO 等
废气				
排放火炬气体	各安全阀出口	不正常操作时	最大量约 20t/h	C_1～C_9 烃类

二、“三废”处理原则和措施

保护环境，处理好“三废”很重要，而尽量避免或者少产生“三废”更为重要。环丁砜抽提工艺技术在工艺流程设计、设备设计及设备造型等方面均以不产或少产“三废”作为一个原则，使本项目在生产中产生的“三废”对环境的污染尽量小，因而也使相应的“三废”处理设施的规模减小。对于生产过程中必然产生的“三废”，在设计中提出了明确的回收和处理措施，现分述如下。

1. 废水和废液的处理

各种废水和废液的排放和处理，按照《石油化工 环境保护设计规范》（SH/T 3024—2017）的要求和石化化工区的总体安排，采取了下列措施：

① 含油污水的处理，由于其数量不大，可先送装置外的隔油池进行隔油处理，再统一送污水处理厂处理；

② 生活污水排入工厂的生活污水系统；

③ 环丁砜抽提部分产生的老化、变质的环丁砜溶剂聚合物，应装桶后外运送往焚烧炉焚烧处理。装置内设了环丁砜溶剂回收系统，能够将在运转和检修中泄漏、泼洒出的溶剂收集处理回收。

2. 废渣的处理

本装置芳烃中的微量杂质采用白土精制的办法，精制芳烃用的活性白土有一定的使用寿命，需定期更换新白土，废白土卸出前经过吹扫处理将烃类吹走，废白土可以作为普通垃圾埋入地下。

3. 废气的处理

放空气体来自开工停工及不正常操作时安全阀排放气及工艺排放气体，排放介质为 $C_5 \sim C_9$ 烃类，该排放气体采取密闭排放的方式送往工厂火炬系统烧掉，通常不允许就地排放。

素质拓展

敢与日月争高下 无惧风雨见彩虹

中石化北京燕山分公司“敬业奉献模范”圣磊是化学品厂第二苯酚丙酮装置主管，扎根石化基层十二年，历经 3 次装置大检修，参与集团公司、燕山石化重点项目 20 多个，并为 2023 年国内首套 CHP 法制备环氧丁烷装置开车成功作出了巨大贡献。

初来燕山石化，他做得更多的是学流程、开装置，从没想到还能亲自建设一套新装置，尤其这套新建装置还存在着催化剂活性变化快、反应风险大、流程长、前后耦合度高、施工难度大等诸多难点。

2022 年 8 月项目中交了，装置开车的重任也落在二苯酚装置，落在了圣磊的肩上。环氧丁烷装置在国内史无前例，工艺流程长且复杂，生产团队与项目同步组建，技术、技能操作人员都是双线作战，既负责二苯酚装置的生产也负责环氧丁烷装置的建设和试车。为了将开车前的准备工作做到事无巨细，每一个点都要有人确认。圣磊带领开车团队立即介入，他不断地翻阅整个工艺包资料和设计资料，将每张图纸都仔细地审查一遍，搞清楚了每个细节，他给操作人员上每一堂试车培训课，正式投料前，他带着技术员详查每一个单向阀的流向、每一块孔板的位号、每一块盲板的安装和每一个导淋阀的状态，他要确保每一个细节都在掌控之中。

2023 年 10 月 24 日，环氧丁烷装置联动试车期间，冷冻水泵启动后，电流持续高报警，随时面临电机保护停机情况。圣磊在反复思考后找来超声波流量计，带领技术人员逐个拆除管路保温材料然后测量水量，逐一测量每个高点换热器压力，对 7 个控制点认真仔细排查，历时 2 天的时间，终于确定是机泵选型设计的问题。然而，此时更换机泵已经来不及了，还将会影响后续的工作，怎么办？现场负责技术的支持人员一时也束手无策。圣磊沉思片刻后提出解决方法，在测量流量时关闭每个换热器的入口阀，从而减少冷冻水量，降低机泵总流量，保障了投料试车期间冷冻水系统的稳定运行，为装置平稳开车提供充足的准备。

10 月 22 日，环氧丁烷装置开始引入物料全面开车，11 月 1 日，实现全流程贯通，开车顺利推进。就在这时，预料之外的问题出现了，环氧丁烷产品中的水含量居高不下，而且在 48h 内如果不能产出合格产品，氧化单元就需要停止反应，倒计时开始的那一刻，也就到了最为关键的时刻。“萃取比还没到设计条件，进料的孔板流量计指示偏差太大，重新调整。”项目负责人圣磊冷静地下达了指令。技术人员根据他的指令开始进行调整，但直到夜里 12 点，含水量不仅没有下降还在上涨。圣磊马上意识到调整思路不对，但是研究院的同志们面对这种情况，也没有更好的办法。愈是困难愈需要冷静，圣磊明白自己绝对不能慌乱，他一边鼓舞着团队的士气一边重新调整思路，“没事，还有时间，产品中有水没有萃取剂，咱们把精馏塔灵敏板温度提高 20℃，减少塔釜带水量。”方案执行 6h 后，产品水含量慢慢开始下降了。11 月 3 日 9 点 35 分，环氧丁烷产品纯度数据出来了，99.98%！这一刻，收获与幸福充盈在每一个人心中，历经 38 天的连续作战，环氧丁烷装置一次开车成功！

圣磊就像爱护自己孩子一样，悉心呵护着装置。他希望，装置能在公司高质量发展路上发挥更多、更大的作用。

职业知识

安全·环保·资源——安危与共的“三胞胎”

——全国政协委员、人大代表访谈录

“坚持节约发展、清洁发展、安全发展，实现可持续发展”，中共中央关于制定“十一五”规划建议中的这一句话，被无数人记在了心上。它指明了节约资源、环境保护、安全生产是实现我国经济持续发展的三个支撑点。

这三个支撑点之间有没有必然的联系呢？有！人大代表、政协委员告诉记者，安全、环保、资源就是“三胞胎”，安危与共，谁也离不开谁，一荣俱荣，一损俱损。

资源破坏与事故隐患相伴

全国政协委员、矿业工程科技专家古德生认为：矿区滥挖乱采，不仅破坏资源，而且势必带来严重隐患，建议采取措施提高地方领导和矿主的认识。

第一次见古德生委员时，他正在忙着完善准备提交的提案——《我国最大的栾川钼矿床开采失控，建议国家实行统一规划重点开发》。

古德生是我国著名的矿业工程科技专家，1995 年 5 月当选为中国工程院院士，现任中南大学教授、博士生导师。2004 年，他提交了《关于安全评价方法的提案》《呼吁尽快解决四矿问题的提案》两个提案。

两年三个提案，说的都是安全生产和资源保护问题。

2004 年“11·6”河北邢台县石膏矿特别重大事故发生后，古委员去了现场，24 平方公里内 5 个矿相互交叉开采的情形，至今还历历在目。“这样的矿，岂能不出事？胡乱开采还严重浪费了资源，矿产回采率非常低。”他说。

最近在对河南栾川的调研中，他看到了更可怕的情景：我国储量最大的栾川钼矿资源（钼钨共生）正被众多国有、民营及个体矿分而置之，局面混乱，开采失控。“对于珍贵稀缺但用量有限的战略性资源，进行如此大规模的遍地开花式的开采，堪称暴殄天物，对中国钼钨工业的可持续发展是巨大威胁。”他说，“不仅如此，私挖滥采导致那里事故隐患丛生。”

在调研中古德生发现，根据栾川钼矿三个矿区的矿体赋存条件，本都适宜露天开采，但这里的众多开采单位在同一矿田露天、地下同时开采，大矿小矿同时上，不仅难以形成规模化开采，且造成地下已形成了大片采空区，带来严重事故隐患。“随时都有可能因采空区塌陷造成重特大事故。”他强调说。

通过调查，古德生认为，导致上述现象的关键原因之一是地方领导认识上有问题。他说：“安全生产、资源节约、环境保护等问题，实际上就是地方问题。一些地方领导忽视国家有关安全生产、资源节约、环境保护的政策，孤注一掷抓地方财政收入。所以必须首先解决地方领导的认识问题，让他们意识到这些问题的重要性。”

“一定要对地方分管领导进行培训，不要求他们成为这方面的专家，至少要让他们知道矿业生产的全过程。”古德生说，“地方上不能因为强调‘穷’而以浪费资源、残害生命、破坏环境为代价，不能为了一地之利而影响经济发展的全局。”

记者向他介绍了我国正准备推动矿产资源税的改革，要实行以储量为基数和回采率挂钩的矿产资源税费的消息。古德生委员听后非常高兴。他说：“这非常好，让矿主先掏钱购买资源，在矿权的设置、项目的审批等方面严把关，矿主就会珍惜资源。但我看光这还不够，还要把采矿带来的环保成本也加进去。只有通过资源、环保、安全还有劳动保险等经济政策，大幅度提高办矿的成本，才能实现矿业开采秩序的好转。”

高污染行业往往也高危

国家环保总局原副局长汪纪戎委员认为，一些高危行业往往是容易破坏生态、污染环境的行业，应建立高危行业从业风险保证金制度和环保责任强制保险制度。

2003年12月23日，震惊全国的重庆开县天然气井喷事故，造成243人死亡，周边环境遭受严重污染。

2005年3月29日，一辆运输液氯的槽罐车在京沪高速公路上翻车，造成液氯泄漏，致29人氯气中毒死亡，456人中毒住院治疗，10500名村民被迫疏散转移，家畜、家禽、农作物损失更为惨重。

2005年11月13日，中石油吉林石化分公司双苯厂发生爆炸，造成6死2伤，疏散群众1万余人。苯类污染物流入松花江，造成严重后果。

三起事故都因其严重后果成为我国历史上少有的灾难。

据统计，“11•13”事故之后两个月内，全国又陆续发生了40余起突发环境事故，其中因为生产事故和交通事故引发的危化品泄漏事故超过70%。

“安全生产与环境保护的关系太密切了！”谈起这些事故，全国政协常委汪纪戎感到非常痛心。重庆开县“12•23”井喷事故发生时，时任国家环保总局副局长的她在事故发生当天就星夜兼程赶赴现场。

“在开县的所见所闻，太让我震撼了！你简直想象不到事故竟有如此可怕，环境污染的后果竟有如此严重！”汪纪戎说，从近几年发生的多起事故来看，她越发感到安全生产与环境保护密不可分，“一些高危行业，如化工生产和运输、矿山开采，往往是容易破坏生态、污染环境的行业”。

汪纪戎介绍，安全生产搞好了，环境保护就受益；企业保障环境的准入门槛提高了，安全生产工作也好开展。因此，在这次两会上，她提交了一份《建立高危行业从业风险保证金制度和环保责任保险制度的提案》。她认为，应该让从事高危行业的业主从企业登记注册开始，就要为企业存续期可能出现的危险和企业终止后报废设备及厂房、场地的最终处置预买单，通过分散风险，维护社会稳定。“这就跟一个人买养老保险一样，在年轻时就要为以后的事买单。”

汪纪戎指出，高危行业有维护公共安全的责任，这一点任何情况下都不能含糊。因此，高危行业必须做到避险在先，确保产品在社会上万无一失，才能考虑生产经营；必须具备保证产品生产、流通、维护一系列安全的基本能力；必须对自己的生产经营可能给社会带来的危害保持高度警觉，具有严格的行业监管制度，及时消除事故隐患；必须把确保公共安全作为第一责任牢记。做不到这一点，就不能获得市场准入资格。

长期以来，不少城市在发展规划时，忽视环境承载能力，存在产业布局不合理、存在重大事故隐患等问题。汪纪戎作了一下统计：目前，全国有化工企业2万余家，其中45%建在长江沿岸，17%建在黄河沿岸。在5600余家高危化工企业中，有2000余家位于居民区或城市饮用水源上游，对当地环境造成的威胁可想而知。

然而，不少此类企业因为各种原因陆续关、停、破、转，修复生态、治理污染的任务落到了政府头上。这类本应由企业承担的从业风险、环境成本转嫁给了社会和自然环境。

记者了解到，目前国家环保总局与经济政策研究中心已就强制保险勾画出了基本框架。“我们正在立项，和中国保监会在做一些基础性的研究工作，希望能够尽快推动和建立这项制度。”汪纪戎说，“投保的方式应该采取强制保险为原则、资源保险为例外的投保方式，对存在高度危险性的突发性和环境侵权行为应当采取强制投保方式，对危险性不高的环境污染侵权行为可以采取自愿的投保方式。”

“此外，在这项制度设计中，还可以规定保险公司拒保的情形，对那些故意违法处置或者排放污染物，以致造成环境污染的企业，可以拒绝支付保险金。也就是说，我们这项制度设计的最终目标是构筑一个社会风险的防范体系。”她补充说。

环境事件易成重大安全事件

清华大学化工系陈丙珍代表建议：加强化工生产事故预防及应急研究；云南大学发展研究院院长杨先明委员呼吁，尽快建立环境安全预警机制，避免使频发的环境突发事件演变为重大公共安全事件。

以石油炼制和加工为代表的现代化工业生产具有规模超大、能量密集、速度快、产物多的特点，历来是安全生产的重中之重。2005年年底吉林石化分公司双苯厂发生的爆炸事故及其引发的后续灾害，再一次使人们亲身体会到提高化工生产过程安全的重要性和紧迫性。

全国人大代表、清华大学化工系教授、中国工程院院士陈丙珍结合自己的专业研究和实践，从生产安全和环境安全的角度对此作了分析。她说，石油、石化和化工行业的潜在危险性很大。特别是我国现有的2万多家规模化工企业，多靠近大河、大湖或大海。近年来，随着城市的扩展，居民区与厂区的距离越来越近，规模效益又使这些企业的装置规模不断扩大，其中相当一部分是在高温高压条件下处理大流量的易燃易爆物料。这些装置一旦发生事故，后果很难局限在厂区范围内，极易演变成危害长远的生态灾难。

陈代表说，重视和加强石化行业生产安全计划的预防和应急技术的研究工作十分重要。她建议国家发改委及科技部将此项工作分别列入“973”计划及“863”计划项目，以解决重大灾害分析、防治与应急处理中的关键性技术难题，为化工安全生产的实施提供技术支撑。

“如果不对环境突发事件给予足够重视，这些事件就极易演变为重大公共安全事件，后果不堪设想。”全国政协委员、云南大学发展研究院院长杨先明说，一方面许多工业企业特别是一些化工厂分布离人口聚居地、水源地较近，一旦发生重大环境污染事故，就会造成严重的生态影响，容易引起社会不稳定，演变成重大公共安全事件。另一方面环境污染事故具有一定的特殊性，特别是水污染、空气污染事故一旦发生后，很难控制，容易造成大面积、跨流域的污染，而且在短时间内难以完全消除，容易留下后遗症，从而对公共安全构成威胁。

杨先明委员认为，我国的经济发展已进入重化工业时期，在这个阶段大量的资源将被消耗，如果我们对生态环境保护还仅仅停留在理念上，继续坚持低环境保护标准和低生态保护标准，那么环境突发事件频频发生是可以想象的。

杨委员说，当前，环境保护和地方政府所追求的GDP增长之间存在冲突，企业的利润最大化和外部成本最低化也存在明显的冲突。在这些冲突中缺乏一种强有力的环保监督机制，“在很长时间内，尤其是我国处在重化工业发展阶段，如果不进行生产模式改变，不建立一种强有力的环境监督治理方式；这种情况还会经常发生”。

针对严峻的形势，杨委员建议，建立环境安全预警机制，制订和完善环境突发事件应急预案，加大环境监测和应急装备投入，建立环境质量监测监控网络，提高预防和处置突发性环境污染事件的能力。同时，把环境安全问题纳入政府领导干部考核的内容，从而增强各级政府的责任意识，真正把这项工作落到实处。

复习思考题

1. 乙烯生产过程中潜在哪些方面的危险危害因素？

2. 如何做好乙烯生产装置安全及环保工作？（包括裂解、丁二烯生产、C_5 精制、汽油加氢、芳烃抽提等装置）

3. 化工生产哪些环节会产生污染？

4. 化工污染物种类有哪些？来源于哪些方面？

5. 简述化工生产污染的特点。

6. 防治化工污染有哪些技术措施？

参考文献

［1］ 王松汉．乙烯工艺与技术（精华本）．北京：中国石化出版社，2000.
［2］ 吴指南．基本有机化工工艺学（修订本）．北京：化学工业出版社，2011.
［3］ 梁凤凯，舒均杰．有机化工生产技术．北京：化学工业出版社，2011.
［4］ 李作政．乙烯生产与管理．北京：中国石化出版社，1992.
［5］ 诸程瑛，王振雷．基于改进深度强化学习的乙烯裂解炉操作优化．化工学报，2023，74（8）：3429-3437.
［6］ 卢光明．乙烯装置分离全流程模拟．北京：化学工业出版社，2022.